Umweltzertifikate

Schriften zur Internationalen Entwicklungs- und Umweltforschung

Herausgegeben vom

Zentrum für internationale Entwicklungs- und Umweltforschung

der Justus-Liebig-Universität Gießen

Band 12

PETER LANG

Frankfurt am Main · Berlin · Bern · Bruxelles · New York · Oxford · Wien

Nicole Mau

Umweltzertifikate

Der Einsatz von Umweltzertifikaten in der Landwirtschaft am Beispiel klimarelevanter Gase

PETER LANG
Europäischer Verlag der Wissenschaften

Bibliografische Information Der Deutschen Bibliothek
Die Deutsche Bibliothek verzeichnet diese Publikation in der Deutschen Nationalbibliografie; detaillierte bibliografische Daten sind im Internet über <http://dnb.ddb.de> abrufbar.

Zugl.: Gießen, Univ., Diss., 2004

D 26
ISSN 1615-312X
ISBN 3-631-53473-6

www.peterlang.de

Der Einsatz von Umweltzertifikaten in der Landwirtschaft am Beispiel klimarelevanter Gase

Abbildungsverzeichnis

Die vorliegende Arbeit entstand während meiner Tätigkeit als wissenschaftliche Mitarbeiterin am Institut für Betriebslehre der Agrar- und Ernährungswirtschaft der Justus-Liebig-Universität Giessen. Allen, die zum Gelingen dieser Arbeit beigetragen haben, möchte ich herzlich danken.

An erster Stelle möchte ich meinem Doktorvater, Herrn Prof. Dr. Dr. h. c. F. Kuhlmann, für die wissenschaftliche Betreuung meiner Arbeit und für viele konstruktive Anregungen danken. Herrn Prof. Dr. S. Bauer danke ich für die Übernahme des Zweitgutachtens.

Weiterhin möchte ich allen Kollegen am Institut, vor allem Dr. Michael Jakob, für die fachliche Unterstützung danken.

Schließlich möchte ich mich noch bei den Menschen bedanken, die sicherlich den wichtigsten Beitrag zum Gelingen meiner Dissertation geleistet haben. Dies ist zum einen mein Mann Markus, dessen Vertrauen mich immer wieder neu motiviert hat und dessen Unterstützung sehr wichtig für mich war. Zum anderen sind dies meine Eltern Irmgard und Bodo Klugewitz. Ihnen und ihrer liebevollen Unterstützung habe ich es zu verdanken, dass ich überhaupt den Weg einer akademischen Laufbahn einschlagen konnte. Auch meinen Schwiegereltern Monika und Günter Olbrich möchte ich an dieser Stelle herzlich danken, da sie mich zu jeder Zeit unterstützt haben und in allen Phasen der Dissertation für mich da waren. Vor allem ihre Ratschläge waren für die Strukturierung der Arbeit und die formale Gestaltung der Arbeit unverzichtbar.

Frankfurt, im Dezember 2004

Nicole Mau

1. Einleitung

Die Internalisierung externer Effekte der Produktion in Form von Abgasen, Abwässer, Wärme, Lärm usw. stellt große Anforderungen an eine komplexe, praktikable Umweltpolitik. Dabei bestimmen eine Fülle von Faktoren die Wahl eines umweltpolitischen Instruments. Während in der Vergangenheit ordnungsrechtliche Instrumente dominant waren, wächst die Überzeugung, dass die Internalisierung über marktkonforme Instrumente in Abhängigkeit der Aufgabenstellung besser erreicht werden kann.

Eine der Hauptforderungen, denen sich die Umweltpolitik gestellt sieht ist die der Marktkonformität. Die ursprüngliche Idee, mit Zertifikaten Umweltschutz effizient und treffsicher zu praktizieren stammt von Thomas D. Crocker und John H. Dales. Nachdem zwischenzeitlich die Zweifel bezüglich der prinzipiellen Realisierbarkeit durch erste praktische Anwendungen beseitigt wurden, stellt sich jetzt die Frage nach einem realistischen Anwendungsspektrum. Gleichwohl führen noch immer strukturpolitische und wettbewerbspolitische Bedenken zu einer Benachteiligung des Einsatzes von Umweltzertifikaten gegenüber ordnungsrechtlichen Ansätzen. In Deutschland gibt es bisher keine „reine" Zertifikatslösung. Allerdings gibt es Anwendungsfälle, die den Anforderungen an dieses Instrument sehr nahe kommen – hierzu zählen beispielsweise die Milchquoten und die Zuckerrüben-Kontrakte in der Landwirtschaft.

1.1 Problemstellung

Die marktwirtschaftliche Ordnung führt zu einer effizienten Allokation der Produktionsfaktoren und Güter, für die eine Marktbeziehung existiert: sofern Verfügungsrechte und Knappheit vorliegen, spiegelt sich das in den Marktpreisen nieder. Umweltgüter sind in der Regel öffentliche Güter, die sich durch Nichtrivalität im Konsum und fehlende Ausschließbarkeit bei der Nutzung auszeichnen. Unter diesen Bedingungen kommt es zu Marktversagen und folglich zur ineffizienten Allokation. Die daraus resultierende kostengünstige oder gar unentgeltliche Inanspruchnahme von Umweltgütern durch private und juristische Personen stellt für diese eine Kostenersparnis dar. Entstehen dabei Umweltbelastungen oder übermäßiger Ressourcenverbrauch, so resultieren daraus Kosten, die eine Vermeidung bzw. Beseitigung mit sich bringen. Letztlich führt das zu negativen externen Effekten, die eine nicht-marktmäßige Benachteiligung Dritter darstellen.

Der Treibhauseffekt ist nach Auffassung eines Großteils der Wissenschaftler zumindest teilweise ein Ergebnis dieses Marktversagens. Er beschreibt die

Klimaveränderungen durch menschliche Aktivitäten (Industrie, Landwirtschaft, Verbrennung fossiler Energie und Brandrodungen). Daher wurde 1997 im Kyoto-Vertrag die Reduzierung der für den Treibhauseffekt verantwortlichen Emissionen festgeschrieben.

Die Diskussion um den Einsatz marktkonformer umweltpolitischer Instrumente legt nahe, deren Anwendbarkeit für diese Aufgabenstellung zu prüfen und die Sensitivität einer solchen Lösung herauszustellen. Hierfür fehlt eine standardisierte Vorgehensweise, die zum einen alle relevanten Faktoren angemessen berücksichtigt und zum anderen durch leichte Anwendbarkeit und Übersichtlichkeit die Chancen auf hohe Akzeptanz besitzt – ein Kriterium, das häufig schwerer wiegt als extreme Exaktheit.

Zwar gibt es inzwischen eine Fülle von Publikationen, welche die Vorteilhaftigkeit marktkonformer Umweltpolitik preisen und auch diverse Faktoren oder gar Bausteine für einzelne Lösungsaspekte liefern. Ein ganzheitliches Instrumentarium zur vergleichenden Prüfung der Eignung gegenüber den übrigen stärker ordnungsrechtlichen Umweltinstrumenten existiert aber bis dato nicht.

Die bisherigen Zertifikatsansätze in der Praxis haben dazu ein weiteres volkswirtschaftliches Handicap: sie beschränken sich auf einzelne Branchen, z. B. auf die industrielle Produktion sowie auf die Stromerzeuger. Eine wie auch immer geartete Beteiligung der Landwirtschaft an den Klimaschutzzielen bleibt bisher außen vor. Die Möglichkeiten und Grenzen einer integrierten Lösung sind ebenfalls noch nicht abgeschlossen.

1.2 Ziel der Arbeit

Aus den angesprochenen Problemfeldern in Bezug auf die Anwendung von Zertifikatsmodellen als marktkonformes umweltpolitisches Instrument ergeben sich übereinstimmend zum Thema der Arbeit „Der Einsatz von Umweltzertifikaten unter Einbeziehung der Landwirtschaft am Beispiel klimarelevanter Gase“ folgende zwei Hauptziele, die zu erfüllen sind:

1. **Die Entwicklung eines integrierten methodischen Ansatzes, der eine übertragbare, allgemeingültige Vorgehensweise zur Überprüfung der Anwendbarkeit von Umweltzertifikaten gegenüber alternativen Umweltinstrumenten erlaubt.**

Dieses Ziel hat sich im Laufe der Forschungsarbeit als wesentlich herausgestellt, da nur durch seine Erfüllung eine akzeptable Gesamtbeurteilung möglich wird. Darauf aufbauend ergibt sich das zweite Ziel:

2. **Anwendung des ganzheitlichen Modells auf die klimarelevanten Gase, die eine Einbeziehung der Landwirtschaft prinzipiell erlauben, und Beurteilung der Vorteilhaftigkeit einer solchen Lösung sowie Dokumentation des Lösungspfades für eine etwaige Weiterverfolgung dieser Ergebnisse in der Praxis (modell-immanent).**

Um dieses Ziel zu erreichen, sind folgende Voraussetzungen im Rahmen der Arbeit graduell zu erfüllen:

Grundlagen

A) Aufbereiten der Voraussetzungen für die Internalisierung negativer externer Effekte, die zum Treibhauseffekt führen.
B) Herausstellen des Eigeninteresses der Landwirtschaft an einer effizienten Allokation der Umweltressourcen.
C) Aufzeigen der Auswirkungen der Klimaveränderungen auf die Landwirtschaft.

Bewertungsvoraussetzungen

D) Erstellen eines umfassenden handhabbaren Bewertungskatalogs für die Beurteilung der Vorteilhaftigkeit der unterschiedlichen umweltpolitischen Instrumente.
E) Prüfung der bisherigen Zertifikatsmodelle auf deren Generalisierbarkeit und deren best practice-Aspekte.

Modell-Entwicklung und Modell-Anwendung

F) Entwickeln eines umfassenden methodischen Ansatzes. der eine abschließende standardisierte Beurteilung der Vorteilhaftigkeit einer Zertifikatslösung im Vergleich zu anderen Instrumenten erlaubt.
G) Überprüfen der Allgemeingültigkeit anhand der vordringlichen externen Effekte unter Beteiligung der Landwirtschaft.

Abschließende Bewertung

H) Ganzheitliche Bewertung der Anwendbarkeit von Zertifikaten anhand der klimarelevanten Gase unter Berücksichtigung des erstellten Bewertungskataloges zur Prüfung der Aussagekraft der Modellanwendungen.

1.3 Aufbau der Arbeit

Die Arbeit gliedert sich analog zu den Zielen und den daraus resultierenden Aufgaben in vier Teile.

Teil 1 umfasst die Aufgaben, die sich unter dem Begriff Aufbereitung der „Grundlagen" zusammenfassen lassen. Diese werden im 2. Kapitel *Klimaschutz unter Einbeziehung der Landwirtschaft* erarbeitet und zusammengeführt.

Teil 2 wird durch das 3. Kapitel *Umweltpolitische Maßnahmen* abgedeckt. Neben einer grundlegenden Einführung in die Umweltpolitik und die umweltpolitischen Instrumente wird hier ein umfassender, selbstentwickelter Bewertungskatalog aufgestellt, der die Beurteilung der Vorteilhaftigkeit einzelner Instrumente im Vergleich erlaubt. Dieser Katalog erlaubt nicht nur die grundsätzliche Eignungsprüfung der Instrumente, sondern wird in Teil 4 auch auf die spezifischen Ergebnisse der Modellanwendung eingesetzt.

Teil 3 stellt den inhaltlichen Schwerpunkt der Arbeit dar. Zum einen wird der methodische Ansatz auf Basis der Vorarbeiten in den vorangestellten Teilen entwickelt, zum anderen wird dessen Anwendbarkeit anhand der klimarelevanten Gase für drei praxisrelevante Fälle nachgewiesen. Dadurch wird das zuvor entwickelte, theoretisch fundierte Modell mehreren Praxistests unterzogen. Ein praxisrelevanter Hauptaspekt ist dabei die Kompression der Fülle an komplexitätssteigernden Einflussfaktoren auf wesentliche, leicht handhabbare Kenngrößen, die eine schnelle Abarbeitung des Modells ermöglichen. Dies geschieht immer vor dem Hintergrund, dass Spezifika erst an der Stelle aufgeworfen werden, wo sie wirklich für eine Entscheidung relevant sind. Das erleichtert die Handhabung, vermeidet unnötigen Arbeitsaufwand, reduziert die Komplexität an „unnötigen" Stellen und erhöht somit die Akzeptanz des Modells.

Ziel dieses Teils der Arbeit ist zudem die Prüfung, ob eine Zertifikatslösung nicht zugunsten eines alternativen Instruments zu verwerfen ist. Die Effizienz und Effektivität der Zertifikatsanwendung wird herausgestellt – und im folgenden 4. Teil bewertet. Ein wichtiger Aspekt bei der Erarbeitung einer generellen Ausgestaltung ist vor allem die Anwendung von Zertifikatslösungen in der Praxis. Selbstverständlich fließen die bereits vorgestellten Erfahrungen aus den bisherigen Praxisanwendungen in die folgenden Ausgestaltungsempfehlungen ein.

Teil 4 dient zur abschließenden Bewertung der Ergebnisse aus der Modellanwendung im vorangegangenen Teil und greift dafür auf den entwickelten Bewertungskatalog aus Teil 2 zurück. Dadurch fügen sich alle Teile der Arbeit zu einem Gesamtwerk zusammen. Im Rahmen der Beurteilung wird geprüft, ob und inwieweit diese Lösung für die einzelnen Gase empfehlenswert und durchführbar ist.

Es ergibt sich folgender Gesamtaufbau der Arbeit:

	Einleitung	**1. Kapitel**
Teil 1	**Klimaschutz und Landwirtschaft:** Besonderheiten der Einbeziehung der Landwirtschaft	**2. Kapitel**
Teil 2	**Umweltpolitische Maßnahmen:** Entwicklung des Bewertungskatalogs	**3. Kapitel**
Teil 3	**Methodischer Ansatz:** Entwicklung des 5-Stufen Modells	**4. Kapitel**
	Anwendung des Modells: Überprüfung der Praxistauglichkeit	**5. Kapitel**
Teil 4	**Abschließende Bewertung:** Empfehlung der Durchführbarkeit	**6. Kapitel**
	Fazit	**7. Kapitel**

Die genauen inhaltlichen Abgrenzungen zu den vier Teilen der Arbeit bzw. den 7 Kapiteln sind aus der Gliederung zu entnehmen.

2. Klimaschutz und Landwirtschaft

Im vorliegenden Kapitel erfolgt in Abschnitt 2.1 zunächst eine Einordnung der Begriffe Klimaveränderung und Umweltverschmutzung. Dabei wird ein selektiver Überblick der globalen Klimageschichte gegeben, wobei der Schwerpunkt auf der bodennahen Lufttemperatur und den Niederschlägen liegt.

In Abschnitt 2.2 werden die Grundlagen (Nachhaltigkeit, Auswirkungen wirtschaftlicher Prozesse, Umwelt als öffentliches Gut und relevante Aspekte des Treibhauspotenzials) für diese Arbeit vorgestellt.

Abschnitt 2.3 stellt die klimarelevanten Gase anhand geeigneter Kriterien im einzelnen vor.

Anschließend wird in Abschnitt 2.4 die Beteiligung der Landwirtschaft an den Klimaschutzzielen als Quelle und Senke diskutiert, bevor in Abschnitt 2.5 die Auswirkungen der Klimaveränderungen auf die Landwirtschaft die Summe der vorangegangenen Ausführungen abrundet.

2.1 Klimaänderung und Umweltverschmutzung

2.1.1 Aufbau des Umwelt- und Klimasystems

Der modulare Aufbau des Klima- bzw. des Umweltsystems zeigt sich anhand der folgenden Abbildung 1. Das Zusammenspiel von Pedosphäre, Lithosphäre, Biosphäre, Hydrosphäre und Atmosphäre wird als Umweltsystem bezeichnet. Das Klimasystem bezieht zusätzlich noch die Kryosphäre mit in die Betrachtung ein (Schönwiese, 1997, S. 2).

Abb. 1: Schema des globalen Umwelt- und Klimasystems

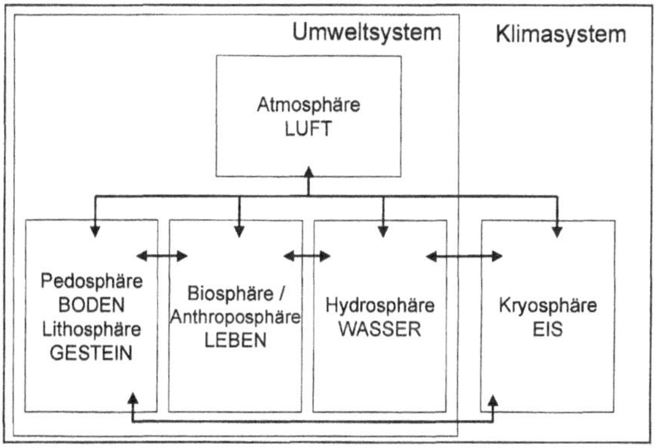

Quelle: verändert entnommen aus Schönwiese, 1997, S. 2

Das Zusammenspiel der einzelnen Systeme wird in dieser Abbildung deutlich. Man kann eine Unterscheidung in externe Einflüsse und interne Wechselwirkungen vornehmen (Schönwiese, 1996, S. 13). Umweltverschmutzungen sind dabei primär externe Einflüsse, führen aber innerhalb des Systems zu Wechselwirkungen (interne Einflüsse). Eine Belastung beispielsweise der Luft bzw. der Atmosphäre führt auch zu Belastungen der anderen Systeme. Die Kenntnis der Wirkung schädlicher Stoffe bezieht sich nur auf den Normalzustand. Die folgenden Aspekte können daher nur bedingt berücksichtigt werden:

- Die Menge der Schadstoffemissionen
- Die Art der Emissionen
- Der Zustand der Umwelt, in die emittiert wird
- Die sozialen und ökonomischen Gewohnheiten der Menschen in dieser Gegend (Dales, 1968, S. 8).

Durch die begrenzte natürliche Regeneration der Umweltmedien kommen neue Emissionen zu denen der letzten Jahre dazu. Als Ergebnis kann festgehalten werden, dass der Träger der Umweltverschmutzungen der Verbund des ganzen Klimasystems ist. Umweltverschmutzungen, die das bestehende System dauerhaft verändern, verursachen dadurch Klimaveränderungen. Verschmutzungen unterhalb der Regenerationsfähigkeit stellen hingegen keinen direkten Handlungsbedarf für den Klimaschutz dar. Des weiteren ist nicht jede Veränderung pauschal als Reversionserfordernis zu interpretieren, sondern muss in ihren Auswirkungen genauer analysiert werden.

Im Folgenden wird ein grober Überblick der globalen Klimageschichte gegeben, wobei der Schwerpunkt auf der bodennahen Lufttemperatur liegen soll. In Kapitel 2.4 wird auf die Bedeutung der einzelnen Schadstoffe für die Klimaänderung näher eingegangen. Als weiterer wichtiger Indikator soll die Änderung der Niederschläge berücksichtigt werden.[1]

2.1.2 Einblick in die globale Klimageschichte

Das Klima hat sich im Laufe der Jahrtausende ständig verändert. Die Gründe dafür liegen sowohl in der menschlichen Klimabeeinflussung als auch in den natürlichen Klimaänderungen. Deshalb ist es wichtig, bei der Entwicklung von Zukunftsszenarien die Klimavergangenheit zu untersuchen und darauf aufbauend die Diskussion der Ursachen vorzunehmen (Schönwiese, 2000, S. 1). Es ist jedoch zu beobachten, dass die Einflüsse durch den Menschen in den letzten 200 Jahren gestiegen sind und mit zu einer Erwärmung beigetragen haben (vergl. Abb. 2). Aufgrund der Vielfalt und der

---

[1] Eine ausführlichere Darstellung der Klimageschichte findet sich u. a. bei Schönwiese (1996, 1997) und Eimern.

Komplexität des Klimasystems ist es nur möglich, einen geringen Teil der Wirkungen zu quantifizieren (z. B. die Erwärmung oder die Steigerung der Niederschläge). Aus eben diesen Gründen sind die Folgewirkungen in der Zukunft nicht abschließend erforscht und damit ungewiss. Problematisch an dieser Entwicklung ist, dass die Auswirkungen menschlichen Handelns nicht kalkulierbar sind. Bei einer hinreichend langsamen Entwicklung kann sich die Umwelt entsprechend anpassen.

Abb. 2: Modellannahmen der Erderwärmung

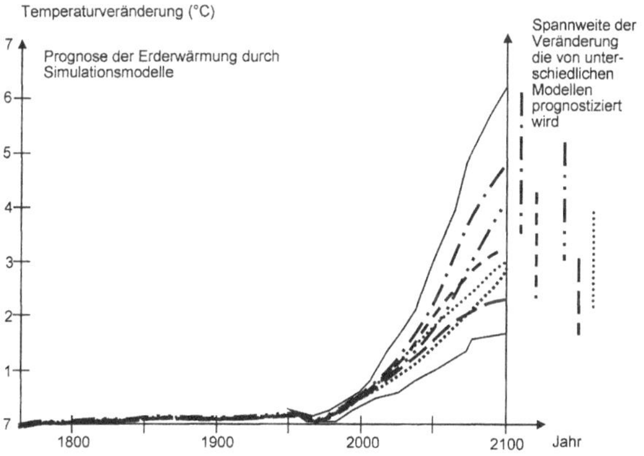

Quelle: Maslin, 2002, S.42

Optimistische Voraussagen gehen von einer Zunahme der Temperaturen von mindestens 1,3 °C in den nächsten 100 Jahren aus (Michaels, Balling, 2000, S. 3). Laut des IPCC Berichts kann jedoch mit einem Temperaturanstieg von bis zu 5,8 °C bis zum Jahr 2100 gerechnet werden (Maslin, 2002, S. 7).

Hilfreich bei der Prognose der zukünftigen Temperaturen ist die Untersuchung des Klimas in der Vergangenheit, denn daraus lassen sich Trends ableiten. So zeigt Abbildung 3 die Jahresanomalien der bodennahen Weltmitteltemperatur der Jahre 1854 bis 1995. Das globale Mittel ist im Laufe der letzten 150 Jahre um 0,6 °C angestiegen. Da es sich hierbei um eine globale Erwärmung handelt, muss eine räumliche Differenzierung vorgenommen werden. Der durchschnittliche Temperaturanstieg in Deutschland entspricht 0,8 °C (Rapp/Schönwiese, 1996, S. 3). Allerdings muss an dieser Stelle eine differenzierte Betrachtung der einzelnen Jahreszeiten erfolgen. Laut Rapp/Schönwiese fand die größte Temperaturzunahme in den Jahren 1961 – 1990 im Winter mit 1,7 °C statt. Dagegen wurde eine Erhöhung der Temperatur im Sommer von nur 0,4 °C gemessen (ebenda, S. 63). Allerdings haben sich sowohl der Herbst als auch der Winter verkürzt, d. h. die Dauer der Jahreszeiten hat sich verändert (Rapp, 2000, S. 74).

Abb. 3: Jahresabweichungen der Durchschnittstemperatur und der Niederschläge (1900 – 2000)

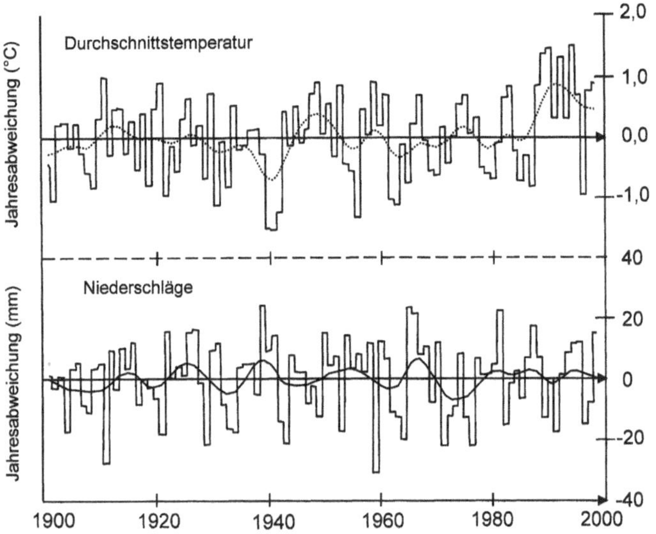

Quelle: Schönwiese, 1997, S.7

In dem Zeitraum zwischen 1891 und 1990 hat der jährliche Niederschlag im Durchschnitt um 9 % zugenommen. Man kann jedoch von einer „jahreszeitlichen Umverteilung des Niederschlags“ (Rapp/Schönwiese, 1996, S. 3) ausgehen. Der Niederschlagsanstieg im Winter betrug in den Jahren 1961 – 1990 20 %. Im Gegensatz dazu kam es im Frühling und Sommer zu einer Senkung der Niederschläge um ca. 8 % (Rapp/Schönwiese, 1996, S. 63).

Untersuchungen in einem längeren Zeitraum (von 1891 bis 1990) haben gezeigt, dass die Niederschlagshöhe in Mitteleuropa um bis zu 20 % abgenommen und in Nord- und Osteuropa um 10 bis 30 % des Mittelwertes zugenommen hat (Rapp, 2000, S. 61). In Deutschland übersteigt die Niederschlagshöhe vor allem im Winter (Dezember – Februar) die 30 % (Rapp, 2000, S. 69).

Ungeachtet eines weiteren Interpretationsspielraumes bezüglich des Stellenwertes der einzelnen Einflussfaktoren auf die Veränderungen bleibt festzuhalten, dass beide Kriterien auf eine dauerhafte und langfristige Veränderung des Klimas hindeuten.

2.2 Gesellschaftspolitische Bedeutung öffentlicher Güter

2.2.1 Interesse an Nachhaltigkeit

Als Ursachen für die Umweltbelastungen werden übermäßige Nutzung erneuerbarer Ressourcen, Verbrauch nicht erneuerbarer Ressourcen und Abgabe von Schadstoffemissionen an die Umwelt angesehen. Die damit verbundene Störung des ökologischen Systems und die beschriebenen Klimaänderungen zeigen das eine Handlungserfordernis besteht.

Die Umwelt stellt für viele Unternehmen einen weitgehend kostenlosen Betriebsfaktor dar. Die Versachlichung der Natur (Litt, 1957, S. 44) führt zu Schäden, die im Interesse aller behoben bzw. verhindert werden müssen. Hinzu kommt, dass der Energieverbrauch selbst in den hochentwickelten Industrienationen, die über entsprechende Vermeidungstechniken verfügen, bis zum Jahre 2015 um weit über 30 % ansteigen wird (PricewaterhouseCoopers, 2000, S. 26).

In dem Zusammenhang wird in der letzten Zeit oft von „Sustainable Development" bzw. „Nachhaltiger Entwicklung" gesprochen.[2] Grundsätzlich fordert das Gebot der Nachhaltigkeit eine „Entwicklung der Gesellschaft, die die Bedürfnisse der gegenwärtigen und zukünftigen Generationen gleichermaßen befriedigt" (Bartmann, 1996, S. 236). Hauptaspekte hierbei sind die ökologische Verträglichkeit und soziale Gerechtigkeit. Es geht also darum, die gesellschaftliche Entwicklung auch nach umweltpolitischen Gesichtspunkten auszurichten.

Im Hinblick auf die stetige Steigerung der Emissionen und die dadurch bedingte Verschlechterung der Umwelt ist ein Umdenken zu Sustainability (Nachhaltigkeit) von großer Bedeutung. Selbst kleine Beiträge zur Umweltverbesserung müssen deshalb gefördert werden. Eine Fortführung des immer noch wachsenden Verbrauchs an Ressourcen und der steigenden Verschmutzung der Umwelt „führt in eine ökologische Sackgasse" (Simonis, 1997, S. 122).

2.2.2 Die Auswirkung wirtschaftlicher Prozesse

Wirtschaftliche Prozesse einer Gesellschaft sind mit einem kontinuierlichen Fluss von Materialien verbunden (Dales, 1968, S. 1). Eine langfristige ökologische Entwicklung sollte mit der Reduktion des Verbrauchs von Ressourcen und der Minimierung von Schadstoffemissionen einhergehen. Dadurch wird der Klimaschutz ganzheitlich durch Input- und Outputreduzierung angegangen. Abbildung 4 zeigt die relevanten Input- und Outputgrößen.

---

[2] Beiträge zu dieser Diskussion liefern u. a. Bartmann (1996) und Costanza u. a (2001).

Abb. 4: Input–Produktion-Output

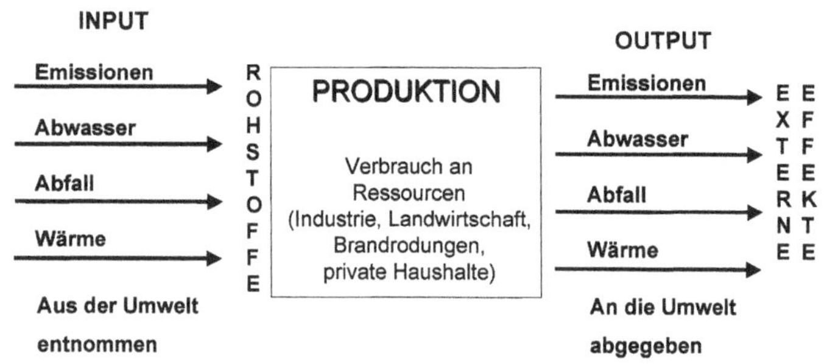

Quelle: eigene Darstellung

Zu den aus der Umwelt entnommenen Inputfaktoren gehören Wasser, Luft und andere Ressourcen. Es werden zumeist nicht erneuerbare Ressourcen abgebaut bzw. erneuerbare Ressourcen über ihre Regenerationsrate hinaus genutzt. Die an die Umwelt abgegebenen Outputfaktoren sind neben dem eigentlichen Produkt vor allem Emissionen in Form von Abgasen, Abwässern, Abfällen und Wärme.

Produzenten können Industrie, Landwirtschaft oder auch private Haushalte sein. Bei der Produktion gilt es darauf zu achten, dass die Schadstoffemissionen nur bis zur Regenerationsfähigkeit der Senken erfolgen (Bartmann, 1996, S. 238). Die Emissionen bewirken eine veränderte Zusammensetzung der Atmosphäre, Brandrodungen in der Landwirtschaft führen zu einer Veränderung der Oberflächenbeschaffenheit der Erde und vor allem industrielle Produktion führt zu einer direkten Wärmezufuhr (Deutscher Wetterdienst, 1979, S. 5).

Die Grundannahme ist, dass sich durch überhöhten Einsatz der Inputgrößen und Nicht-Monetarisierung der negativen externen Effekte bei den Outputgrößen die zu erwartende Klimaänderung nachteilig auf „Öko-, Gesellschafts- und Wirtschaftssysteme einschließlich der Nahrungs- und Wasservorräte sowie für die menschliche Gesundheit“ (Beschluss der Bundesregierung zum Klimaschutzprogramm, 1999, S. 15) auswirkt. Vor allem Länder, die entweder in sehr trockenen Gebieten bzw. in Gebieten mit hohem Niederschlag liegen, sind hiervon betroffen (Deutscher Wetterdienst, 1979, S. 12).

Im Fall von Schadstoffemissionen stellt der entstehende Output negative externe Effekte[3] dar. Man spricht auch von einer „nichtmarktmäßigen Benachteiligung Dritter“ (Bartmann, 1996, S. 36), wobei es sich um Einzelpersonen, die Gesellschaft oder auch um zukünftige Generationen handeln kann. Das Hauptproblem hierbei ist die

[3] Eine detailliertere Darstellung externer Effekte findet sich in Kapitel 3.1.1.

Internalisierung dieser externen Effekte, d. h. die Zuordnung der entstandenen Kosten zu einem Produzenten bzw. Verursacher (Feess, 1995, S. 18). Da aber in den meisten Fällen gerade die Kenntnis über diese Kosten fehlt, kann auch keine Zuordnung erfolgen.

2.2.3 Umwelt als Öffentliches Gut

Bei dem Gut „Umwelt“ hat es sich immer um ein öffentliches Gut gehandelt, dass folgende Charakteristika erfüllte: Nichtrivalität im Konsum, Versagen des Ausschlußprinzips und i. d. R. Unteilbarkeiten. Aus diesen drei Punkten folgt, dass die Nutzer nicht bereit sind, ihre wahren Präferenzen für dieses Gut zu offenbaren. Das kann man wiederum als Trittbrettfahrerverhalten bezeichnen, da am Konsum teilgenommen werden kann ohne dafür zu zahlen. Es erfolgt also auch kein privates Angebot dieser Güter, da Preisforderungen nicht durchsetzbar sind.

Die Marktallokation von Umweltgütern versagt, da sie den Charakter eines öffentlichen Gutes haben. Ein Grund für den Wandel der Umwelt zu einem knappen Gut ist das exponentielle Bevölkerungswachstum und das daraus resultierende industrielle Wachstum zahlreicher Länder (Weimann, 1995, S. 5). Die Menge des Ressourcenverbrauchs korreliert positiv mit der Anzahl der Menschen in einer Gesellschaft und deren Lebensstandard (Dales, 1968, S. 2). Inzwischen hat das Ausmaß der externen Effekte einen Punkt erreicht, der den Handlungsbedarf verdeutlicht. Eine Folge von negativen externen Effekten ist der Treibhauseffekt, d. h. die Erwärmung der Erde.

Der Treibhauseffekt beschreibt zum einen die Klimaänderung durch menschliche Aktivitäten (wie Industrie, Landwirtschaft, Verbrauch fossiler Energie und Brandrodungen), zum anderen werden aber auch Naturereignisse (Vulkanausbrüche) berücksichtigt. Die wichtigsten Gase – Kohlendioxid (CO_2), Methan (CH_4) und Stickoxid (N_2O) – kommen sowohl durch natürliche als auch durch anthropogene Quellen in die Atmosphäre (Peña, Grünbaum, 2001, S. 374). Man bezeichnet diese Gase auch als Kyoto-Gase, da sie Teil des Kyoto-Vertrages von 1997 sind.[4] Laut dem Ergebnis einer Arbeitsgruppe des IPCC[5] entspricht der durch Klimaänderung verursachte monetäre Schaden der Weltwirtschaft einigen Prozentpunkten des BSP, wobei 1 % des Bruttosozialprodukts der Welt ungefähr 250 Mrd. US-Dollar entspricht (Statistisches Bundesamt, 1996).

[4] Der 1997 abgeschlossene Kyoto-Vertrag sieht die Reduzierung der für den Treibhauseffekt verantwortlichen Gase vor. Ausgearbeitet und unterschrieben wurde der Vertrag von 160 Ländern.
[5] IPCC steht für Intergovernmental Panel on Climate Change.

2.2.4 Relevante Aspekte des Treibhauspotenzials

Die folgende Abbildung 5 zeigt die Anteile der einzelnen Gase am Treibhauseffekt. Kohlendioxid hat einen Anteil am Treibhauseffekt von 50 %, Methan 13 % und Stickoxid 5 %. Somit erfassen die in dieser Arbeit behandelten Gase 68 % der Ursachen am Treibhauseffekt. Eine Betrachtung der Quellen von z. B. Methanemissionen zeigt einen Anteil der Landwirtschaft von 32 % (Löthe, 1999, S.9).

Abb. 5: Anteile der relevanten Gase am Treibhauseffekt

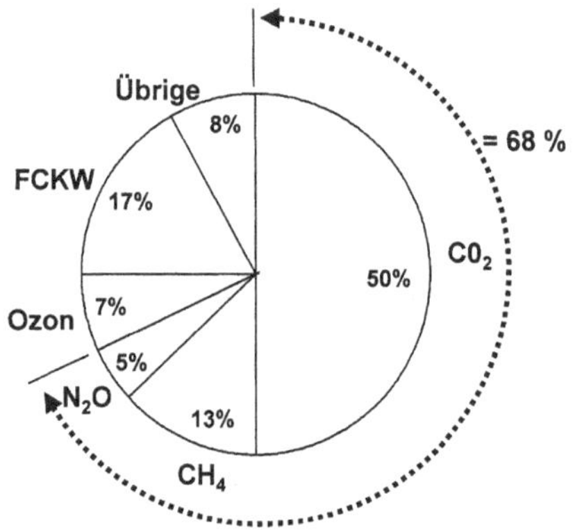

Quelle: eigene Darstellung, Daten entnommen aus Hippchen,1997, S. 11

Im Zusammenhang mit der Beurteilung und der Gewichtung der einzelnen Kyoto-Gase muss auch auf die unterschiedliche Konzentration und Verweildauer in der Atmosphäre hingewiesen werden.

Die folgende Abbildung 6 zeigt die Charakteristika der einzelnen Gase. Die hohe Konzentration (354 ppm) und die lange Verweildauer (120 Jahre) von z. B. Kohlendioxid in der Atmosphäre unterstützt die Forderung nach sofortigem Handeln. Es zeigt sich auch, wie lange es dauert, bis sofortige Maßnahmen im großen Umfang greifen: wenn die Schadstoffe der letzten 120 Jahre, in Abhängigkeit ihrer spezifischen Halbwertzeit, noch wirksam sind, dann reduziert sich das Einsparpotenzial beispielsweise bei einer Reduktionsmenge von 30 % im schlechtesten Fall auf eine Nettomenge von 0,25 % gegenüber dem Status Quo.

Um eine Vergleichbarkeit der Gase und ihrer Wirkung untereinander zu ermöglichen, wurde der Begriff des relativen Treibhauspotentials bzw. des „global warming potentials“ eingeführt. Dabei wird die Wirkung der einzelnen Gase für die Umwelt berücksichtigt, so ist beispielsweise die Wirkung von Methan pro Gewichtseinheit 58mal so groß wie die Wirkung von CO_2. Ein weiterer zu berücksichtigender Aspekt ist die größere prozentuale Zunahme von Methan im Gegensatz zu CO_2. Stickoxid ist im Vergleich zu Kohlendioxid 206mal wirksamer und hat zudem noch eine längere Verweildauer (150 Jahre). Eine geringe Zuwachsrate ist jedoch positiv zu vermerken.

Abb. 6: Charakteristika der relevanten Gase

	CO_2	CH_4	N_2O	Ozon
Konzentration (in ppmv)	354	1,72	0,31	0,03
Verweildauer in der Atmosphäre (in Jahren)	120	10	150	0,1
Zunahme in Prozent pro Jahr	0,5	1,0	0,25	0,5
relatives Treibhauspotential (auf Basis Volumen)	1	21	206	2.000
relatives Treibhauspotential (auf Basis Masse)	1	58	206	1.800

Quelle: Enquete-Kommission, „Vorsorge zum Schutz der Erdatmosphäre“ des Deutschen Bundestages (Hrsg.), Schutz der Erde: Eine Bestandsaufnahme mit Vorschlägen zu einer neuen Energiepolitik, Teilband I, Karlsruhe 1991, S. 216

Ungenauigkeiten bei der Vorhersage von zukünftigen Klimaentwicklungen ergeben sich durch die Komplexität und Vielfältigkeit der Ursachen. Zur Zeit gibt es kein Modell, dass alle diese Ursachen nebeneinander berücksichtigt (Schönwiese, 1997, S. 14). Es ist jedoch davon auszugehen, dass die direkten Folgen der heutigen Umweltverschmutzung z. B. durch Kohlendioxid erst in einigen Jahren bzw. in einigen Jahrzehnten zu erkennen sein werden. Da aber die heutigen Emissionswerte bereits weit über der Regenerationsfähigkeit liegen, wird die Dringlichkeit nach drastischen Emissionsreduktionen deutlich.

2.3 Relevante Gase

Im Folgenden werden die Gase behandelt, die sowohl Teil der Kyoto-Gase als auch ein Nebenprodukt der landwirtschaftlichen Produktion sind. Zu den Kyoto-Gasen gehören Kohlendioxid (CO_2), Methan (CH_4), Distickstoffoxid (N_2O), Fluorkohlenwasserstoffe (HFC), perflourierte Flourkohlenwasserstoffe (PFC) und Schwefelhexaflourid (SF_6). Die letzten drei entstehen nicht in der Landwirtschaft – sie sind das Ergebnis von industrieller Produktion – und bleiben deshalb in dieser Arbeit unberücksichtigt.

Trotz vieler Einzelheiten fehlt immer noch theoretisches Wissen über die Interaktionen einzelner Stoffe. Die Konzentration der hier weiterverfolgten klimarelevanten Gase hat zugenommen und die Trends (vgl. Abb. 6) sind weiterhin steigend. Es kann davon ausgegangen werden, dass die Höhe der Gesamtemissionen mit der Bevölkerungsdichte und den ökonomischen Aktivitäten positiv korreliert (Peña, Grünbaum, 2001, S. 381). In Bezug auf die eingesetzte Technik liegt eine negative Korrelation vor, d. h. je besser die bei der Produktion eingesetzte Technik ist, desto weniger wird emittiert.

Die behandelten Gase werden durch die folgenden Punkte charakterisiert, da deren gemeinsame Klärung die wesentlichen Kriterien für die Beurteilung der Wirkung des Gases auf das Klima zusammenführt :

- Vorkommen in der Natur
- Verweildauer in der Atmosphäre
- Beteiligung am Treibhauseffekt
- Ursache für den Anstieg
- Prognose

2.3.1 Kohlendioxid (CO_2)

In der Natur ist Kohlendioxid, wie die anderen Gase auch, Teil eines Kreislaufs. Es entsteht vor allem bei der Veratmung durch Menschen, Tiere und Pflanzen in die Atmosphäre. Genutzt wird CO_2 zum einen für die Photosynthese[6] von Pflanzen[7], wobei es mit Hilfe von Sonnenlicht in Sauerstoff und Kohlenstoff zerlegt wird. Der Sauerstoff wird von der Pflanze abgegeben und der Kohlenstoff verbleibt in der Pflanze. Zum anderen ist Kohlendioxid in geringen Mengen für die Wärmedämmung der Atmosphäre von Bedeutung, d. h. es verhindert eine Auskühlung der Erde. Die kurzwelligen Strahlen der Sonne werden, sobald sie auf der Erde ankommen, in Wärme umgewandelt und als langwellige Strahlen reflektiert. Vor allem CO_2 ist dafür verantwortlich, dass diese Strahlen dann wieder zurück auf die Erde geworfen werden. Je mehr Kohlendioxid in der Atmosphäre ist, desto stärker erhöht sich die globale Durchschnittstemperatur (Bosselt, 1994, S. 30). Hierbei spricht man auch vom Treibhauseffekt. Schädlich sind also nicht einzelne CO_2-Moleküle, sondern die hohe Konzentration dieser Moleküle in der Atmosphäre (Hippchen, 1997, S. 17). Ein Großteil des in der Natur gespeicherten Kohlendioxids wird durch die Ozeane (hauptsächlich durch pflanzliches und tierisches Plankton) aufgenommen oder ist dauerhaft in Form von Kalkablagerungen im Ozean gespeichert (Europäische Union, 2001, S. 4). Schätzungen gehen davon aus, dass es sich um 30 – 50 % der gesamten CO_2-Emissionen handelt (Lange, 1997, S. 28).

[6] Bei der Photosynthese wird mit Hilfe von Wasser und Kohlendioxid Traubenzucker und dann Stärke aufgebaut (Oehmichen, 1983, S. 303).

[7] Die Menge CO_2, die durch die Pflanzen jährlich synthetisiert wird, bezeichnet man als Nettoprimärproduktion (NPP). Sie läßt sich aus der Differenz zwischen der Bruttoprimärproduktion und der Pflanzenrespiration berechnen (Flückiger, Rieder, 1997, S. 23).

Unter dem Aspekt der Verweildauer (vgl. Abb. 6) zeigt sich für CO_2 ein Zeitraum von ca. 120 Jahren in der Atmosphäre[8]. Das bedeutet, dass eine Stabilisierung des Emissionsniveaus nicht mit einer Stabilisierung der CO_2-Konzentration gleichzusetzen ist.

Wie bereits in Abschnitt 2.2 erwähnt, ist Kohlendioxid am Treibhauseffekt zu 50 % beteiligt. Somit stellt es dass bedeutendste klimarelevante Gas dar. Die folgende Abbildung 7 zeigt den Anstieg von Kohlendioxid in der Atmosphäre seit 1750. Die weltweit zunehmende Verfeuerung fossiler Brennstoffe seit Beginn der Industrialisierung in Europa und Nordamerika (mit Beginn des 19. Jahrhunderts) ist vor allem für den deutlichen Anstieg der Kurve verantwortlich.

Die in der Abbildung gezeigten relativen Steigerungen verdeutlichen den CO_2-Anstieg in der Atmosphäre für jeweils 50 Jahre. Berücksichtigt man die Verweildauer von Kohlendioxid in der Atmosphäre, so ist die letztmalige Auswirkung der Emissionen von 1880 im absoluten CO_2-Wert des Jahres 2000 enthalten.

Abb. 7: Kohlendioxid-Anstieg in der Atmosphäre

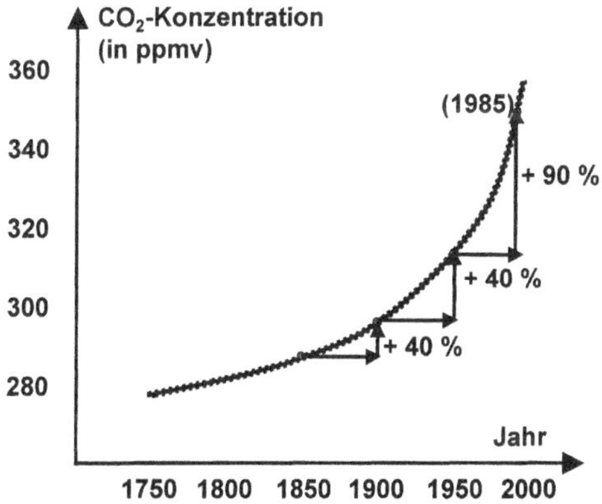

Quelle: Enquete-Kommission, „Vorsorge zum Schutz der Erdatmosphäre" des Deutschen Bundestages (Hrsg.), Schutz der Erde, Teilband I, 1991, S. 182

Bei der Entwicklung der Kohlendioxidkonzentration gilt es zu berücksichtigen, dass gerade in naturwissenschaftlichen Bereichen die Ursache-Wirkungs-Zusammenhänge nicht genau definiert werden können. Insofern muss man davon ausgehen, dass es keine 100%ig sicheren Prognosen gibt. Im Fall von Kohlendioxid kann die mengenmäßige Einbindung in Senken nur annäherungsweise geschätzt werden. Was jedoch mit Sicherheit gesagt werden kann, ist, dass die

[8] Grund dafür ist die langsame Aufnahme durch die Ozeane (Borsch, Hake, 1998, S. 56)

Aufnahmefähigkeit der vorhandenen Senken für CO_2 bei weitem überschritten ist: Die durchschnittliche Konzentrationsrate vor der Industrialisierung lag, wie in der Abbildung 7 gezeigt, zwischen 250 und 310 ppm. Zieht man die mögliche Aufnahmefähigkeit von den derzeitigen Emissionen ab, dann muss mit einer jährlichen Nettozunahme von etwa 1,8 ppm gerechnet werden (Nisbet, 1994, S. 87).

Die Bundesregierung hat sich das Ziel gesetzt, den CO_2-Ausstoß bis zum Jahr 2005 um 25 % im Vergleich zum Basisjahr 1990 zu senken (BMU, 2000, S. II). Die ersten Einsparungen wurden dabei im Rahmen der Wiedervereinigung durch die Stillegung verschiedener Industrien in den neuen Bundesländern erreicht (PricewaterhouseCoopers, 2000, S. 7).

2.3.2 Methan

Methan setzt sich aus Kohlenstoff und Wasserstoff zusammen. Die Freisetzung von Methan (CH_4) erfolgt sowohl durch natürliche als auch durch anthropogene Quellen. Natürliche Ursachen sind „Methanbakterien in Sümpfen, Marschland, in der Tundra, in den Sedimenten von Seen und Ozeanen sowie in den Verdauungstrakten verschiedener Spezies“ (Löthe, 1999, S. 8). Letzteres wird auch als enterische Fermentation bezeichnet. Anthropogene Hauptquellen für CH_4 sind Reisanbau, Brandrodungen, Viehzucht und Mülldeponien (Bosselt, 1994, S. 61). In der Luft wird Methan durch ein anderes Gas (OH)[9] zerstört und zu Kohlendioxid abgebaut (Borsch, Hake, 1998, S. 53). Abbildung 8 zeigt die Methanemissionen, die in der Landwirtschaft anfallen.

Abb. 8: Methanemissionen in der Landwirtschaft

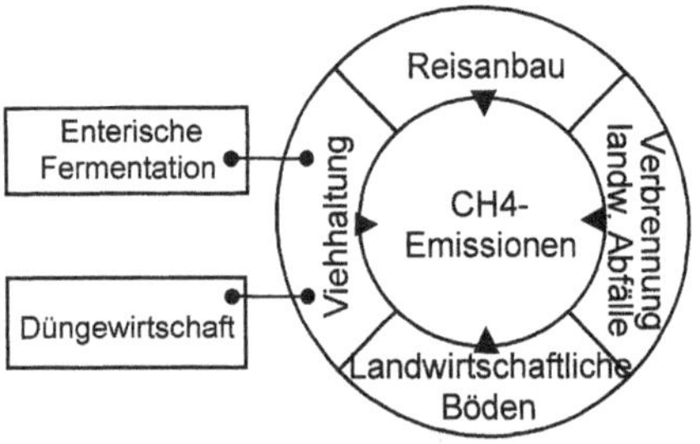

Quelle: eigene Darstellung, in Anlehnung an Europäische Kommission, 2003, entnommen aus http://europa.eu.int/comm/agriculture/envir/report/de/clima_de/box1.htm

[9] Hydroxylradikal (OH): „Methan wird vom Hydroxylradikal zerstört; jeder Anstieg des Methangehalts der Luft senkt gleichzeitig die Hydroxylkonzentration. Das Hydroxylradikal ist die für die Reinhaltung der Luft wichtigste Verbindung, sozusagen der Müllmann der Atmosphäre“ (Nisbet, 1994, S. 91).

Die Verweildauer in der Atmosphäre beträgt ca. 7 bis 10 Jahre. Es muss allerdings berücksichtigt werden, dass die Wirkung für die Umwelt pro Gewichtseinheit 58mal so groß ist wie die von CO_2 (Hippchen, 1997, S. 10). Abbildung 6 (Kapitel 2.2) weist die Wirkung einer Konzentrationsänderung im Vergleich zu Kohlendioxid sowohl pro Molekül als auch pro Gewichtseinheit aus.

Methan ist an dem Treibhauseffekt mit ca. 13 % beteiligt (Abb. 5). Der kontinuierliche Anstieg der Methanemissionen ist hauptsächlich durch die anthropogenen Hauptquellen zu erklären (Hippchen, 1997, S. 12). So zeigt die folgende Abbildung 9 die Hauptemittenten in Deutschland von 1994 auf. Die Abfallwirtschaft verantwortet demnach mit 38 % die meisten Emissionen, gefolgt von der Landwirtschaft mit 32 %.

Im Gegensatz zu vielen anderen Schadstoffen kann der Methanausstoß in den meisten Fällen nur durch eine Reduzierung der Produktionsmengen verringert werden. Gründe dafür sind vor allem die natürlichen Entstehungsorte: Reisanbau und Viehzucht (Bosselt, 1994, S. 125).

Abb. 9: Methanemissionen in Deutschland

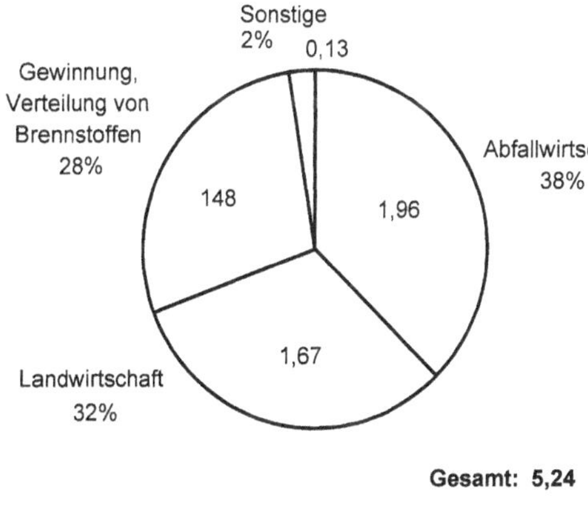

Quelle: Löthe, 1999, S. 9

Zur Zeit läuft eine Studie in Australien, mit der versucht werden soll, die Methanemissionen bei Wiederkäuern mit Hilfe einer Injektion zu minimieren. Versuche mit Schafen haben ein Minderungspotential von 20 % ergeben.[10] In Neuseeland haben Forscher herausgefunden, dass sich Methanemissionen von Weidetieren, in dem Fall Rinder und Schafe, durch eine gezielte Fütterung um bis zu 16 % reduzieren lassen. Als Futter wurde die Leguminose Lotus japonicus

[10] Persönliches Gespräch mit Sue Baker.

eingesetzt.[11] Sollten diese Versuche gelingen, so kann man von einer Minderung der Methanemissionen in der Zukunft auch im internationalen Bereich ausgehen. Allerdings müssen in diesem Bereich die anfallenden Kosten berücksichtigt werden: zum einen die Kosten für den Impfstoff, zum anderen die Anbaukosten für bestimmte Futterpflanzen.

2.3.3 Stickstoff

Stickstoff in seiner elementaren Form hat mit 78,08 % den größten Anteil an der Luft (van Eimern, Häckel, 1994, S. 11)[12]. Es ist ein lebensnotwendiger Nährstoff für Tiere und Pflanzen, der zum Wachstum benötigt wird. Pflanzen sind nicht in der Lage, Stickstoff aus der Luft zu entnehmen. Mit Hilfe von Bakterien wird der Stickstoff fixiert und kann so - in Form von Ammoniumverbindungen und Nitraten – aufgenommen werden. Tiere gewinnen den Stickstoff direkt aus der Nahrung (Bosselt, 1994, S. 61). Im Gegensatz dazu sind sogenannte Leguminosen[13] aufgrund der Symbiose mit Knöllchenbakterien in der Lage, Stickstoff aus der Luft zu binden. Deshalb werden diese Pflanzen unter anderem auch als Gründünger verwendet (Kämpf, 1968, S. 325).

Abb. 10: Stickstoff in der Landwirtschaft

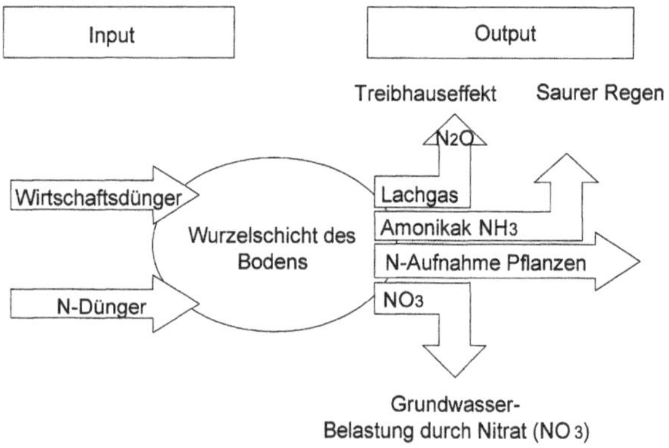

Quelle: selbsterstellt auf Basis Bartling, Hippchen, 1996, S. 2

[11] http://www.wissenschaft-online.de/page/fe_seiten?article_id=591635, Ausdruck vom 12.09.2002
[12] Den zweitgrößten Anteil an der Luft hat Sauerstoff mit 20,95 % (Nisbet, 1994, S. 392).
[13] Als Leguminosen bezeichnet man alle Pflanzen, die Stickstoff aus der Luft binden können. Dazu gehören: Luzerne, Kleearten, Lupinen, Pferde- oder Saubohne, Gartenbohne, Erbse, Linse, Wicke, Sojabohne (Oehmichen, 1983, S. 270).

Im Rahmen des Stickstoffkreislaufs wird Stickstoff (N_2) durch die Pflanzen aufgenommen und zur Proteinbildung verwendet. In die Nahrungskette weitergegeben, wird es durch Mineralisierung wiederum von den Pflanzen aufgenommen (Bosselt, 1994, S. 61). Der gesamte Stickstoffvorrat im Boden liegt – je nach Standort bzw. Bodennutzung – zwischen 0,02 % und 0,4 % (Oehmichen, 1983, S. 348). Stickstoff stellt eine wesentliche Schlüsselgröße für das Pflanzenwachstum dar und seine hinreichende Verfügbarkeit führt zu hohen Erträgen in der Pflanzenproduktion. Von daher neigen die Landwirte dazu, eher zuviel als zuwenig Stickstoff zuzuführen. In Abbildung 10 sind die wesentlichen Sachverhalte schematisch dargestellt.

Bei zu starker Düngung im Vergleich zur Stickstoffaufnahme treten Auswaschungen von Nitrat (NO_3) auf. Diese belasten das Grundwasser, weswegen in Gebieten der Trinkwassergewinnung entsprechende Regelungen zur Stickstoffdüngung (N-Düngung) gelten. Gleichwohl ist ein Anstieg der Nitratbelastung des Grundwassers zu verzeichnen. Des weiteren sind zwei Luftbelastungen durch Stickstoff zu verzeichnen: den in dieser Arbeit weiter zu verfolgenden Treibhauseffekt durch Lachgas (N_2O) und Ammoniak-Emissionen (NH_3), die letztlich über den Sauren Regen zu einer Auswaschung (Versauerung) der Böden führen. Lachgas ist zusätzlich durch seine katalytische Wirkung indirekt am Abbau des stratosphärischen Ozons (Ozonloch) beteiligt.

In der Natur entsteht Lachgas bei einer sogenannten Denitrifikation (Abbau) von Nitrat (NO_3) zu elementarem Stickstoff (N_2) und bei der Nitrifikation (Bildung) von Nitrat aus Ammonium (NH_4^+) (Löthe, 1999, S. 9).[14] Die Verluste an Nitrat durch die Denitrifikation können 10 % bis 60 % des Düngers ausmachen (Oehmichen, 1983, S. 351).

Lachgas ist in der Atmosphäre erst nach 150 Jahren abgebaut. Damit ist die Verweildauer um 30 Jahre länger als bei Kohlendioxid in der Atmosphäre. Außerdem ist das relative Treibhauspotential 206mal höher als das des CO_2 (vgl. Abbildung 5).

Lachgas ist mit 5 % am Treibhauseffekt beteiligt. Der Anteil der Landwirtschaft betrug 1994 knapp 33 %. Damit war sie nach der Industrie mit 44 % der zweitgrößte Emittent. Die restlichen 23 % entfielen auf Produktverwertung, Haushalte und Kleinverbraucher sowie Verkehr und Industriefeuerungen (Löthe, 1999, S. 10).

Um eine Stabilisierung des Anteils von Lachgas in der Atmosphäre zu erreichen, ist aufgrund naturwissenschaftlicher Erkenntnisse eine Reduktion der aktuellen Lachgasemissionen um bis zu 80 % notwendig (Hamann, Wacker, 1992, S. 688).

2.4 Beteiligung der Landwirtschaft an den Klimaschutzzielen

2.4.1 Die Aufgaben der Landwirtschaft

Im Rahmen des Sektoren-Modells, dessen Begründer vor allem J. Fourastié war, gehört die Landwirtschaft zum primären Sektor.[15] Dadurch wird die eigentliche Urproduktion dargestellt, wozu neben der Landwirtschaft auch Forstwirtschaft, Fischerei und Jagd gehören. Der primäre Sektor zeichnete sich nach Clark durch die Herstellung materieller Güter der natürlichen Produktion aus.[16] Durch weiter fortschreitende Verschmelzung der einzelnen Sektoren ist es schwieriger geworden, eine eindeutige Zuordnung der Wirtschaftsaktivitäten vorzunehmen (Corsten, 1990, S. 5).
Die grundlegenden Aufgaben der Landwirtschaft sind im Landwirtschafts- und Landeskulturgesetz (LLG) festgehalten. Demnach hat die Landwirtschaft neben der ihr klassisch zukommenden Erzeugung von gesunden Lebensmitteln und der Gestaltung und Pflege der Kultur- und Erholungslandschaft auch die in dieser Arbeit im Vordergrund stehende „Erhaltung und Verbesserung der natürlichen Lebensgrundlagen wie Boden, Wasser und Luft im Bereich der Landeskultur" als Auftrag der Gesellschaft. Für alle Ziele gilt die Handlung auf ökonomischer Grundlage (LLG, § 2, 1972).

Die landwirtschaftliche Nutzung verändert den natürlichen Lebensraum einer Landschaft. Das Wirken der Landwirte betrifft demnach die gesamte Gesellschaft und umgekehrt hat die gesellschaftliche Entwicklung Auswirkungen auf die Landwirtschaft. Daher müssen die beiden Fälle „Landwirtschaft als Emittent" und „Landwirtschaft als Senke" unterschieden werden.

2.4.2 Die Landwirtschaft als Emittent

In der Summe ist die Landwirtschaft für rund 9 % aller klimarelevanter Emissionen verantwortlich (Europäische Kommission, 2003, S. 1). Der Anteil der Landwirtschaft an der Emission einzelner Schadstoffe ist unterschiedlich. Aus diesem Grund erfolgt eine Unterteilung in die in dieser Arbeit betrachteten Gase. Die vor allem im Bereich Methan und Stickstoff (insbesondere Distickstoffoxid [N_2O]) hohen Emissionen (Europäische Union, 1999, S. 2) berechtigen eine Einbeziehung der Landwirtschaft in umweltpolitische Überlegungen. Nach Schätzungen der EU machen CH_4 (52 %) und N_2O (48 %) fast die gesamten klimarelevanten Emissionen in der EU aus (ebenda, S. 2).

---

[14] Voraussetzung hierfür sind „feuchte, verdichtete Böden mit ungünstigem Luft-Wasserverhältnis bei Bodentemperaturen über 10 °C " (Oehmichen, 1983, S. 351).
[15] Vergleiche hierzu Fourastié, J., Die große Hoffnung des 20. Jahrhunderts, 1954.
[16] Vergleiche hierzu Clark, C., The conditions of Economic Progress, 1957.

Kohlendioxid:
Eine Ursache für den Anstieg der CO_2-Emissionen ist in der Landwirtschaft durch Änderungen der Landnutzung zu finden. Ein Beispiel hierfür sind Brandrodungen. Die mengenmäßige Erfassung ist wesentlich schwieriger als bei der Verbrennung fossiler Brennstoffe. Durch die Urbarmachung von Bodenflächen in den Tropen liegt der landwirtschaftliche Anteil am CO_2-Ausstoß weltweit bei ca. 25 % (Enquete-Kommission, 1991, S. 183). Aufgrund der geringen Änderung der Landnutzung in Deutschland liegt der Anteil der CO_2-Emissionen aus der Landwirtschaft bei ca. 1 %. Verantwortlich für den CO_2-Ausstoß in Deutschland in der Landwirtschaft ist vor allem der Einsatz von motorbetriebenen landwirtschaftlichen Maschinen.

Auf EU-Ebene machte 1996 kein Mitgliedsland Angaben über CO_2-Emissionen aus dem Sektor „Landwirtschaft", und lediglich drei Länder, Frankreich, Italien und das Vereinigte Königreich, machten Angaben in der Kategorie „Landnutzungsänderung und Forstwirtschaft". Die anderen Mitgliedsländer gaben nur Netto-Entzüge an, d. h. CO_2-Entzug minus Emissionen (Europäische Kommission, 2003, S. 3).

Im gleichen Jahr entfielen in der EU 66 % der Bruttoemissionen auf „Veränderungen im Forst und anderen „waldartigen Biomassespeichern", 25 % auf Umwandlung von Forst und Grasländern und 8 % auf Emissionen aus Böden und anderen Bereichen" (Europäische Kommission, 2003, S. 5).

Sowohl bei dem Einsatz von motorbetriebenen landwirtschaftlichen Maschinen als auch zum Heizen werden in der Landwirtschaft fossile Energien genutzt. Statistisch gesehen gehören diese Emissionen zum Bereich Gesamtenergieverbrauch und nicht zum Bereich Landwirtschaft. Schätzungen von Eurostat haben ergeben, dass diese Emissionen einen Anteil von 1,6 % der Gesamtemissionen in der Europäischen Union haben (Europäische Kommission, 2003, S. 5).

Methan:
Die Landwirtschaft hat, wie in Kapitel 2.4.2 beschrieben, einen Anteil an den weltweiten Methanemissionen von 13 %, europaweit von 43 % und in Deutschland von 32 %. Grund dafür ist die hohe Anzahl der anthropogenen Quellen wie der Viehhaltung. Im Gegensatz dazu fallen die Faktoren Reisanbau und Brandrodungen in Europa nicht ins Gewicht. Schätzungsweise entfallen 3 % der Methanemissionen bei der landwirtschaftlichen Nutzung von Böden an und nur 0,3 % bei der Verbrennung landwirtschaftlicher Abfälle. Da ein Großteil der Tiere auf der Weide gehalten wird, ist hier eine Einsparung bzw. Reduzierung der Emissionen nur über eine Senkung des Bestandes zu erreichen. Neuere Forschungen haben ergeben, dass ein Minderungspotential sowohl durch Injektionen als auch durch gezielte Fütterung zu erreichen ist. Das von Nutzvieh abgegebene Methan wird durch die Multiplikation des Tierbestandes mit einem Emissionsfaktor je Tier einfach ermittelt. Eine weitere Methanquelle ist der Viehdung, der im wesentlichen aus organischen

Substanzen besteht. Ohne Sauerstoff (anaerob) werden diese von methanbildenden Bakterien zersetzt und es entsteht Methan (Europäische Kommission, 2003, S. 4). Eine Quantifizierung der Emissionen an dieser Stelle ist wesentlich schwieriger, da die Anzahl der gehaltenen Tiere nur ein Aspekt ist. Der andere Aspekt ist das Verfahren, mit dem der Mist gelagert wird. Je weniger der Mist mit Sauerstoff in Berührung kommt, desto mehr Methan bildet sich.

Durch eine entsprechende Nutzung von Methan kann das Treibhauspotential um circa 95 % gesenkt werden: Denn durch die Verbrennung von Methan entsteht nicht nur Kohlendioxid und Wasser sondern auch Wärme. Dementsprechend können Methanemissionen, die bei anaeroben Abbau von Viehdung entstehen, zu Heizzwecken genutzt werden.[17] Die sich dadurch ergebenden Vorteile sind die verminderte Nutzung von fossilen Brennstoffen, damit einhergehend eine Verminderung des konventionellen Brennstoffbedarfs und eine Verminderung der Methanemissionen. Eine Voraussetzung für diese Möglichkeit ist die Abdeckung von Gülle- bzw. Mistbehältnissen.

Stickstoff:

Eine der wichtigsten Quellen von N_2O-Emissionen stellt die Landwirtschaft dar, sie hat mit 52 % den größten Anteil. Den zweitgrößten Anteil haben mit 27 % Produktionsprozesse, dann folgt der Energieverbrauch mit 16 %. Der Anteil der Landwirtschaft ist steigend.

Man kann die folgenden N_2O-Emissionen aus der Landwirtschaft unterscheiden:

- direkte Emissionen,
- indirekte Emissionen,
- Emissionen durch die Verbrennung landwirtschaftlicher Rückstände.

Die direkten Emissionen kommen sowohl aus den landwirtschaftlich genutzten Böden als auch aus der Nutztierhaltung. Die indirekten Emissionen entstehen nach Auswaschungen bzw. Abfluss eines Feldes in Form von Nitraten oder durch das Entweichen in Form von Ammoniak und Stickoxiden.

Die Ursachen für den Anstieg der landwirtschaftlichen N_2O-Emissionen sind auf „die zunehmende Ausweitung der landwirtschaftlichen Nutzfläche und die Intensivierung der Landbewirtschaftung und den damit verbundenen vermehrten Einsatz von Stickstoffdüngemitteln zurückzuführen" (Löthe, 1999, S. 9). Diese stellen mit 94 % sowieso den größten Anteil dar. In der Aufschlüsselung der anthropogenen Emissionen hat die Bodenbearbeitung (inkl. Düngung) einen Anteil der zwischen 23

[17] Methan und zu Heizzwecken genutztes Gas sind weitgehend identisch (Europäische Kommission, 2003, S. 8)

und 48 % liegt (Schönwiese, 2000, S. 10). Abbildung 11 zeigt die größten N_2O-Emissionen durch Land- und Forstwirtschaft sowie die Landnutzungsänderung.

Abbildung 11: N_2O-Emissionen durch Land- und Forstwirtschaft

EU 15: N2O-Emissionen, geschätzt (100 t)	1990	1994	1995	1996
Nationale Summen (1 + 2 + 3 + 4 + 5 + 6)	**1.261**	**1.179**	**1.189**	**1.227**
3. Landwirtschaft	**667**	**613**	**614**	**634**
A enterische Fermentation		8		
B Düngewirtschaft	43	39	38	41
C Reisanbau	1	1	0	0
D Landwirtschaftliche Böden	624	565	576	593
E Herkömmliches Abbrennen von Grasland				
F Offene Vernrennung landwirtschaftlicher Rückstände	0	0	0	0
G Sonstige landwirtschaftliche Tätigkeiten				
4. Landnutzungsänderungen und Forstwirtschaft	**39**	**41**	**42**	**43**
A Änderungen der Wälder und anderer Holz-Biomassespeicher				1
B Umwandlung von Wäldern und Grasland	0	0	0	
C Aufgabe bewirtschafteter Flächen				
D Andere Tätigkeiten der Landnutzungsänderung	39	41	42	43

Quelle: Europäische Kommission, 2003, Tabelle 5

2.4.3 Die Landwirtschaft als Senke

Auch die Untersuchung der Landwirtschaft als Senke beinhaltet wiederum die in dieser Arbeit weiter untersuchten klimarelevanten Gase, wobei besonderes Augenmerk auf Kohlendioxid-Senken gelegt wird. Die Möglichkeiten für Methan-Senken sind reduziert. Für Stickstoff kann die Landwirtschaft keine signifikante Senke darstellen.

Der Treibhauseffekt wird signifikante Auswirkungen auf die Natur und die dort vorkommenden Pflanzen haben, da diese sowohl von der Höhe der Temperatur als auch von der Höhe der Niederschläge abhängig sind (Maslin, 2002, S. 48).

Kohlendioxid:
Zu Beginn der 90er Jahre wurden die terrestrischen Kohlenstoffsenken auf 1,9 Gigatonnen[18] geschätzt, inzwischen geht man von einem Anstieg um circa 20 % auf 2,3 Gigatonnen aus (Europäische Union, 2001, S. 1). Die Abbildung 12 zeigt die geschätzten CO_2-Senken, die durchschnittliche jährliche Veränderung der Senken und die neuesten CO_2-Ströme zwischen Ozeanen und terrestrischen Senken (Peña, Grünbaum, 2001, S. 375). Die weißen Pfeile zeigen die Aufnahme von Kohlendioxid, d. h. die Senken, und die grauen Pfeile zeigen die Abgabe von Kohlendioxid. So

[18] 1,9 Gigatonnen entsprechen 1,9 Milliarden Tonnen.

werden z. B. durch die Nutzung fossiler Brennstoffe 6,3 Gigatonnen Kohlendioxid abgegeben.

Abb. 12: CO_2-Ströme und Senken

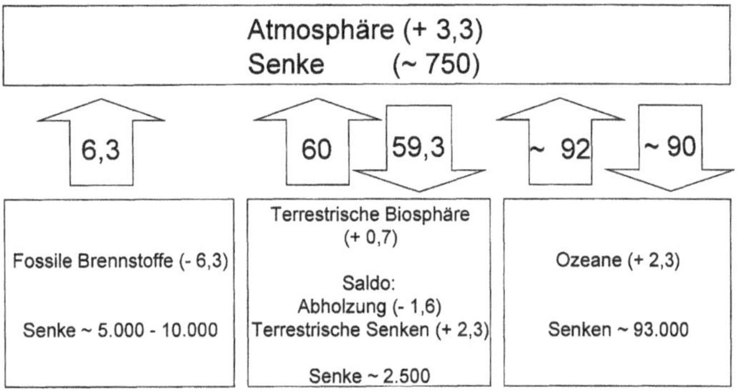

Zahlenangaben in Gigatonnen

Quelle: Peña, Grünbaum, 2001, S. 375

Berechnung für die europäischen Kohlenstoffsenken haben ergeben, dass circa 0,3 Gigatonnen gebunden werden können – im Vergleich dazu werden circa 2 Gigatonnen emittiert (Europäische Union, 2001, S. 2). Da es sich bei den Kohlenstoffsenken um ein natürliches System handelt, ist auch hier mit Ungenauigkeiten bzw. starken Schwankungen zu rechnen. Aus diesem Grunde besteht die Forderung nach weiterer „Entwicklung von Alternativlösungen" (ebenda), um eine langfristige Senkung der Schadstoffe sicherstellen zu können.

Durch die Beteiligung der Landwirtschaft kann die Anzahl der Senken erhöht werden. Der Anbau von CO_2-bindenden Pflanzen kann dabei an der Verbesserung des Treibhauseffekts weiter mithelfen. Die Höhe der Assimilation von Kohlendioxid eines Pflanzenbestandes hängt von den folgenden 3 Faktoren ab:

- „der eingestrahlten und absorbierten Energiemenge,
- der Assimilationsrate der einzelnen Blätter oder anderer zur Photosynthese befähigten Pflanzenorgane und
- vom Umfang und der räumlichen Anordnung der photosynthetisch aktiven Pflanzenoberfläche eines Pflanzenbestandes" (Baeumer, 1992, S. 30).

Pflanzen, die besonders gut CO_2 binden können, werden als sogenannte C4-Pflanzen bezeichnet[19] (Diepenbrock, Fischbeck, Heyland, Knauer, 1999, S. 21). Eine dieser C4-Pflanzen, Miscanthus[20], wird im Folgenden vorgestellt:

Allgemein: Miscanthus, auch als Chinagras bezeichnet, gehört zu den mehrjährigen Gräsern.

Anbau: Miscanthus wird Mitte Mai bis Mitte Juni als Steckling mit den im Gemüsebau üblichen Setzmaschinen gesetzt. Bei der Gesamtnutzungsdauer geht man von 15 Jahren aus, wobei ab dem 3. Jahr jährlich geerntet wird.

Pflege: Im ersten Jahr (Pflanzjahr) ist eine Unkrautbekämpfung notwendig. Außerdem muss, um ein gutes Anwachsen der Setzlinge zu sichern, für genügend Bewässerung gesorgt werden. Ab dem 2. Jahr sollte in geringem Maße gedüngt werden.

Ernte: Miscanthus wird als Ganzpflanze mit einem Feldhäcksler (Maishäcksler) von Februar bis März geerntet, wobei nicht im Pflanzjahr geerntet wird. Das Ernteverfahren hängt von der beabsichtigten Verwendung ab, da sich unterschiedliche Anforderungen an das Erntegut ergeben können. Im Durchschnitt haben sich Erträge von 20 t TM/ha[21] und mehr ergeben.

Nutzung: Miscanthus kann neben energetischer Verwendung sowohl im technischen als auch im chemischen Bereich eingesetzt werden. Zu dem technischen Bereich gehört die Nutzung als Rohstoff zur Zellstofferzeugung, im chemischen Bereich könnte es durch thermochemische Umwandlungsverfahren eingesetzt werden (Keller, 1997, S. 545).[22]

Kosten: Die entstehenden Kosten dürften relativ gering sein, da bei der Ernte die konventionellen landwirtschaftlichen Maschinen eingesetzt werden können. Kosten entstehen vor allem durch den Zukauf und das Setzen der Stecklinge. Die gesamten variablen Kosten des Miscanthusanbaus liegen bei circa 800 €/ha und setzen sich aus Saat bzw. Pflanzgut, Düngung/Pflege, Fremdmaschinen und sonstigen Kosten zusammen (Schweiger, 2002, S. 1).

CO_2-Bindung: Bei guten Standorten ist mit einer CO_2-Bindung von 40 t/ha zu rechnen, im Vergleich dazu binden Grünland, Kartoffeln oder Getreide nur 12 t/ha.

Nachteile: Mögliche Nachteile können sich aus den folgenden Faktoren ergeben: geringe Anbauerfahrungen, hohe Investitionen für das Pflanzgut, dauerhafte Flächenbindung, Verwertung des Ernteguts.

[19] Mit einer höheren CO_2-Bindung ist eine höhere Photosyntheseleistung gemeint. Diese Leistung ist bei C4-Pflanzen größer als bei C3-Pflanzen.

[20] Die Informationen stammen, wenn nicht anders bezeichnet, aus: http://www.inaro.de/Deutsch/KULTURPF/Miscant/Misc_steckbrief.htm, Ausdruck vom 14.11.2002

[21] TM/ha bedeutet Trockenmasse pro Hektar

Neben der oben beschriebenen Erhöhung der Senken hätte der Anbau von Miscanthus den Vorteil, dass dadurch nachwachsende Rohstoffe gefördert würden. Sie haben die folgenden Vorteile:

- Sie dienen der Schonung begrenzter fossiler Ressourcen
- Sie schonen die Umwelt und leisten somit einen Beitrag zum Klimaschutz
- Sie schaffen Anbau- bzw. Einkommensalternativen für Landwirte
- Sie erhalten und bereichern die Kulturlandschaft und leisten so einen Beitrag zur Stabilisierung ländlicher Räume (Jördens, 1995, S. 9).
- Außerdem wird durch die Verwertung von landwirtschaftlichen Reststoffen eine Verminderung des Abfallvolumens erreicht.

Die Schonung fossiler Ressourcen hat einen weiteren Vorteil: Die Energiebereitstellung verantwortet einen Großteil der anthropogenen CO_2-Emissionen (Kaltschmitt, Reinhardt, 1997, S. 1). Die Nutzung von regenerativen Energien trägt dementsprechend zu einer positiven CO_2-Bilanz bei.

Methan:
Die Landwirtschaft kann bei Methan – ebenfalls theoretisch – auch als Senke dienen. In welcher Höhe das Potenzial liegt ist wiederum schwer zu beziffern. Vor allem trockene nicht bewirtschaftete Böden können CH_4 binden. „Die Oxidation von atmosphärischem CH4 durch gut entwässerte Böden hat einen Anteil von ungefähr 10 % an der globalen CH_4-Senke" (Europäische Kommission, 2003, S. 6).

Stickstoff:
Theoretisch können die Böden N_2O-Senken darstellen, da sie ein Potenzial zur Reduzierung in N_2 haben, dem Hauptprodukt der Denitrifikation in Böden. Auch wurden bei Versuchen eine geringe Aufnahme von N_2O in Trockenböden und Feuchtwiesen beobachtet (Europäische Kommission, 2003, S. 6). Da es keine direkten Beweise dafür gibt und es auch an dieser Stelle Unsicherheiten über Ursache-Wirkungs-Zusasammenhänge gibt, kann die N_2O-Aufnahme nicht in die Bilanz einbezogen werden.

2.5 Auswirkungen der Klimaänderungen auf die Landwirtschaft

Aus den vorhergehenden Kapiteln wurde deutlich, dass die hohe Konzentration der Treibhausgase für die Klimaänderung verantwortlich ist. Die regionalen Veränderungen können aufgrund von Unsicherheiten nicht genau spezifiziert werden, genauso wie es kein hinreichend genaues Zukunftsszenario gibt (Smith, 2001, S. 5). Bezüglich der direkten Folgen für die Landwirtschaft kann an dieser

[22] Die Firma Schneider und Meeth in Wallscheid, Rheinland-Pfalz, verwendet Miscanthus als Verbundmaterial für den Fensterbau und hat mit einigen Landwirten Anbauverträge über 47 ha Miscanthus abgeschlossen.

Stelle keine Aussage gemacht werden, es können lediglich die möglichen Konsequenzen bzw. Einflussgrößen aufgezeigt werden.
In Abbildung 13 sind die Auswirkungen der Klimaänderungen auf die Landwirtschaft dargestellt. In dem äußeren Kreis stehen die externen Faktoren der Landwirtschaft, die nicht von den Landwirten beeinflusst werden können. Dazu gehört das Ausmaß der Klimaänderung, die Spezifika der Produktion und der Standort. Jeder dieser Faktoren wirkt auf den mittleren Kreis. Dieser enthält die Bereiche der Landwirtschaft, die direkt und in unterschiedlichem Ausmaß betroffen sind. Unberücksichtigt in der Abbildung sind die äußeren Rahmenbedingungen, die nur langfristig verändert werden können, wie z. B. politische Entscheidungen, Verfügbarkeit von Kapital und der Stand der technischen Entwicklungen.

Abbildung 13: Auswirkungen der Klimaveränderungen auf die Landwirtschaft

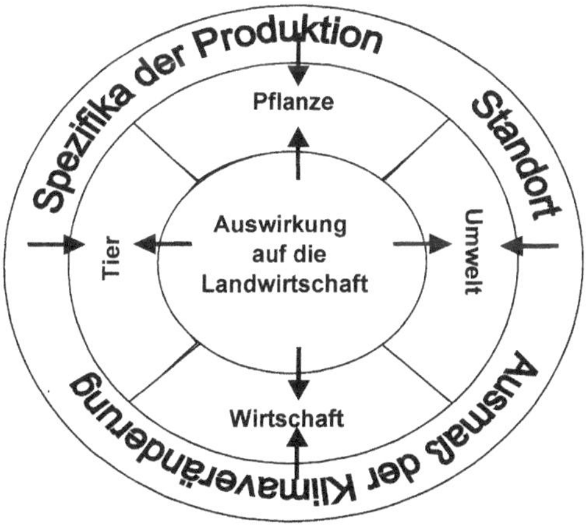

Quelle: eigene Darstellung

Im Folgenden werden für die einzelnen Bereiche der Landwirtschaft – Pflanze, Tier, Wirtschaft und Umwelt - die möglichen Folgewirkungen der Klimaänderung aufgezeigt. In dem Bereich Wirtschaft wird untersucht, welche Effekte die Klimaänderung auf die Agrarproduktion an sich und die Preise für Agrarprodukte haben könnte. Durch die enge Verknüpfung von Umwelt und Landwirtschaft wird dieser Aspekt gesondert in dem letzen Punkt betrachtet.

2.5.1 Der Bereich Pflanze

Wie in Abbildung 13 gezeigt, hängt die Wirkung der Klimaänderung auf Pflanzen von verschiedenen externen Faktoren ab: Standort, Ausmaß der Klimaänderung und Spezifika der einzelnen Pflanzenart. Simulationen gehen dabei nicht nur von gestiegenen Temperaturen sondern auch von höheren Niederschlägen und einem höheren CO_2-Niveau in der Atmosphäre aus (Adams, Hurd, Reilly, 2001, S. 27). Für Weizen wurde z. B. festgestellt, dass eine CO_2-Verdopplung zu einer Ertragssteigerung von circa 35 % führt (Forschungsreport, 1999, S. 49). Die Steigerung des Ertrags ist nur unter der Voraussetzung realisierbar, wenn andere Wachstumsfaktoren – wie z. B. Wasser und Nährstoffe – in ausreichendem Maße vorhanden sind und nicht limitierend wirken. Außerdem ist dieses Ergebnis stark abhängig von den Breitengraden, in denen der Versuch unternommen wurde. Untersuchungen haben ergeben, dass es z. B. in Canada und im nördlichen Teil der USA zu Ertragssteigerungen und in Ländern wie Brasilien zu Ertragsverlusten bei einer signifikanten CO_2-Erhöhung kommt. Zusätzlich zu den Ernteverlusten können sich durch das schnellere Wachstum Qualitätsverluste (gesunkenes Proteinniveau) ergeben (Adams, Hurd, Reilly, 2001, S. 27). In Südeuropa wird eine Zunahme der Verdunstung und der Erschöpfung der Grundwasserspeicher vorhergesagt.
Für den Anbau von Zitrusfrüchten könnte sich der CO_2-Anstieg und der damit verbundene Temperaturanstieg positiv auswirken, da diese Pflanzen dann nicht mehr von Frost bedroht würden (ebenda). Sofern sie in intensiven Gartenbaukulturen wachsen, könnte es jedoch zu einer Einschränkung der Bewässerung in den Sommermonaten kommen.

2.5.2 Der Bereich Tier

Die Klimaänderungen können in zweifacher Hinsicht auf die Tierproduktion wirken: Zum einen durch den Rückgang sowohl bei der Qualität als auch bei der Quantität der Grünlanderträge, zum anderen durch die direkten Effekte auf die Tierphysiologie und die Leistungsfähigkeit (Adams, Hurd, Reilly, 2001, S. 29). Vor allem während der Sommermonate kann ein Temperaturanstieg dazu führen, dass das Gewicht der Tiere signifikant zurückgehen würde (Hanson, Baker, Bourdon, 1993, S. 496f.). Der Rückgang der Erträge hat zwar keinen direkten Einfluss auf die Tierproduktion, führt jedoch zu einer Verteuerung des Futters und somit erfahrungsgemäß zu einer Verringerung des Tierbesatzes (Adams, Hurd, Reilly, 2001, S. 29). Einige Studien in den USA haben ergeben, dass durch einen Anstieg der Temperaturen die Produktionsleistung – Wachstum und Milchleistung – sinkt. Ein Anstieg der Temperaturen um 5 °C würde in einigen Bereichen der USA zu einem Gewinnverlust von 10 % führen, wohingegen ein Anstieg der Temperaturen um 1,5 °C zu einem Verlust von 1 % führen würde (Adams, Hurd, Reilly, 2001, S. 25). In einer anderen Studie wurden unterschiedliche Szenarien der Klimaänderung durchgespielt, wobei alle zu dem Resultat führen, dass es zu einer Kostensteigerung bei der Viehproduktion kommen wird (Hanson, Baker, Bourdon, 1993, S. 500).

2.5.3 Der Bereich Wirtschaft

Die Auswirkungen für die Landwirtschaft können sowohl biophysikalischer als auch sozioökonomischer Art sein. Als Messgröße werden unterschiedliche Parameter zugrunde gelegt, wie z. B. Ernteergebnisse und Rentabilitäten.[23] Da CO_2 eine direkte und eine indirekte Reaktion der Pflanzen zur Folge hat, müsste als ein weiterer Parameter auch die Qualität der Ernte berücksichtigt werden[24]. Versuche haben ergeben, dass der alleinige CO_2-Anstieg einen Ertragszuwachs bei vielen Pflanzen zur Folge hat. Für Länder wie die USA, die Europäische Union und China werden durch die höheren Temperaturen zum einen trockenere Sommer erwartet, zum anderen mehr Niederschläge in Frühjahr und Winter. Diese Tendenzen führen dazu, dass die Erträge langfristig sinken werden (Flückiger, Rieder, 1997, S. 22). Eine damit einhergehende Klimaänderung führt in der Umkehr jedoch wieder zu mehr oder weniger großen Ertragseinbußen. Die Größe der Einbußen hängt stark von der geographischen Lage ab: Gebiete, die momentan aufgrund zu großer Wärme schwer zu bewirtschaften sind, würden dann unter Umständen gar nicht mehr zu bewirtschaften sein.

Die Einflüsse auf die Agrarproduktion in Nordeuropa, Canada und den nördlichen Teil der USA werden laut aktueller Studien durch günstigere Wachstumsbedingungen und steigende Produktion deutlich, wohingegen die globale Agrarproduktion nicht beeinflußt wird (Adams, Hurd, Reilly, 2001, S. 30). Bei einer mäßigen Anpassung an veränderte Rahmenbedingungen haben Untersuchungen ergeben, dass Änderungen in der globalen Getreideproduktion zwischen 0 % und 5 % liegen – bei einer Steigerung von 4 % bis zu 14 % in Industrieländern und einem Verlust von 9 % bis 11 % in Entwicklungsländern (ebenda). Je nach Höhe des Temperaturanstiegs ist mit einer unterschiedlichen Preisentwicklung in den USA zu rechnen: während bei einer geringen Steigung der Temperaturen mit einem Sinken des Getreidepreises zu rechnen ist, werden die Preise bei einem extremen Temperaturanstieg ebenfalls steigen (ebenda). Ganz allgemein kann die Preisentwicklung nur schwer vorausgesagt werden, da zu den bereits erwähnten Unbekannten im naturwissenschaftlichen Bereich auch noch politische Einflüsse und Entscheidungen sowie globale Nachfrage und Angebot hinzukommen (ebenda).

---

[23] http://grida.no/climate/ipcc/regional/104.htm#agri

[24] Die direkte Reaktion beschreibt die pflanzliche Reaktion auf eine CO_2-Erhöhung und die indirekte Reaktion beinhaltet die Auswirkungen einer Veränderung des Klimas (Borsch, Hake, 1998, S. 94).

2.5.4 Der Bereich Umwelt

Die Auswirkungen der Klimaänderung auf die Landwirtschaft zeigen sich durch extreme Wetterereignisse wie z. B. Dürren / Überschwemmungen und Erwärmungen. Als Folge dessen können sich, wie bereits oben beschrieben, veränderte Erntequalitäten und -erträge ergeben. Dadurch können wiederum veränderte Flächennutzungen erforderlich werden. Vorausgesagt werden für Deutschland mehr Niederschläge im Winter und weniger im Sommer.[25] Die Versicherungswirtschaft bestätigt eine drastische Zunahme an Stürmen und Überschwemmungen bzw. dadurch entstandene Schäden (Berz, 1996, S. 440). An den Küsten der Europäischen Union steigt derzeit der Meeresspiegel um 1 bis 1,5 mm pro Jahr (Europäische Kommission, 2003, S. 7). Durch diesen Anstieg sind auch Teile der dort ansässigen Landwirtschaft betroffen. Aufgrund der Interdependenzen zwischen Landwirtschaft und Umwelt ist eine Einbindung der Landwirtschaft zur Verbesserung der Umweltqualität sinnvoll.

[25] Vergleiche Rapp/Schönwiese, 1996.

3. Umweltpolitische Maßnahmen

Im vorhergehenden Kapitel wurden die Handlungserfordernisse durch das Vorliegen externer Effekte aufgezeigt. Diese Erkenntnis wird in den folgenden Abschnitten weitergeführt. In Abschnitt 3.1 *Einführung in die Umweltpolitik* werden zunächst die volkswirtschaftlichen Wirkungen externer Effekte und ihrer Kosten kurz dargestellt, um darauf aufbauend die Möglichkeiten der Umweltökonomie zur Internalisierung externer Effekte vorzustellen.

Ein wichtiger Schritt hin zur Bewertung der Internalisierungsmöglichkeiten unter Beteiligung der Landwirtschaft ist die in Abschnitt 3.2 erfolgte *Darstellung des Bewertungskataloges*. Einen Bewertungskatalog der vorgestellten Art gibt es bis dato nicht. Er wurde aus bereits bestehenden Bewertungsfaktoren, die in der Literatur genannt werden, für den vorliegenden Anwendungsfall entwickelt. Durch die zusätzlichen Komponenten gegenüber den bisher genannten Anwendbarkeitsprüfungen wird eine bessere Passgenauigkeit des umweltpolitischen Instruments im Vergleich zu den Alternativen erreicht. Der Bewertungskatalog liefert die Grundlage für die Beurteilung der Vorteilhaftigkeit der umweltpolitischen Alternativen, welche in ihrer Standardausprägung in den Unterabschnitten von Abschnitt 3.3 *Umweltpolitische Instrumente* vorgenommen wird. Ein Einblick in wichtige Anwendungen eines Zertifikatesystems in Abschnitt 3.4 *Zertifikate in der Praxis* rundet die Ausführungen dieses Kapitels ab.

3.1 Einführung in die Umweltpolitik

Die „invisible hand"[1] (unsichtbare Hand) des Marktes kann nicht alle Allokationsprobleme automatisch lösen. Jeder Marktteilnehmer versucht seine Rente (Konsumenten bzw. Produzentenrente) zu maximieren. Sofern es ein Marktgleichgewicht gibt, treffen Angebot und Nachfrage aufeinander und der Markt wird durch die „unsichtbare Hand" gesteuert. Wenn Käufer und Verkäufer die einzigen interessierten und betroffenen Parteien sind, ist das Marktergebnis auch vom volkswirtschaftlichen oder gesellschaftlichen Standpunkt aus effizient. Das Vorliegen von externen Effekten, wie z. B. Umweltverschmutzung, führt hingegen zu Marktversagen. Das Marktversagen wiederum führt zur Benachteiligung der Wohlfahrt Dritter. Deshalb sind an dieser Stelle Staatseingriffe gerechtfertigt bzw. sogar gefordert, um die Ressourcen effizient aufzuteilen – hier setzt die Umweltpolitik an.

Bevor auf die Instrumente der Umweltökonomie eingegangen wird, soll im Folgenden ein kurzer Blick auf die Auswirkungen externer Effekte geworfen werden.

[1] Vergleiche hierzu auch „Der Wohlstand der Nationen" von Adam Smith, 1776.

3.1.1 Externe Effekte

Die Inanspruchnahme von Umweltgütern seitens der Unternehmen bedeutet für diese eine Kostenersparnis, da Güter wie z. B. Luft und Wasser unentgeltlich zur Verfügung stehen. Dabei entstehen unter Umständen Umweltbelastungen, mit denen wiederum Kosten verbunden sind, die eine Vermeidung bzw. Beseitigung mit sich bringen. In diesem Fall spricht man von negativen externen Effekten, die eine nichtmarktmäßige Benachteiligung Dritter darstellen. Ganz allgemein versteht man unter externen Effekten die Auswirkungen wirtschaftlicher Aktivitäten, die nicht dem Urheber zugerechnet werden (Gabler, 1996, S. 339). Die Kosten werden der Allgemeinheit zugerechnet und fehlen somit in der Wirtschaftsrechnung der Unternehmen, was zu einer verzerrten Preis-, Produktions- und Allokationsstruktur führt.

Am einfachsten verdeutlicht sich die (fehlende) Antizipierung externer Effekte für den Fall der vollständigen Konkurrenz. Dort entspricht die Angebotsfunktion der Grenzkostenkurve. Das Unternehmen produziert da, wo der Preis gleich den Grenzkosten ist. Es gilt p = K' (Varian, 1991, S. 345). An dieser Stelle ist der Erlös einer weiteren Outputeinheit gleich den Kosten, die durch die Produktion dieser letzten Einheit hervorgerufen werden. Die Abbildung 14 zeigt die Nachfragefunktion (D) und zwei Angebotsfunktionen (A_1 und A_2). A_1 stellt die private Grenzkostenkurve des Unternehmens dar. Der Schnittpunkt der Geraden A_1 und D (p_1/x_1) stellt die Gleichgewichtsmenge und den Gleichgewichtspreis des Produzenten ohne Berücksichtigung der externen Effekte dar. Werden diese berücksichtigt, so verschiebt sich die Angebotskurve zu A_2 und es entsteht ein neues Gleichgewicht in den Punkten p_2/x_2. Diese Auswirkung zeigt sich durch den als gestrichelten Linien dargestellten Effekt. Man spricht nun von einer sozialen bzw. einer Gesamtkostenkurve. Als Ergebnis zeigt sich, dass der Preis von p_1 auf p_2 gestiegen ist und die abgesetzte Menge von x_1 auf x_2 gesunken ist.

Abb. 14: Externe Effekte bei der Produktion

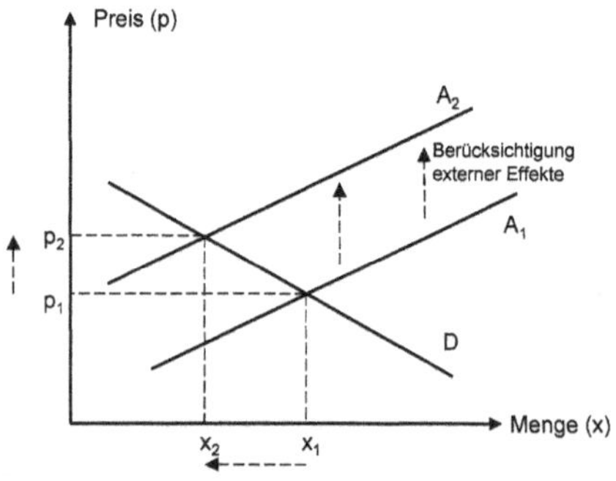

Abbildung: verändert entnommen aus: Stiglitz, 1999, S. 584

Die Einbeziehung externer Effekte in die Produktionskosten ist für die Emittenten somit prinzipiell nachteilig. Unter rein einzelwirtschaftlichen Gesichtspunkten ist daher nicht mit einer freiwilligen Internalisierung zu rechnen. Das Ziel der Umweltpolitik ist es daher, die auftretenden externen Effekte zu internalisieren, d. h. die Produzenten müssen die von ihnen verursachten Kosten tragen. Dies kann mit Hilfe der unterschiedlichen Prinzipien und den entsprechenden umweltpolitischen Instrumenten erreicht werden.

3.1.2 Prinzipien der Umweltökonomie

Die in der traditionellen Umweltökonomie diskutierten Instrumente beruhen auf den folgenden drei Prinzipien:

- Verursacherprinzip
- Vorsorgeprinzip
- Kooperationsprinzip

Da diese drei grundsätzlichen Prinzipien eine Schlüsselrolle für die Wahl eines geeigneten Instruments darstellt, werden die wesentlichen Aspekte der einzelnen Prinzipien an dieser Stelle skizziert.

Verursacherprinzip
Durch das Verursacherprinzip sollen bislang unentgeltliche Umweltnutzungen (soziale Kosten) in der privaten Rechnung erfasst werden (Bartmann, 1996, S.113). Eine dadurch entstehende Veränderung der Kosten- und Preisstruktur führt zu einer Internalisierung der sozialen Kosten. Ziel des Prinzips ist die Zurechnung aller Kosten der Umweltbelastungen auf den Verursacher. Das Optimum zeigt der in Abbildung 13 dargestellte Fall A_2: die externen Kosten der Produktion werden in der Kostenrechnung des Unternehmens berücksichtigt und die private Angebotskurve wird zur Gesamtkostenkurve. Die Grenzen dieses Prinzips sind jedoch vielfältig, da sich bei der Anwendung einige Probleme ergeben. Allein die Erfassung, Identifizierung, Bewertung und Zurechnung ist in den meisten Fällen unmöglich. Hierbei bereitet vor allem die monetäre Bewertung von Umweltschäden große Schwierigkeiten. Außerdem sind oft weder die sozialen Kosten bekannt noch die Wirkung der Gesamtsumme der einzelnen externen Effekte (Wicke, 1982, S. 77f.).

Manche Umweltschäden sind bereits in der Vergangenheit entstanden (Altlasten) und können dem Verursacher nicht mehr zugerechnet werden (Hartkopf, Bohne, 1983, S. 111). In diesen Fällen wird als Notbehelf das Gemeinlastprinzip angewendet, d. h. dass der Staat die Kosten der Vermeidung bzw. Beseitigung der externen Effekte trägt. Geht man davon aus, dass der Umweltschutz der Allgemeinheit dient, so ist dieses Prinzip vor allem im Bereich der Altlasten anwendbar. Die hierbei auftretenden Nachteile sind fehlende ökologische Anreize und die Frage der Finanzierung (Bartmann, 1996, S. 115). Das Problem der Finanzierung kann unter Umständen durch das Nutznießerprinzip umgangen werden. Hierbei kommt anstelle des Staates der Begünstigte für die Beseitigung der Schäden auf.

Vorsorgeprinzip
Die Anwendung des Vorsorgeprinzips soll Umweltgefahren im Vorfeld vermeiden, um zukünftigen Generationen eine intakte Umwelt zu erhalten (Bartmann, 1996, S. 116). Die damit verbundene Prävention ist insbesondere dann vorteilhaft, wenn:

- die Nachsorge offensichtlich zu teuer wird,
- die Nachsorge unmöglich ist,
- keine Zurechenbarkeit für die Internalisierung gefunden werden kann (Verursacherprinzip versagt),
- Informationsunsicherheiten über Spätfolgen und Synergismen bestehen und
- irreversible Schädigungen und Gefährdungen zu erwarten sind (Bartmann, John, 1992, S. 3).

Kooperationsprinzip
Das Kooperationsprinzip enthält keine direkten Handlungsanweisungen, es versucht vielmehr Staat und Gesellschaft an der Ausgestaltung umweltpolitischer Entscheidungsprozesse zu beteiligen. Dadurch soll das Umweltbewußtsein gestärkt und das Demokratieprinzip auch im Umweltbereich umgesetzt werden. Beispiele für das Kooperationsprinzip sind unter anderem Branchenabkommen und Verbandslösungen. Es handelt sich jedoch eher um ein Leitbild als um ein Prinzip der Umweltpolitik (Bartmann, 1996, S. 116). Ein Kritikpunkt wäre, dass sich (mächtige) Interessenverbände zu Lasten nichtorganisierter Dritter durchsetzen und dadurch die Gefahr der Einigung auf Minimalziele besteht. Auch existiert die Gefahr von Verzögerungstaktiken. Vorteile dieser Lösung sind die Erhöhung der gesellschaftlichen Akzeptanz und des allgemeinen Umweltbewußtseins.

Nach der Vorstellung der umweltpolitischen Prinzipien werden nun die Instrumente vorgestellt, anhand derer diese Prinzipien angewendet werden können. Eine genaue Einordnung wird in Abbildung 15 gezeigt.

3.1.3 Ordnungsrechtliche versus marktkonforme Instrumente

Ganz allgemein unterscheidet man in der Umweltpolitik zwischen ordnungsrechtlichen und marktkonformen Instrumenten. Die Abbildung 15 zeigt den Übergang zwischen Ordnungsrecht einerseits und Marktkonformität andererseits. Erstere sind auch unter der Bezeichnung „command and control“ bekannt. Sie geben Umweltstandards vor und führen bei Missachtung Strafen nach sich (Feess, 1995, S. 18). Als streng ordnungsrechtliche Maßnahme werden Auflagen erachtet. Der Staat gibt einen Vermeidungswert vor, der ohne Rücksicht auf die Grenzkosten der Vermeidung einzelner Unternehmen eingehalten werden muss.

Abb. 15: Umweltpolitische Instrumente

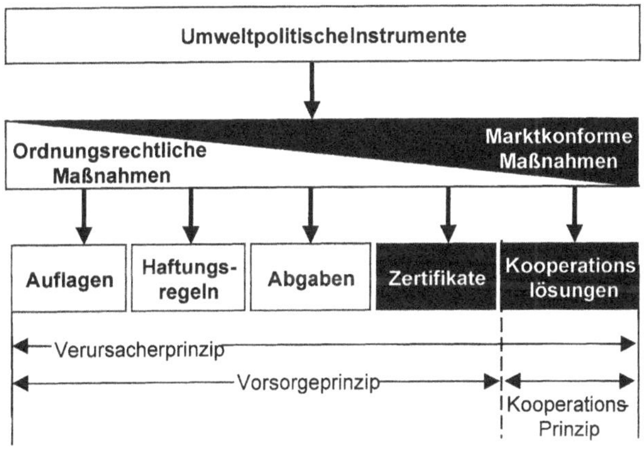

Quelle: Eigene Darstellung

Von marktkonformen Instrumenten spricht man, wenn durch die Umweltbehörde zwar Umweltqualitätsziele vorgegeben werden, auf detaillierte Vorschriften zum Erreichen der Umweltstandards aber weitestgehend verzichtet wird (Feess, 1995, S. 18). Marktwirtschaftliche Instrumente versuchen, den Eingriff des Staates in den Markt zu minimieren (Zimmermann, Hansjürgens, 1998, S. 57) und geben Anreize zu umweltfreundlichem bzw. umweltschonendem Verhalten. Es ist jedoch nicht gesagt, dass marktkonforme Instrumente immer zu einem Pareto Optimum führen. Gerade bei Kooperationslösungen kann es durch unterschiedliche Ursachen zu ineffizienten Lösungen kommen. Beispiele für diese Ursachen sind unter anderem zu viele Beteiligte, strategische Verhaltensweisen und Einigung auf ökologisch ineffiziente Minimalziele. Auf diese Aspekte wird in Kapitel 3.3.4 bei der Diskussion des Coase-Theorems näher eingegangen.

In Bezug auf die Prinzipien der Umweltpolitik ist festzuhalten, dass marktkonforme Instrumente nicht der Gefahrenabwehr, sondern der Vorsorge dienen (Gloger, 1999, S. 60). Denn es kann beim Einsatz marktkonformer Instrumente zu zeitlichen Verzögerungen kommen, die im Falle von akuter Gefahr unter Umständen sehr schädlich sein können.

3.2 Kriterien des Bewertungskataloges

Zur Beurteilung der Vorteilhaftigkeit der unterschiedlichen umweltpolitischen Instrumente ist es sinnvoll, zunächst einen Bewertungskatalog mit den wesentlichen Kriterien aufzustellen. Anhand dieses Kataloges werden anschließend die einzelnen umweltpolitischen Instrumente verglichen (siehe Abschnitt 3.3). Die Umweltpolitik kann durch den effizienten und zielorientierten Einsatz von umweltpolitischen Instrumenten zur Internalisierung der externen Effekte und damit auch der externen Kosten beitragen. Aus diesem Grund ist es sehr wichtig, bei der Erstellung eines Bewertungskataloges sorgfältig vorzugehen. Aus den Ergebnissen wird später ein bestimmtes Instrument gewählt bzw. verworfen.

In der Literatur wird eine Vielzahl möglicher Berwertungskriterien genannt.[2] Ein Bewertungskatalog, der alle relevanten Bewertungsdimensionen umfasst, um die Nachhaltigkeit der Entscheidung für oder gegen ein umweltpolitisches Instrument sicherzustellen, existiert in dieser Form bislang nicht. Daher wurde speziell für die Anforderungen an diese Arbeit ein umfassender, in sich geschlossener Bewertungskatalog entwickelt, der auf den vielen brauchbaren Bausteinen bereits existierender Ansätze aufbaut.
Als Ergebnis werden insgesamt 9 verschiedene Kriterien für die Beurteilung der Instrumente berücksichtigt. Diese werden an dieser Stelle kurz definiert, um in den nachfolgenden detaillierten Ausführungen zu den Instrumenten deren Inhalt zu beschreiben, wodurch deren genaue Ausprägung klar wird (und Wiederholungen vermieden werden). An dieser Stelle ist noch zu erwähnen, dass die einzelnen Kriterien und ihre Reihenfolge keiner Wertung unterliegen. Die Bedeutung der einzelnen Kriterien hängt von dem Ziel und der politischen bzw. gesellschaftlichen Situation ab, in der ein umweltpolitisches Instrument eingesetzt werden soll.

I. **Ökologische Effektivität**: Eines der wichtigsten Kriterien ist in diesem Zusammenhang die ökologische Effektivität. Hier wird betrachtet, inwieweit und in welchem Zeitrahmen der vorher festgelegte Umweltstandard erreicht wurde (Bartmann, 1996, S. 117). Außerdem wird der Frage nachgegangen, ob Anreize zu einer ständigen Verbesserung der Umwelt gegeben sind.
II. **Ökonomische Effizienz**: Bei der ökonomischen Effizienz werden nicht nur die Kosten der Implementierung betrachtet (statische Effizienz) sondern auch die Anreize für Innovationen (dynamische Effizienz) (Koschel, 1998, S. 7).

[2] Vergleiche hierzu u. a. : Bartmann, Feess, Wicke, Cansier, Costanza et. al., usw.

III. **Fehlerfreundlichkeit**: Die Fehlerfreundlichkeit beurteilt, ob Rationalverhalten aller Teilnehmer vorauszusetzen ist. Rationalverhalten wird erreicht, wenn die Beteiligten alle relevanten und verfügbaren Informationen in ihre Erwartungsbildung miteinfließen lassen (Stiglitz, 1999, S. 164).
IV. **Flexibilität**: Die Flexibilität gibt Auskunft darüber, inwieweit sich das Instrument bei Veränderungen der Parameter anpassen kann (Bartmann, 1996, S. 118).
V. **Praktikabilität**: Die Praktikabilität gibt Auskunft darüber, ob die Ausgestaltungsmöglichkeiten durchführbar sind und der Aufwand für Kontrollen vertretbar ist (Rehbinder, 1994, S. 98).
VI. **Marktkonformität**: Bei marktwirtschaftlichen Instrumenten wird versucht, den Eingriff des Staates in den Markt zu minimieren (Zimmermann, Hansjürgens, 1998, S. 57). Ob und inwieweit dieser Forderung Folge geleistet wird, klärt das Kriterium der Marktkonformität.
VII. **Zielkonformität**: Ein weiteres Kriterium ist die Zielkonformität, das beurteilt, inwieweit die vorgegebene Umweltqualität erreicht wurde.
VIII. **Politische und gesellschaftliche Akzeptanz**: Der Erfolg eines Instruments hängt stark von der politischen und gesellschaftlichen Akzeptanz ab, welche aber durch die Ausgestaltung eines Zertifikatesystems beeinflußbar sind.
IX. **Ökonomische Auswirkung**: Als letztes Kriterium werden die ökonomischen Auswirkungen, die die Einführung eines umweltpolitischen Instrumentes zur Folge haben untersucht. Dazu gehören zum einen die Auswirkungen auf den Arbeitsmarkt und zum anderen die Auswirkungen auf das gesamtwirtschaftliche Wachstum.

Diese 9 Kriterien werden als wesentlich für die Beurteilung erachtet. Eine Erweiterung um zusätzliche Bewertungsfaktoren wird abgelehnt, da keine zusätzliche Erkenntnis erreicht werden kann, die die Entscheidung signifikant verändern würde. Wie sich in den folgenden Ausführungen zeigen wird, ist die Bewertung einzelner Kriterien schon in der jetzigen Fassung abhängig von konkreten Ausgestaltungen der Instrumente und daher teilweise nur mit qualitativen Abstufungen möglich. Zusätzliche Kriterien führen dann letztlich nur zu einer Verwässerung der Aussagen.

3.3 Umweltpolitische Instrumente

Im Folgenden werden die einzelnen umweltpolitischen Instrumente vorgestellt und anhand des oben erstellten Bewertungskataloges beurteilt. Das Ergebnis der Beurteilung wird abschließend in einer Matrix zusammengestellt (vgl. hierzu Abschnitt 3.3.6). Es sei an dieser Stelle vorweg genommen, dass die Beurteilung anhand der üblichen Ausgestaltung vorgenommen wird. Manche der vermeintlichen Nachteile könnten durch Modifikationen des Instruments durchaus vermieden werden – siehe dazu den jeweiligen Unterabschnitt. Bei manchen Kriterien können im Vorfeld keine bzw. nur zu ungenaue Angaben gemacht werden, so dass dann an einigen Stellen keine Aussagen gemacht werden können. Wie sich zeigen wird, ändert diese Einschränkung nichts an der Aussagekraft der Beurteilung durch den Bewertungskatalog.

3.3.1 Auflagen

Als Auflagen bezeichnet man die Vorgabe von Normen, deren Missachtung Zahlungen an die öffentliche Hand nach sich ziehen (Feess, 1995, S. 27). Somit gehören sie zu den Mengenlösungen und auch zu den ordnungsrechtlichen Umweltinstrumenten. Je wichtiger die exakte Einhaltung bestimmter Grenzwerte und Standards ist, desto unumstrittener ist der Einsatz von Auflagen (ebenda, S. 31).

Die folgende Abbildung 16 zeigt die Grenzkosten (K') eines Unternehmens für die Minderung weiterer Emissionen, und die Gerade beschreibt den Reinigungsgrad. Für die gegebene Auflage E* entstehen dem Unternehmen Kosten in Höhe des Dreiecks $E_{max}AE^*$. Dem gegenüber stehen die Grenzkosten der Schadstoffvermeidung. Solange ein Unternehmen den Produktionsfaktor Umwelt kostenlos nutzen kann, muss man von einer maximalen Emissionsmenge ausgehen. Je näher das Unternehmen nach der Einführung einer umweltpolitischen Maßnahme an E_{max} kommt, desto geringer sind zwar seine Vermeidungskosten, aber um so größer ist die Belastung der Umwelt.

Abb. 16: Auflagenlösung

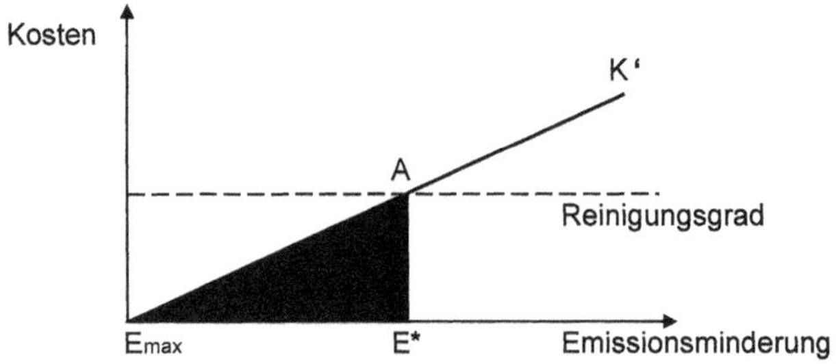

Quelle: verändert entnommen aus Bartmann, 1996, S. 123

Jedes schadstoff-emittierende Unternehmen bekommt die Auflage zur Reduzierung einer bestimmten Menge seiner Emissionen. Bei einer Überschreitung dieser vorgegebenen Menge E* wird eine Strafe fällig. Sinnvollerweise steigt mit zunehmender

Überschreitung auch die Strafe. Angewendet werden Auflagen u. a. im *Bundesimmissionenschutzgesetz (BImSchG)*, in der *TA Luft* und im *Gewässerschutz* [3]. Die Auflage verlangt von jedem Unternehmen eine mengenmäßig gleiche Absenkung der Emissionen, obwohl diese gleiche Menge nicht notwendigerweise auch am billigsten und am wirksamsten für die Verbesserung des Umweltzustands ist. Üblicherweise verlaufen die Grenzkostenkurven der Vermeidung jedes Unternehmens (insbesondere für jede Branche) unterschiedlich, so dass ein Unternehmen leichter und billiger reduzieren kann als ein anderes. Diesen unterschiedlichen Kostenverläufen kann eine Auflage nicht Rechnung tragen - sie ist damit niemals kosteneffizient.

Anwendung des Bewertungskatalogs:

I. **Ökologische Effektivität**: Der vorgegebene Grenzwert wird aufgrund der fehlenden Entscheidungsfreiheit der Beteiligten schnell und sicher erreicht. Auflagen dienen somit der Gefahrenabwehr. Die dadurch bedingte hohe ökologische Effektivität wird allerdings durch fehlende Anreize gemindert. Erfüllt ein Unternehmen die gegebenen Auflagen, so braucht es keine technischen Innovationen, um zusätzliche Emissionen zu minimieren. Es stellt sich allerdings die Frage, in wie weit die festgelegte Menge E* ökologisch effizient ist.

II. **Ökonomische Effizienz**: Der große Nachteil von Auflagen besteht in der fehlenden ökonomischen Effizienz. Alle Unternehmen müssen ungeachtet ihrer Vermeidungskosten die gleiche Menge reduzieren. Die Festlegung unterschiedlicher Reduktionen ist aufgrund der Fülle der Emittenten nicht durchführbar, zum einen weil die Transaktionskosten für die Umweltbehörde zu hoch wären und zum anderen weil die Grenzvermeidungskosten der einzelnen Unternehmen nicht bekannt sind.

III. **Fehlerfreundlichkeit**: Es besteht keine Möglichkeit alternativer Handlungen, da die Emissionen für die Messpunkte festgelegt und von staatlicher Stelle regelmäßig überwacht werden.

IV. **Flexibilität**: Je nach Grad der Gefahrenabwehr können die Grenzwerte nach unten oder oben korrigiert werden. Deshalb ist von einer hohen Flexibilität auszugehen.

V. **Praktikabilität**: Die Praktikabilität ist hoch, da zum einen die Auflagen klar definiert sind und es zum anderen sehr gute Kontrollmöglichkeiten gibt. Durch eine entsprechende Ausgestaltung der Strafen dürfte auch die Wahrscheinlichkeit einer Überschreitung der Grenzwerte gering sein.

VI. **Marktkonformität**: Da es sich um ein ordnungsrechtliches Instrument handelt, liegt keine Marktkonformität vor. Den betroffenen Unternehmen werden keine Handlungsalternativen gegeben.

VII. **Zielkonformität**: Die Zielkonformität ist aus oben genannten Gründen sehr hoch. Die Einhaltung der Auflagen wird durch den abschreckenden Sanktionsmechanismus unterstützt.

---

[3] Ein anderes Anwendungsbeispiel ist der Verkehrsbereich, hier gibt es „Geschwindigkeitsauflagen".

VIII. **Politische und gesellschaftliche Akzeptanz**: Die Akzeptanz hängt von der Durchführbarkeit der vorgegebenen Grenzwerte ab. Im Falle einer Gefahrenabwehr dürfte diese jedoch sehr hoch sein. Durch die geringe Marktkonformität der Auflage ist die Akzeptanz geringer als bei marktkonformen Instrumenten.

IX. **Ökonomische Auswirkung**: Jedes Unternehmen wird direkt mit der Auflage belegt, es bleibt also keine Alternative zur Vermeidung. Dadurch werden gegenüber der in die Kalkulation „einfach" zu integrierenden Kostenpauschale durch Abgaben und Steuern stärkere Anreize für kostengünstigere, alternative Vermeidungstechnologien gesetzt.

3.3.2 Abgaben und Steuern

Mit Hilfe von Abgaben und Steuern werden Umweltressourcen Preise zugeordnet, die deren Knappheit widerspiegeln sollen (Feess, 1995, S. 38). Es handelt sich also um eine Preislösung. Die Produktion wird nicht wie bei Umweltauflagen begrenzt sondern verteuert. Das führt dazu, dass der Produzent die von ihm ausgehenden Umweltschäden reduziert, solange die Kosten dafür geringer sind als die zu zahlende Abgabe bzw. Steuer. Die dahinter stehende Zielsetzung kann entweder eine Lenkungs- oder eine Finanzierungsabsicht sein: Erstere bedeutet die Beeinflussung umweltrelevanten Handelns und letztere soll zur Finanzierung von Umweltschutzmaßnahmen beitragen (Bartmann, 1996, S. 138).

Arthur C. Pigou entwickelte 1920 eine Steuer zur Korrektur negativer externer Effekte.[4] Die folgende Abbildung 17 zeigt die Herleitung eines pareto-optimalen Verschmutzungsgrades durch eine Pigou-Steuer. Hierbei werden die sozialen Kosten durch eine Besteuerung der Verursacher von externen Effekten internalisiert, d. h. es erfolgt eine Angleichung zwischen den unternehmerischen und den sozialen Zielen. Auf den Achsen ist der Preis p abgetragen und die Menge des produzierten Gutes x. Die Angebotskurve A stellt die Grenzkosten der Produktion dar und N ist die Nachfragekurve nach dem Gut x. Das sich im Schnittpunkt dieser beiden Geraden ergebende Gleichgewicht entspricht nicht dem Optimum, da sich die externen Effekte der Produktion nicht in der Angebotskurve widerspiegeln, d. h. die nachgefragte Menge x* ist zu groß und der Preis p* zu niedrig. Die Angebotskurve SK' berücksichtigt die sozialen Kosten, deshalb verläuft diese Kurve steiler. Durch die Berücksichtigung ergibt sich ein neuer Schnittpunkt mit der Nachfragekurve N und man erhält die neue Gleichgewichtsmenge x** mit dem Gleichgewichtspreis p**. Der Pigou-Steuersatz t ergibt sich aus den Grenzkosten, die bei der Produktion von x** anfallen. Nach der Einführung von t verschiebt sich die Angebotskurve parallel nach oben zu A+t. Durch die neue Angebotskurve erfolgt also die Berücksichtigung der sozialen Kosten.

[4] Die in diesem Abschnitt enthaltenen Informationen stammen aus dem Artikel „Die Pigou-Steuer" von Alfred Endres.

Abb. 17: Die Pigou-Steuer

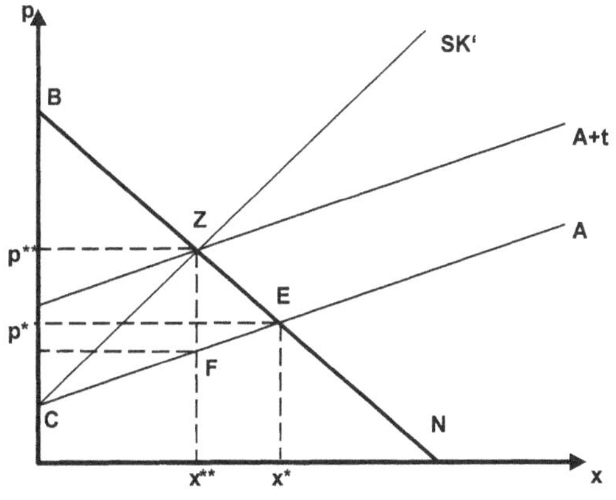

Quelle: Endres, 1986, S. 407

Während Regulierungen (Abgaben) ein bestimmtes Verschmutzungsniveau diktieren, ermöglicht die Pigou-Steuer den Unternehmen wirtschaftlich kalkulierbare Anreize zur Minderung von Umweltbelastungen. Theoretisch kann durch eine geeignete Bemessung der Steuer jede gewünschte Emissionsvermeidung erreicht werden. Die Steuer ist umweltpolitisch effizienter als Gebote oder Verbote je sein können (Mankiw, 1999, S. 233). Während Steuern üblicherweise die ökonomische Wohlfahrt reduzieren, wirkt die Pigou-Steuer anders: Sie korrigiert den bestehenden Anreiz bei externen Effekten in die gesellschaftlich gewünschte Richtung, so dass die Allokation näher beim sozialen Optimum liegt. Auf diese Weise bietet die Pigou-Steuer Staatseinnahmen und ökonomische Effizienz zugleich.

Die Pigou-Steuer kommt in der Realität nur als „second-best"-Lösung zur Anwendung, da der pareto-optimale Steuersatz nur schwer festgelegt werden kann. Das liegt zum einen daran, dass in den meisten Fällen die externen Effekte nicht monetarisierbar sind. Außerdem sind in der Praxis die Grenzvermeidungskosten einzelner Unternehmen nicht bekannt. Der Steuersatz würde dann durch das „Trial-and-Error-Verfahren" festgelegt.

Kritische Würdigung:

I. **Ökologische Effektivität**: Theoretisch führt der Einsatz von Abgaben bzw. Steuern zu einer ständigen Verbesserung der Umwelt, da die Unternehmen versuchen werden, ihre Emissionen zu senken, um so ihre Kosten zu minimieren. Die Steuer gibt den Unternehmen besondere Anreize, umweltfreundliche Technologien einzuführen, da sie dadurch letztlich ihre Steuerpflicht reduzieren. Allerdings kann die Unkenntnis über den pareto-optimalen Steuersatz die ökologische Effektivität stark beeinträchtigen. Außerdem können Abgaben weder nach einzelnen Schadstoffen differenziert werden, noch kann eine „regionsspezifische ökologische Zielerreichung gewährleistet werden“ (Wicke, 1991, S. 141). In der Literatur wird die unzureichende Effektivität wie folgt kritisiert: „Fehleinschätzungen der richtigen Abgabenhöhe“ und „verzögerte Anpassungen des Tarifs an sich ändernde Bedingungen“ (Bartmann, 1996, S. 143), wie z. B. Änderungen des gesamtwirtschaftlichen Preisniveaus oder der ökologischen Situation, tragen zur Senkung der Effektivität bei. Es ist noch anzumerken, dass Abgaben bzw. Steuern nicht zur Gefahrenabwehr geeignet sind, da es bei der Einführung einerseits zu zeitlichen Verzögerungen (time lags) kommen kann, andererseits ist auch die Suche nach der Abgabenhöhe von Nachteil.

II. **Ökonomische Effizienz**: Da es sich bei Abgaben und Steuern um Preislösungen handelt, kann die gewünschte Umweltqualität mit niedrigen Kosten erreicht werden (Feess, 1995, S. 46). Die dynamische Effizienz ist aus oben genannten Gründen sehr hoch. Eine Einschränkung der ökonomischen Effizienz wird durch Verzerrungen der internationalen Wettbewerbsfähigkeit gegeben sein, denn eine Steuer bzw. Abgabe verteuert im Endeffekt das Produkt. Außerdem muss von sehr hohen Kosten für den Kontroll- und Verwaltungsaufwand ausgegangen werden (Wicke, 1991, S.142).

III. **Fehlerfreundlichkeit**: Dadurch, dass die Steuer bzw. Abgabe ex post festgelegt wird, ist die Wirkung erst in einigen Folgeperioden eindeutig zu spüren. Die Über- bzw. Untersteuerung des festgelegten Kostensatzes ist dann entsprechend zu korrigieren. Das bereits erwähnte trial-and-error-Verfahren führt zur geringen Fehlerfreundlichkeit.

IV. **Flexibilität**: Es ist keine sehr große Flexibilität gegeben, da eine Veränderung des Steuersatzes sowohl zu sinkender Akzeptanz als auch zu ökologischen und ökonomischen Ineffizienzen führt.

V. **Praktikabilität**: Abgaben bzw. Steuern sind in der Umweltpolitik nicht sehr praktikabel, da im Vorfeld festgelegt werden muss, welche Parameter relevant sind und welche Grenzwerte zu der Abgabe führen. Das führt unter Umständen zu folgenden Ergebnissen: In § 3 des Abwasserabgabengesetzes wurden Grenzwerte für den Eintrag von Phosphor und Stickstoff festgelegt, allerdings keine Grenzwerte für die Erwärmung des Wassers (Bartmann, 1996, S. 143).

VI. **Marktkonformität**: Die Unternehmen haben die Alternative, Emissionen zu vermeiden oder die Steuer zu bezahlen. Daher ist die Marktkonformität höher als bei ordnungsrechtlichen Instrumenten wie z. B. Auflagen.

VII. **Zielkonformität**: Wenn man davon ausgeht, dass der pareto-optimale Steuersatz nicht auf Anhieb gefunden wird, ist nicht von einer hohen Zielkonformität auszugehen.

VIII. **Politische und gesellschaftliche Akzeptanz**: Durch das „trial-and-error-Verfahren“ ist die Akzeptanz bei den Betroffenen nicht sehr hoch. Da die Steuer auf eine Verteuerung des Endprodukts hinausläuft, wird auch vermutlich die gesellschaftliche Akzeptanz niedrig sein.

IX. **Ökonomische Auswirkung**: Schlimmstenfalls hat die Einführung einer Abgabe bzw. Steuer negative Auswirkungen auf den Arbeitsmarkt und auf das gesamtwirtschaftliche Wachstum. Dies passiert dann, wenn das Produkt so verteuert wird, dass es im internationalen Wettbewerb nicht konkurrenzfähig ist.

3.3.3 Haftungsregeln

Ein weiteres Instrument zur Internalisierung von externen Effekten sind Haftungsregeln. Für den Fall, dass es in einem Unternehmen zu einem Störfall kommt, muss dieses dafür haften – auch wenn das Unternehmen keine Schuld trifft. Einzige Ausnahme sind Unfälle, die durch höhere Gewalt verursacht werden. Haftungsregeln wirken zwar erst nach einem Vorfall (ex post), jedoch sind die Anreize, Unfälle jeglicher Art im Vorfeld (ex ante) zu vermeiden verhältnismäßig groß. Gesetzliche Grundlage von Haftungsregeln ist das Umwelthaftungsgesetz (UmweltHG), dass seit Anfang 1991 existiert und sich auf Personen- und Sachschäden bezieht. Mit dem Gesetz sind zwei Aufgaben verbunden: Auf der einen Seite soll die Rechtsstellung von Geschädigten verbessert und Rechtslücken geschlossen werden, auf der anderen Seite soll durch das Gesetz die Sorgfalt der Betreiber erhöht werden (BMU, 1991, S. 10).

Ganz allgemein kann man das Umwelthaftungsgesetz in Verschuldenshaftung und in Gefährdungshaftung unterteilen. Verschuldenshaftung liegt vor, wenn der Betreiber einer Anlage einen Schaden vorsätzlich bzw. fahrlässig verursacht hat, und von Gefährdungshaftung spricht man, wenn der Betreiber bei jedem von ihm verursachten Schaden haften muss (Feess, 1995, S. 116). Durch die Ursachenvermutung kann einem Betreiber die Schuld zugewiesen werden, sofern er nicht die Schuld einer anderen Anlage zuweisen bzw. Normalbetrieb nachweisen kann (Tischler, 1994, S. 251).

Kritische Würdigung:

I. **Ökologische Effektivität**: Ein Nachteil von Haftungsregeln ist die Beweislast. Es dürfte gerade im Fall von Emissionen oder Abwässern äußerst schwer zu beweisen sein, dass gerade ein bestimmtes Unternehmen für das Auftreten von Schäden verantwortlich ist (Bartmann, 1996, S. 167). Außerdem kann es zu zeitlichen Ursache-Wirkungsverschiebungen oder zu Synergismen kommen, so dass der Verursacher nicht oder nur sehr schwer ausgemacht werden kann (ebenda). Von Synergismen spricht man, wenn z. B. die einzelnen Emissionen nicht schädlich sind, jedoch das Zusammenwirken von mehreren Stoffen zu Schäden führen kann. Ein weiterer Nachteil ist der fehlende Anspruchsgegner des Schadensverursachers, für den Fall von sogenannten Ökoschäden (Feess-Dörr, 1992, S. 54). Damit sind Schäden an öffentlichen Gütern wie der Natur gemeint, da es dort keine Eigentumsrechte gibt und sie somit nicht privatrechtlich verfolgt werden können (Gabler, 1997, S. 2848).

II. **Ökonomischen Effizienz**: Ein Vorteil von Haftungsregeln sind die geringen Transaktionskosten, da von Seiten des Staates nur im Schadensfall eingeschritten wird. Die Kosten für die Betreiber der Anlagen reduzieren sich auf die Sicherheitsmaßnahmen und evtl. für Versicherungen

III. **Fehlerfreundlichkeit**: Es besteht eine sehr große Wahrscheinlichkeit, dass die Betreiber durch strategische Verhaltensweisen versuchen werden, um die Haftung herumzukommen. Beispiele hierfür sind Verzögerungstaktiken und der Weg durch die juristischen Instanzen.

IV. **Flexibilität**: Anpassungen an Parameteränderungen sind nur durch sehr großen Aufwand zu erzielen, da sie mit Gesetzesänderungen einhergehen.

V. **Praktikabilität**: Aufgrund der oft fehlenden Kausalität und der Beweislast ist die Praktikabilität gering. Auch dürfte der Aufwand für Kontrollen und im Schadensfall für die Suche nach Beweisen sehr hoch sein.

VI. **Marktkonformität**: Es liegt insofern Marktkonformität vor, als dass die Betreiber ihre Vorsichtsmaßnahmen verstärken können, um sich so gegen Unfälle weitestgehend abzusichern. Sie haben also die Wahl zwischen aktiven Sicherheitsmaßnahmen und der (passiven) Inkaufnahme des Risikos.

VII. **Zielkonformität**: Von Zielkonformität ist nur dann auszugehen, wenn der Betreiber aufgrund des UmweltHG und aufgrund seiner eigenen Risikoaversion die Vorsichtsmaßnahmen deutlich erhöht. Vor dem Hintergrund der Zielsetzung dieser Arbeit ist die Zielkonformität im Gegensatz zur grundsätzlichen Anwendbarkeit von Haftungsregeln als unzureichend anzusehen, da sie keine Möglichkeit zur Erreichung der angestrebten bundesweiten Minderemmissionen darstellen.

VIII. **Politische und gesellschaftliche Akzeptanz**: Die gesellschaftliche Akzeptanz von Haftungsregeln ist nicht besonders hoch. Aufgrund verschiedener Aspekte, wie beispielsweise einer z. T. fehlenden Beweislast und fehlender Monetarisierbarkeit von Umweltschäden, wird es immer Lücken geben, durch die Verursacher von Unfällen schlüpfen können. Aufgrund der einfachen Handhabung und der geringen Transaktionskosten ist die politische Akzeptanz hoch.

IX. **Ökonomische Auswirkung**: Sofern die Sicherheitsmaßnahmen ein Verbesserungspotential aufweisen, bestehen auch Innovationsanreize für die Unternehmen.

3.3.4 Kooperationslösungen

Umweltpolitische Probleme werden bei Kooperationslösungen durch Zusammenarbeit der Umweltbehörde auf der einen Seite und von Branchen bzw. Verbänden auf der anderen Seite gelöst. Man unterscheidet zwischen Branchenabkommen und Verbandslösungen. Zu den Branchenabkommen gehören Selbstbindungs- und

Selbstverpflichtungsabkommen, bei den Verbandslösungen kann es sich um branchenübergeifende Absprachen oder um umweltbezogene Zweckverbände handeln (Wicke, 1982, S. 132). Sie stellen also einen Konsens der Verhandlungsteilnehmer bezüglich der Lösung umweltpolitischer Probleme dar. Theoretische Grundlage von Kooperationslösungen ist das Coase-Theorem. Hierdurch wurde bereits 1960 bewiesen, dass eine Internalisierung externer Effekte durch die Zuordnung von Eigentums- bzw. Nutzungsrechten möglich ist.

Die Voraussetzung für das Coase-Theorem ist sowohl die Identifikation der externen Effekte und zum anderen die Identifikation des Geschädigten und eines Verursachers. Das Coase-Theorem ist ohne staatliche Beteiligung nur dann anwendbar, wenn die Beteiligten keine Schwierigkeiten haben, eine Übereinkunft zu erzielen und umzusetzen. Die Chancen auf ein effizientes Verhandlungsergebnis sinken mit der Anzahl der Beteiligten (Transaktionskosten-Problem, Gefahr von strategischen Verhaltensweisen). Kann keine private Lösung gefunden werden, ist die staatliche Umweltpolitik gefordert.

Die Abbildung 18 zeigt die graphische Lösung des Coase-Theorems, dass im folgenden Beispiel näher erläutert wird.

Abb. 18: Das Coase-Theorem

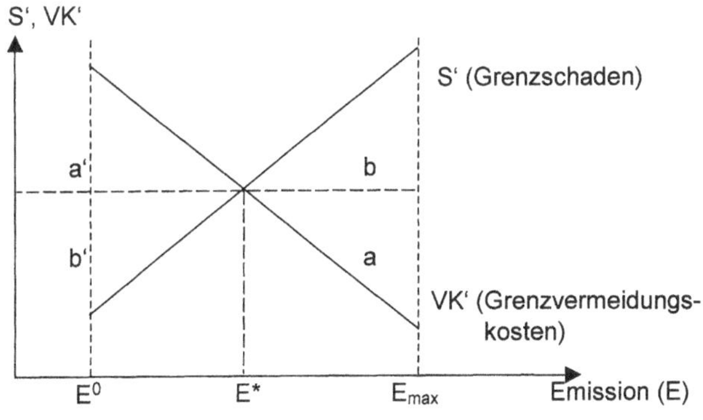

Quelle: Bartmann, 1996, S. 179, in Anlehnung an Stobbe,1983, S. 506

Der Grundgedanke des Coase-Theorems lässt sich anhand des folgenden Beispiels erläutern (Bartmann, 1996, S. 178f):[5]

Bei der Produktion des Gutes X spart der Emittent A Kosten, indem er Abwässer in einen See leitet. Der Fluss besitzt eine gewisse Verarbeitungskapazität

[5] Vergleiche hierzu den Artikel „The problem of social cost" von R. Coase.

für Abwässer, wodurch die Emissionsmengen bis zu E^0 keine nennenswerte Verschlechterung der Wasserqualität für andere Nutzer mit sich bringen. Die Privatperson B gewinnt aus diesem See Trinkwasser, dessen Qualität durch die Abwässer beeinträchtigt wird. Abbildung 18 zeigt zum einen die Grenzschadensfunktion (S') von B und zum anderen die Grenzvermeidungskostenfunktion (VK') von A.

Es lassen sich nun zwei Fälle durchspielen: entweder erhält A die Nutzungsrechte und emittiert zunächst E_{max} oder B erhält die Nutzungsrechte und erlaubt maximal Emissionen bis E^0. In beiden Fällen lassen sich Verhandlungsgewinne erzielen, so dass als Ergebnis die pareto-optimale Menge emittiert wird – also E*.

Die Fläche a+b bzw. a'+b' beschreibt den maximal möglichen Verhandlungsgewinn, wobei a (a') der Gewinn des Emittenten A und b (b') der Gewinn der Privatperson B ist. Die Verhandlungsgewinne ergeben sich je nach Zuteilung der Nutzungsrechte.

Das Coase-Theorem ist folgender Kritik ausgesetzt:

- E* ist zwar pareto optimal, allerdings muss es nicht ökologisch vertretbar bzw. effizient sein.
- Die fehlende Kenntnis über die Kostenfunktion des anderen kann zu strategischen Verhaltensweisen führen.
- Für den – sehr wahrscheinlichen – Fall von mehreren Beteiligten ist mit „free-rider-Verhalten" zu rechnen (Bartmann, 1996, S. 180).
- Transaktionskosten bleiben unberücksichtigt.
- Strategisches Verhalten der Beteiligten (evtl. kommt es trotz beidseitiger Vorteile bei einer privaten Verhandlungslösung zu keinem Ergebnis), Ausübung von Marktmacht.

Auch in der Spieltheorie wurde die Vorteilhaftigkeit von Verhandlungslösungen bewiesen, wie z. B. durch das Gefangenendilemma:[6]

Zwei Spieler haben eine Straftat begangen, für die ihnen 8 Jahre Haft drohen – allerdings kann ihnen diese Tat nicht nachgewiesen werden. Es wird ihnen vom Staatsanwalt die Kronzeugenregelung angeboten, wobei sie bei einem Geständnis freigesprochen werden. Gestehen allerdings beide, so müssen sie für je 6 Jahre ins Gefängnis; gesteht keiner von beiden, so werden sie nur wegen einem kleineren nachweisbaren Delikt für 2 Jahre verurteilt. Bei der Ermittlung des individuell rationalen Verhaltens ist noch zu beachten, dass die

Spieler sich vor ihrer Entscheidung nicht absprechen können. Im Endeffekt werden beide gestehen, da sich jeder ausrechnet, dass er am besten damit fährt, wenn er gesteht.

Das Beispiel findet in Bezug auf die Umweltproblematik sein Pendant im sozialen Dilemma, einem n-Personen-Gefangenendilemma. Es stellt sich ein Trittbrettfahrerverhalten ein, weil der Beitrag (z. B. zum Umweltschutz) eines einzelnen verschwindend gering ist und somit kaum Auswirkungen auf die Allgemeinheit hat. Der Grund dafür kann in der fehlenden Transparenz über das individuelle Verhalten liegen.

Beide Beispiele zeigen, dass durch Verhandlungen ein pareto-optimales Ergebnis erzielt werden kann. Im Folgenden wird die nicht-private Verhandlungslösung untersucht, d. h. es sind mehr als zwei Personen an den Verhandlungen beteiligt.

Kritische Würdigung:

I. **Ökologische Effektivität**: Die ökologische Effektivität wird durch mehrere Faktoren eingeschränkt: Zum einen kann das Verhandlungsergebnis weit außerhalb des ökologisch erwünschten Bereiches liegen. Um dem entgegen zu wirken, muss im Vorfeld ein Mindestmaß an Umweltverbesserung festgelegt werden. Allerdings besteht auch dann die Gefahr, dass die Beteiligten sich „auf den sogenannten kleinsten gemeinsamen Nenner einigen" (Bartmann, 1996, S. 190). Eine weitere Einschränkung kann die zeitliche Verschiebung sein. Unternehmen könnten versuchen, den Staat durch eine „Hinhaltetaktik" von weitergehenden, ordnungsrechtlichen Lösungen abzuhalten. Für den – sehr wahrscheinlichen – Fall von mehreren Beteiligten ist mit „free-rider-Verhalten" zu rechnen. Ein letzter Kritikpunkt ist die Frage der Sanktionen bzw. der Haftung für eine Überschreitung des festgelegten Umweltstandards.

II. **Ökonomische Effizienz**: Durch die fehlende Berücksichtigung der Transaktionskosten wird die ökonomische Effizienz verzerrt. Allerdings wird von Seiten der Unternehmen der Umweltstandard angestrebt, der für sie mit den geringsten Kosten verbunden ist. Da – wie oben beschrieben – das Niveau der Umweltverbesserung nicht sehr hoch angesetzt sein wird, wird die dynamische Effizienz dementsprechend gering sein.

III. **Fehlerfreundlichkeit**: Für den Fall von nur zwei Betroffenen kann man von Fehlerfreundlichkeit ausgehen, da der Aufwand für Änderungen gering sein dürfte. Bei mehreren Beteiligten steigt die Komplexität und somit sinkt die Fehlerfreundlichkeit durch die strategischen Verhaltensweisen und die fehlende Informationstransparenz.

IV. **Flexibilität**: Je nach Anzahl der Teilnehmer ist mit einer sehr geringen Flexibilität zu rechnen, da bei Parameteränderungen neue Verhandlungen geführt werden

[6] Vergleiche hierzu Varian, 1991, S. 448f.

müssen. Je nach Summe der Beteiligten ergibt sich dadurch im Vergleich zu den anderen Instrumenten der höchste Aufwand für Anpassungen.

V. **Praktikabilität**: Je nach Kreis der Beteiligten stellt sich die Praktikabilität unterschiedlich dar. Je größer die Zahl der Beteiligten, desto niedriger die Praktikabilität. Für den angestrebten Anwendungsfall ist sie daher als eher niedrig anzusetzen. Es ist fraglich, ob und wie weit Eigentumsrechte – an einem Fluss beispielsweise - zugeordnet werden können.

VI. **Marktkonformität**: Bei Kooperationslösungen ist die Marktkonformität außerordentlich hoch.

VII. **Zielkonformität**: Anhand der unter „ökologische Effektivität" aufgezählten Nachteile ist mit einer niedrigen Zielkonformität zu rechnen.

VIII. **Politische und gesellschaftliche Akzeptanz**: Aufgrund der Marktkonformität ist die Akzeptanz hoch – Einschränkungen kann es von unterrepräsentierten Gruppen geben, die mit dem Verhandlungsergebnis nicht zufrieden sind.

IX. **Ökonomische Auswirkung**: Die Interessengruppe der Emittenten wird tendenziell versuchen, neue kostenverursachende Investitionen in Vermeidungstechnologie weitgehend durch alternative Vorschläge zu vermeiden (z. B. Abschaltung besonders verdächtiger Alt-Anlagen, regionale Zugeständnisse usw.). Auf der anderen Seite werden die Betroffenen den Markt an Vermeidungstechnologie gut sondieren und entsprechende technologische Impulse für weitere Verhandlungen geben.

3.3.5 Zertifikate

Das Konzept des umweltpolitischen Instruments der Zertifikate wurde 1968 von J. H. Dales entwickelt (Baumol/Oates, 1988, S.177)[7]. Wie bereits in Kapitel 2.2.3 festgestellt, handelt es sich bei der Umwelt um ein öffentliches Gut. Durch die Einführung eines Zertifikatesystems erfolgt eine Umwandlung in ein privates Gut. Nachdem ein zu erreichendes Umweltziel vorher festgelegt wurde, wird diese Menge auf die Anzahl der beteiligten Unternehmen umgelegt. Bei der Ausgabe der Zertifikate tritt der Staat gemäß der PROPERTY-RIGHTS-THEORIE als Eigentümer auf und vergibt Verfügungsrechte über die Nutzung der Umwelt. Der Emittent erhält also vorläufige Nutzungsrechte, die ihn dann zum Ausstoß einer festgelegten Menge an Emissionen berechtigen. Durch die festgelegte Emissionsgrenze spricht man auch von einer Mengenfixierung (Schafhausen, 1999, S. 29). Der Emittent muss für alle von ihm verursachten Emissionen ein Zertifikat vorweisen. Jedes Unternehmen, dass zuviel Schadstoffe emittiert, steht vor der Wahl, Schadstoffe zu vermeiden oder ungenutzte Zertifikate von anderen Unternehmen zu kaufen. Dieser Entscheidung liegen die Grenzvermeidungskosten der betroffenen Unternehmen zugrunde (Bartmann, 1996, S. 151). Durch den Handel von Zertifikaten bildet sich ein Knappheitspreis auf dem

[7] Vergleiche hierzu auch das Buch von Dales „Pollution, Property and Prices".

Markt (Heister, Michaelis, 1991, S. 7). Der daraus resultierende Vorteil ist die Offenlegung der Zahlungsbereitschaft umweltbelastender Betriebe. Dadurch wird das marktwirtschaftliche System gestärkt (Zimmermann, Hansjürgens, 1998, S. 49).

Die folgende Abbildung 19 zeigt die Funktionsweise von Zertifikatesystemen anhand eines vereinfachten Beispiels:

> Von der Einführung eines Zertifikatesystems sind fünf unterschiedlich große Unternehmen betroffen (A – E). Auf der Abszisse sind die beteiligten Unternehmen und auf der Ordinate die Emissionen und individuellen Vermeidungskosten abgetragen. Die strich-punktierte Linie (E*) weist den gewünschten Umweltzustand aus, wobei die Säulen Auskunft über die Anzahl der Emissionen der Unternehmen geben. Der erforderliche Bedarf jedes einzelnen Unternehmen ist durch die gestrichelte Linie gekennzeichnet.
>
> Es ist deutlich zu sehen, dass Unternehmen A und E mehr emittieren als ihnen Zertifikate zur Verfügung stehen. Die Unternehmen B und C benötigen weniger Zertifikate als ihnen zugeteilt wurden und können diese nun an die Unternehmen A und E verkaufen. Unternehmen D erhält genau die erforderliche (emittierte) Menge, so dass es sich nicht an dem Handel beteiligen wird.
>
> Unternehmen E hat sehr geringe Vermeidungskosten, so dass es die für sich günstigste Alternative wählt: Vermeidung der Mehremissionen. Solange der Preis für die zusätzlichen Zertifikate unter dem seiner Vermeidungskosten liegt, wird Unternehmen A die Zertifikate von den anderen Unternehmen kaufen. Somit haben die am Handel beteiligten Unternehmen A, B, C Gewinne – im Vergleich zu ordnungsrechtlichen Lösungen – erzielt.

Abb. 19: Der Handel mit Zertifikaten

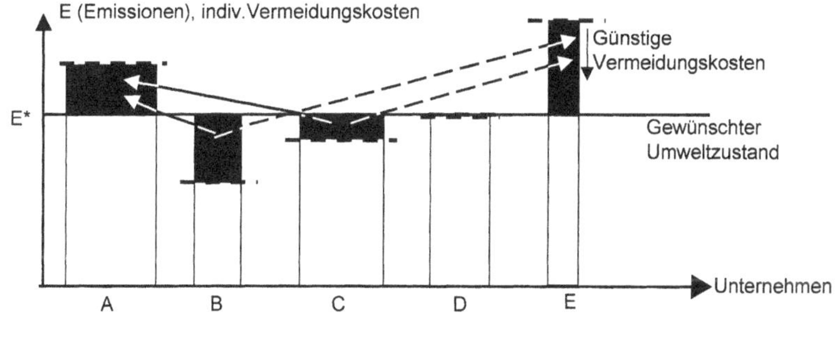

Quelle: Eigene Darstellung

Die Anforderungen an ein effizientes Zertifikatesystem werden wie folgt formuliert:

- „Quantifizierbare und quantifizierte mittel- bis langfristige Umweltziele,
- Ort und Zeit der Schadstoffemission ist von keiner/geringfügiger Bedeutung,
- Grenzvermeidungskosten sind nicht verfügbar oder differieren stark von Anlage zu Anlage,
- Existenz mehrerer (technischer) Vermeidungsoptionen und Unsicherheit über zukünftige Entwicklungen,
- geringe Transaktionskosten,
- keine negativen Wechselwirkungen mit vorhandenem Instrumentarium,
- strenge Sanktionen vereinbar und durchsetzbar“ (Zapfel, 1999, S. 56f).

Kritische Würdigung:

I. **Ökologische Effektivität**: Einer der Vorteile von Zertifikaten liegt darin, dass große Anreize für die Unternehmen bestehen, die Emissionen zu mindern, entweder um den Zukauf von zusätzlichen Zertifikaten zu vermeiden oder um möglichst hohe Erlöse aus dem Verkauf von ungenutzten Zertifikaten zu erzielen (Simonis, 1995, S. 10) – vorausgesetzt die Zertifikatsmenge wurde richtig gewählt. Eine Verringerung der Emissionsmenge wird entweder durch eine kontinuierliche Abwertung der Zertifikate erreicht oder durch den Aufkauf der Zertifikate durch Privatpersonen bzw. an der Umweltqualität interessierten Institutionen (Tietenberg, 1998, S. 24). Ein Nachteil bezüglich der ökologischen Effektivität könnte die Problematik grenzüberschreitender Belastungen sein. Bei den zugrunde gelegten Emissionen werden Schadstoffimporte aus anderen Ländern bzw. Regionen nicht berücksichtigt. Der Zusammenhang zwischen Emissionen und Immissionen wird als Diffusionsfunktion bezeichnet (Bartmann, 1996, S. 153). Im Zuge einer europäischen Umweltpolitik kann dieser Aspekt jedoch berücksichtigt werden.

II. **Ökonomische Effizienz**: Die Kosten der Implementierung eines Zertifikatesystems (statische Effizienz) entstehen durch: „die Abgrenzung des Lizenzmarktes, die Ausgabe der Lizenzen, die Überwachung und Kontrolle der Umweltbelastungen, die Gewährleistung einer für den Lizenzhandel ausreichenden Markttransparenz, die Durchführung evtl. notwendiger Marktinterventionen zur Begrenzung unerwünschter Lizenzpreisschwankungen und die Verwaltung der gegebenenfalls auftretenden Lizenzeinnahmen“ (Huckestein, 1993, S. 9). Der größte Vorteil von Zertifikaten gegenüber ordnungsrechtlichen Instrumenten liegt für die Unternehmen in der Kosteneffizienz. Das Unternehmen mit den niedrigsten Vermeidungskosten wird versuchen, seine Emissionen zu minimieren und kann dann überschüssige Zertifikate auf dem Markt verkaufen (Zimmermann, 1999, S. 19). Die Absicht, Emissionen zu vermindern, wird sich in Investitionen für bessere und effektivere Umwelttechnologien widerspiegeln. Unternehmen werden nach „neuen Inputkombinationen, neuen Prozessen und neuen Produkten“ (Zimmermann,1999, S. 20) suchen, um Emissionen zu senken. Durch den Anreiz für umwelttechnischen Fortschritt entstehen weitere Potentiale für Emissionssenkungen. Betrachtet man die Zertifikatslösungen in der Theorie, so kommt man zu dem Ergebnis, dass der angestrebte Umweltstandard mit den geringsten Kosten erreicht werden kann, d. h. ökonomische Effizienz ist gewährleistet ist (Huckestein, 1993, S. 6).

III. **Fehlerfreundlichkeit**: Hier liegen die Nachteile von Zertifikatelösungen, denn für ihren Erfolg wird Rationalverhalten der Teilnehmer unterstellt. Aufgrund der Gefahren von Marktmacht, Verdrängungswettbewerb, Hortung etc. ist jedoch nicht immer damit zu rechnen. Sollte aus einem dieser Gründe der Markt nicht funktionieren, so ist die Wirksamkeit der Zertifikatslösung fraglich (Heister, Michaelis, 1991, S. 7). Diesen Gefahren kann aber durch eine entsprechende Ausgestaltung entgegengewirkt werden.

IV. **Flexibilität**: Flexibilität kann z. B. durch Ausgestaltungsmöglichkeiten der Zertifikate und durch Sonderzuteilungen erreicht werden. Es muss jedoch darauf geachtet werden, dass „institutionelle Verkrustungen“ (Endres, Schwarze, 1998, S. 168) vermieden werden.

V. **Praktikabilität**: Das Instrument der Zertifikatelösungen ist nur dann besonders praktikabel, wenn nur wenige Schadstoffe – besser sogar nur einer – berücksichtigt werden. Denn nicht nur der administrative Aufwand sondern auch die Kosten steigen überproportional bei der Berücksichtigung weiterer Schadstoffe (Karl, 1998, S. 91). Zu den Kosten gehören sowohl die der Implementierung als auch die der Kontrolle.

VI. **Marktkonformität**: Im allgemeinen kann festgehalten werden, dass der Einfluss des Staates sich bei den Umweltzertifikaten auf die vorherige Ausgestaltung begrenzt – im Gegensatz zu ordnungsrechtlichen Instrumenten (Zimmermann, 1999, S. 21). „Der Staat beschränkt sich (...) auf das Setzen eines absoluten Emissionsziels und überläßt die Optimierung der Zielrealisierung dem Marktgeschehen“ (Schafhausen, 1999, S. 28). Es besteht also seitens der Teilnehmer ein großer Handlungsspielraum – innerhalb der vorgegebenen umweltpolitischen Grenzen.

VII. **Zielkonformität**: Durch die Zuordnung von Zertifikatesystemen zu den Mengenlösungen sind die erlaubten Emissionen vorgegeben. Wie bereits beschrieben, sorgt der Kontroll- und Sanktionsmechanismus dafür, dass diese Menge eingehalten wird. Deshalb kann man von einem hohen Grad der Zielkonformität ausgehen.

VIII. **Politische und gesellschaftliche Akzeptanz**: Bezüglich der Erstausgabemechanismen ist die Akzeptanz von der „wahrgenommenen Fairness“ (Simonis, 1995, S. 14) der Teilnehmer abhängig. Bei einer kostenlosen Erstausgabe[8] und Sonderzuteilungen für Neuemittenten dürften keine Probleme entstehen. Die bestehende Option auf Verhandlungen für den Kauf / Verkauf von Zertifikaten erhöht die Akzeptanz der Teilnehmer. In der Bevölkerung wird die Akzeptanz durch

[8] Zu den Möglichkeiten einer Ausgestaltung vergl. auch Kapitel 3.4.

eine Abwertung der Zertifikate oder die Möglichkeit des Aufkaufs durch Private erhöht. Weitere Vorteile bezüglich der politischen und gesellschaftlichen Akzeptanz sind die oben beschriebene Markt- und Zielkonformität. Es werden vielfach Bedenken geäußert, dass durch die käuflichen Rechte, die Umwelt mit einer bestimmten Menge an Emissionen zu belasten, Akzeptanzprobleme entstehen (Rehbinder, 1998, S. 75)[9]. Außerdem können Unsicherheiten bezüglich der Preisentwicklung von Zertifikaten (Gick, 1996, S. 10), dem Auftreten von Hot Spots, dem Zusammenwirken mit anderen Schadstoffen, der Diffusionsfunktion und der nicht erfaßten Emittenten die Akzeptanz mindern. Deshalb ist es wichtig, diese Aspekte umfassend zu berücksichtigen und geeignete Maßnahmen bei der Ausgestaltung zu ergreifen.

IX. **Ökonomische Auswirkung**: Die ökonomischen Impulse, die von einem Zertifikatesystem ausgehen, werden erst in den folgenden Kapiteln untersucht, da sie von der Art der Ausgestaltung abhängen. Vorab lässt sich schon festhalten, dass positive ökonomische Impulse durch die Internalisierung zu den geringsten Vermeidungskosten führen. Dadurch ist ein Zertifikatesystem allen anderen Instrumenten überlegen oder zumindest gleichwertig, auch wenn das Grundproblem der Verteuerung der Produktion weiterhin gilt. Durch den dauerhaften, langfristigen Anpassungsprozess an niedrigere Emissionen wird die Vermeidungstechnologie profitieren. Dadurch kann der ökonomische Impuls in toto durchaus positiv sein.

3.3.6 Zusammenfassung und Bewertung der umweltpolitischen Instrumente

An dieser Stelle werden die Ergebnisse der vorangegangenen Abschnitte zusammengeführt. Für die erforderliche Auswahl des am besten geeigneten umweltpolitischen Instruments werden die weiter oben durchgeführten Bewertungen der Instrumente anhand der 9 Kriterien des Bewertungskataloges mittels ordinaler Skalierung zwischen „- - = ungeeignet“ und „+ + = sehr gut geeignet " vorgenommen. Das Ergebnis findet sich in der unten stehenden Tabelle (Abbildung 20). Die Begründung zur Bewertung findet sich im passenden Abschnitt zum jeweiligen Instrument. An einigen Stellen lassen sich die vorgenommenen Bewertungen durch entsprechende Anpassungen des Instruments verbessern. Allerdings ändert sich dadurch die relative Vorzüglichkeit gegenüber den anderen Alternativen i. d. R. nicht, da auch diese entsprechend modifiziert werden können. Ein klassischer Fall ist das Kriterium der Fehlerfreundlichkeit: viele Aspekte, die auf dieses Kriterium Einfluss nehmen, können in einer entsprechenden Ausgestaltung berücksichtigt werden. Im Bereich der ökonomischen Impulse können z. T. erst Aussagen nach Beginn der Implementierung des jeweiligen umweltpolitischen Instruments gemacht werden. Eine zusammenfassende Bewertung der Instrumente kann an dieser Stelle nicht vorgenommen werden.

[9] Vgl. auch Gawel, 1998, S. 118f.

Zum einen hängt die Wirkungsweise vom Einsatzgebiet ab und zum anderen müssten dann die aufgeführten Bewertungskriterien mit einer Rangfolge bzw. Gewichtung versehen werden. Vor allem die Bewertung der einzelnen Kriterien untereinander ist mit qualitativen Einschätzungen verbunden, die an dieser Stelle im Rahmen der Arbeit nicht vorgenommen werden können.

Abb. 20: Umweltpolitische Instrumente im Vergleich

	Auflagen	Abgaben Steuern	Haftungsregeln	Koop.-lösungen	Zertifikate
Ökologische Effektivität	+	+	- -	-	+ +
Ökonomische Effizienz	- -	- / +	+ +	- / +	+ +
Fehlerfreundlichkeit	-	- -	- -	-	- / +
Flexibilität	+	-	-	-	+
Praktikabilität	+ +	-	-	-	+
Marktkonformität	- -	-	+ +	+ +	+ +
Zielkonformität	+ +	-		- -	+ +
Politische und gesellschaftliche Akzeptanz	+	-	-	+	+ +
Ökonomische Impulse	+	-	-	+	+

Quelle: eigene Darstellung

Es wurde bereits festgehalten, dass sich die Eignung der Instrumente für bestimmte Bewertungskriterien durch diverse Optimierungen aus Maßnahmen verbessern lässt. Diese Möglichkeit lässt sich wiederum auch bei den meisten anderen Instrumenten entsprechend anwenden. Dadurch wird die grundsätzliche Vorteilhaftigkeit des bestbewertesten Instruments nicht in Frage gestellt. Wie in Abbildung 20 deutlich zu erkennen ist, sind Zertifikate für die Erfüllung der Kriterien des Bewertungskataloges am besten geeignet, da es außer bei der Praktikabilität kein anderes Instrument gibt, das in der allgemeinen Bewertung besser abschneidet. An dieser Stelle ist anzumerken, dass Zertifikate nicht immer das geeignetste Instrument zur Internalisierung externer Effekte sind. Auf die genauen Voraussetzungen für den sinnvollen und erfolgreichen Einsatz von Zertifikaten wird in Kapitel 4 *Methodischer Ansatz* näher eingegangen. Im Folgenden soll zunächst detaillierter auf die schon bewiesene Eignung in der Praxis eingegangen werden.

3.4 Zertifikate in der Praxis

Die Diskussion über den Einsatz von Zertifikatesystemen ist in den letzten Jahren stärker geworden. Die aufgezeigten theoretischen Grundlagen sind in die ersten implementierten Zertifikatesysteme eingeflossen. Gerade die erfolgreiche Einführung der amerikanischen Modelle erhöht die Chancen für ein deutsches Modell, da zum einen die nach der Implementierung aufgetretenen Probleme berücksichtigt werden können, zum anderen aber auch bewährte Vorzüge dieser Modelle genutzt werden können. Um ein funktionierendes Zertifikatesystem für den landwirtschaftlichen Sektor bzw. unter Einbeziehung des landwirtschaftlichen Sektors zu entwickeln, werden im Folgenden die Beispiele und die relevanten Ausgestaltungen der Systeme erläutert. Diese praktischen Erfahrungen werden in Abschnitt 5.1 *Generelle Ausgestaltung eines Zertifikatesystems* selbstverständlich berücksichtigt.

Als repräsentative Zertifikatesysteme in der Praxis werden im Folgenden betrachtet:

- das US-amerikanische Acid Rain Programm (Abschnitt 3.4.1),
- das US-amerikanische Reclaim-Programm (Abschnitt 3.4.2),
- der Emissionshandel bei BP/AMOCO (Abschnitt 3.4.3),
- der Emissionshandel in Dänemark (Abschnitt 3.4.4),
- der Emissionshandel in England (Abschnitt 3.4.5) und
- die Anwendung von Zertifikaten in der Landwirtschaft (Abschnitt 3.4.6).

3.4.1. Das US-amerikanische Acid Rain Programm

Im Jahr 1990 wurde das Acid Rain Programm im Rahmen des CLEAN AIR ACTS in Titel IV verabschiedet. Das primäre Ziel ist die Reduktion von SO_2-Emissionen. Durch die Verbrennung von fossilen Brennstoffen entsteht unter anderem Schwefeldioxid, einer der Hauptursachen für sauren Regen. Abbildung 21 zeigt die regionale Verteilung der Emissionen und deren Entwicklung zwischen den Jahren 1980 bis 1997.

Abb. 21: SO_2-Emissionen in den USA: 1980 - 1997

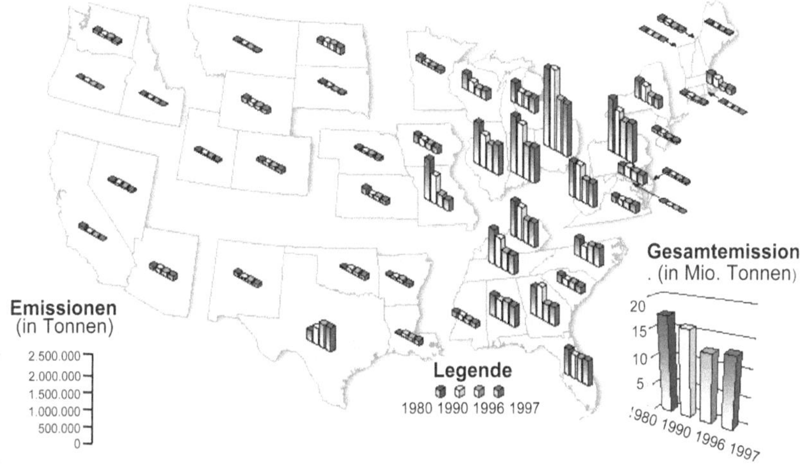

Quelle: leicht verändert aus http://www.epa.gov/acidrain, Progress Report on the EPA Acid Rain Program, S. 7

Die amerikanischen Kraftwerke sind zu 70 % für die jährlichen SO_2–Emissionen verantwortlich.[10] Um diese Emissionen zu senken, wurde eine Zertifikatslösung in zwei Phasen eingeführt:

> **Phase I:** Die erste Phase startete 1995 und bezog sich auf die 110 größten mit Kohle bzw. Öl befeuerten Kraftwerke, die auf 21 Staaten im Osten und mittleren Westen der USA verteilt sind.[11]
>
> **Phase II:** Die zweite Phase startete zu Beginn des Jahres 2000. Es wurden alle Kraftwerke, deren Kapazität über 25 Megawatt lag, einbezogen.[12] Gleichzeitig werden auch die Emissionen der großen Anlagen weiter reduziert.

Das Acid Rain Programm lässt den Kauf von Zertifikaten durch Personen zu, die nicht direkt betroffen sind, wie z. B. von Brokern oder von an der Umweltqualität Interessierten (Koschel, 1998, S. 100). Außerdem gibt es noch ein sogenanntes „Opt-in-Program", bei dem Quellen, die nicht zwingend dem Acid Rain Programm angehören, sich freiwillig beteiligen können. Sind diese Unternehmen jedoch einmal im Programm registriert, so wird ihre Teilnahme verpflichtend.[13]

---

[10] http://www.epa.gov/ardpublc/acidrain/effects/envben.html, S. 1
[11] http://www.epa.gov/ardpublc/acidrain/overview.html , S. 1
[12] http://www.epa.gov/ardpublc/acidrain/overview.html , S. 1
[13] http://www.epa.gov/ardpublc/acidrain/overview.html , S. 5

Die Ausgestaltung des Acid Rain Programm sieht dabei wie folgt aus:
Als Ergebnis der ersten Phase lagen die SO_2-Emissionen 40 % unter denen von 1980.[14] Das Ziel der zweiten Phase ist die SO_2-Reduktion um 8,5 Mio. Tonnen bis zum Jahr 2010 im Vergleich zu 1980. [15] Die Erstausgabe erfolgt nach einem modifizierten Fortschreibemodell bisheriger Emissionswerte (dem sogenannten Grandfathering, vgl. Abschnitt 4.3). Die Zuteilung der Zertifikate ergibt sich aus „der Multiplikation vergangenheitsbezogener Energieverbrauchswerte (1985-1987) mit geforderten Reinigungsgraden der Anlagen" (Cansier, 1998, S. 101). Es erfolgen jedoch auch staatliche Verkäufe und Auktionen (Schwarze, 1997, S. 172), wodurch den Gefahren der Hortung entgegengewirkt wird. Die ausgeteilten Zertifikate gelten jeweils für 1 Tonne SO_2.

Es werden Sonderzuteilungen an diejenigen vergeben, die „Clean Coal Technology" installieren, um SO_2-Emissionen zu reduzieren oder die erneuerbaren Energiequellen wie Solar- oder Windenergie zu nutzen.[16] Auch Unternehmen, die frühzeitig in Vermeidungstechnologien investieren, erhalten zusätzliche Zertifikate (Koschel, 1998, S. 102). Weitere Sonderzuteilungen gibt es sowohl für besonders schnell wachsende Regionen[17] als auch für Staaten, die als besonders „sauber" gelten (Hansjürgens, Fromm, 1994, S. 486).

Die zugewiesenen Zertifikate haben eine Laufzeit von zwei Jahren ab dem Ausstellungsjahr (Fromm, Hansjürgens, 1998, S. 152). Aufgrund der zeitlichen Ausgestaltung ist die Aufbewahrung von nicht genutzten Zertifikaten[18] – auf ein Jahr befristet – erlaubt. Die vorzeitige Nutzung zukünftiger Zertifikate[19] ist im Acid Rain Programm hingegen nicht vorgesehen.

Alle teilnehmenden Kraftwerke müssen Emissionsmeßsysteme installieren (Continuous Emission Monitoring System, CIMS)[20] und kontinuierlich über die gemessenen Werte berichten.[21] Für den Fall, dass das CIMS ausfallen sollte, werden Ersatzwerte in Höhe der Durchschnittswerte genommen: „Je höher die jährliche Ausfallzeit des CIMS ist, desto höhere Schätzwerte werden für die nicht gemessenen Emissionen angesetzt" (Hansjürgens, Fromm, 1994, S. 497f). Die Daten werden im Allowance Tracking System (ATS) festgehalten. Jedes Zertifikat hat eine 12-stellige digitale Seriennummer, die es der US-amerikanischen Umweltbehörde EPA (Environmental Protecting Agency) ermöglicht, den Weg der Zertifikate nachzuvollziehen. Zu den

---

[14] http://www.epa.gov/oar/oaqps/peg_caa/pegcaa05.html
[15] http://www.epa.gov/acidrain
[16] http://www.epa.gov/oar/oaqps/peg_caa/pegcaa05.html
[17] Gemeint sind Regionen mit einem Wachstum der Bevölkerungsrate ab 25 % über dem nationalen Durchschnitt (Hansjürgens, Fromm, 1994, S. 486).
[18] Diese Möglichkeit bezeichnet man auch als Banking, vgl. hierzu Abschnitt 4.2.6
[19] Sie stellt das Pendant zum Banking dar und wird als Borrowing bezeichnet, vgl. hierzu Abschnitt 4.2.6
[20] http://www.epa.gov/oar/oaqps/peg_caa/pegcaa05.html

erfaßten Daten gehören beispielsweise die Besitzbestände der Teilnehmer, der Transfer und die Auktionspreise.[22] Das System sorgt für Transparenz auf dem Markt und dient als Informationsquelle sowohl für die beteiligten Unternehmen, als auch für die Bevölkerung.[23] Für eine Überschreitung der Emissionsmenge sind Geldbußen in Höhe von 2000 US$ fällig; außerdem besteht Nachkaufpflicht (Schwarze, 1997, S. 171).

3.4.2. Das US-amerikanische RECLAIM Programm

Der zweite Versuch der Implementierung eines Zertifikatesystems wurde vom südkalifornischen Landesamt für Luftreinhaltung (South Coast Air Quality Management District, SCAQMD) am 01.01.1994 nach dreijähriger Konzeptionsphase verabschiedet (Bader, Rahmeyer, 1996, S. 49). Das Ziel ist – im Gegensatz zum Acid Rain Programm – die Reduktion der Nahwirkungen der Schadstoffe (Fromm, Hansjürgens, 1998, S. 151). Die Region um Los Angeles (South Coast Air Basin) ist eines der am stärksten von der Luftverschmutzung betroffenen Gebiete in den USA. Die bestehenden Regelungen des Air Quality Management Plan[24] wurden durch das RECLAIM Programm ersetzt (Koschel, 1998, S. 109), wobei jedoch die Höhe der Emissionsreduktionen übernommen wurde.

RECLAIM steht für Regional Clean Air Incentives Market und hat die Zielsetzung, die Ozongrenzwerte und die Stäube (PM_{10}) zu minimieren, für dessen Entstehung sowohl NO_x als auch SO_x verantwortlich ist (Bader, Rahmeyer, 1996, S.50). Diese Ergänzung zum Acid Rain Programm ist aufgrund der hohen Belastung Südkaliforniens sinnvoll (Gick, 1996, S. 27). Beteiligt an dem Programm sind Unternehmen aus unterschiedlichen Branchen, „deren NO_x- und SO_x-Emissionen im Jahr 1990 oder einem Folgejahr vier Tonnen pro Jahr überstiegen", das entspricht einer Zahl von 390 NO_x - und 41 SO_x- emittierenden Unternehmen" (Bader, Rahmeyer, 1996, S. 50). Unternehmen, die weniger als die vier Tonnen Schadstoff emittieren, wurden aufgrund des zu hohen Verwaltungsaufwands und den damit verbundenen Kosten nicht berücksichtigt (Koschel, 1998, S. 110).

Die Ausgestaltung des RECLAIM Programmes sieht dabei wie folgt aus:
Die zu reduzierenden Schadstoffe sind Stickoxide (NO_x) und Schwefeloxide (SO_x). Insgesamt sollen bis zum Jahr 2003 die NO_x-Emissionen von 37511 Tonnen auf 9362 Tonnen gesenkt werden und die SO_x-Emissionen von 9290 auf 3580 Tonnen (Fromm, Hansjürgens, 1994, S. 214).

[21] http://www.epa.gov/ardpublc/acidrain/overview.html, S. 6
[22] http://www.epa.gov/ardpublc/acidrain/ats/atsintro.html, S. 1
[23] http://www.epa.gov/ardpublc/acidrain/overview.html, S. 6
[24] So wird der geltende State Implementation Plan bezeichnet (Koschel, 1998, S. 109)

Jedes Zertifikat gilt für 1 amerikanisches Pfund[25] Schadstoff und hat eine Laufzeit von 1 Jahr.[26] Die Zertifikate wurden alle (von 1994 bis zum Jahr 2010) zu Beginn des Programms auf den Konten der teilnehmenden Unternehmen gutgeschrieben (Koschel, 1998, S. 142). Es wurde eine räumliche Aufteilung vorgenommen, indem in zwei geographische Gebiete mit unterschiedlichen Rahmenbedingungen unterteilt wurde: Das Inlandsgebiet (Zone 2) wurde aufgrund von Westwinden durch Emissionen des Küstengebietes (Zone 1) so stark belastet, dass der zusätzliche Bedarf an Zertifikaten in Zone 2 nur durch die Bestände aus Zone 1 gedeckt werden darf (Koschel, 1998, S.112f).

Auch bei dem RECLAIM Programm erfolgt die Erstausgabe kostenlos (genau genommen handelt es sich hierbei um ein modifiziertes Grandfathering – vgl. hierzu Abschnitt 4.3.3 *Erstausgabemechanismen*). Bei der Bemessung werden die Werte von 1989 – 1992 zugrunde gelegt und mit einem Emissionsfaktor multipliziert (Tietenberg, 1998, S. 17). Dieser Faktor spiegelt die Verpflichtung zu Emissionsminderungen bis zum 31.12.1993 wider (Fromm, Hansjürgens, 1994, S. 214). Für die folgenden Jahre wird dieses Ergebnis durch einen Korrekturfaktor abgewertet, um das festgelegte Ziel bis 2003 zu erreichen (Gick, 1996, S. 28). Eine Sonderzuteilung ist nur für das „High Employment/Low Emission"-Programm vorgesehen (Fromm, Hansjürgens, 1994, S. 216). Ziel dieser Zuteilungen ist die Schaffung von neuen Arbeitsplätzen in einer sauberen Industrie: Neuemittenten, die eine günstige Emissionsrate je Beschäftigten vorweisen, konnten ab 1997 Sonderzuteilungen beantragen (Fromm, Hansjürgens, 1994, S. 216).

Der Zeitraum, in dem der Handel stattfinden soll, ist auf 9 Jahre befristet, von 1994 – 2003 (Cansier, 1998, S. 101). Die Zertifikate selbst haben eine Laufzeit von einem Jahr. Der Zertifikatemarkt wurde per Zufallssystem in zwei Zyklen unterteilt: Eine Hälfte der Zertifikate ist vom 01.01. bis zum 30.06 gültig und die andere Hälfte von 01.07. bis zum 31.12.[27] Ein Zertifikat kann gekauft, verkauft, gehandelt oder anderweitig übertragen werden.[28] Jedoch sind sowohl Banking als auch Borrowing nicht erlaubt (Tietenberg, 1998, S. 30), was auch durch die zeitliche Begrenzung nicht sinnvoll erscheinen würde. Der Handel von Zertifikaten aus den beiden unterschiedlichen Zyklen ist hingegen möglich (Koschel, 1998, S. 112).

Bei der Kontrolle der Emissionen wird eine Differenzierung anhand der Größe der Unternehmen vorgenommen. Liegt die emittierte Menge über 10 Tonnen, so spricht man von „Major Sources" (Hauptemittenten). Hier ist ein kontinuierliches Messsystem zu installieren, das die Daten täglich der SCAQMD meldet (Fromm, Hansjürgens, 1994, S. 220). Mittlere Emittenten werden als „Large Sources" (Großemittenten) be-

[25] Das entspricht 0,453 kg.
[26] http://arbis.arb.ca.gov/drdb/sc/curhtml/r2007.htm
[27] http://arbis.arb.ca.gov/drdb/sc/curhtml/r2007.htm
[28] http://arbis.arb.ca.gov/drdb/sc/curhtml/r2007.htm

zeichnet. Sie müssen den laufenden Verbrauch von Brennstoffen festhalten und monatlich melden. Kleinere Emittenten, Process Units (Prozesseinheiten) messen den Gesamtverbrauch an Brennstoffen und melden diesen vierteljährlich (Bader, Rahmeyer, 1996, S. 58f).

Wie bei dem Acid Rain Programm werden auch hier fehlende Daten durch Schätzungen ersetzt. Diese unterliegen „einer doppelten Progression, das heißt ihre Höhe steigt tendenziell sowohl mit der Dauer der jährlichen Ausfallzeit als auch mit der Dauer des jeweils einzelnen Kontrollausfalls" (Koschel, 1998, S. 113).

Wird bei der vierteljährlichen Abrechnung festgestellt, dass ein Unternehmen unerlaubt emittiert hat, so werden für jeden Tag, an dem die Messwerte höher waren, 500 US$ Strafe fällig. Maximal ist eine Strafe von 182.000 US$ (= 365 Tage x 500 US$) möglich (Bader, Rahmeyer, 1996, S. 59). In besonderen Fällen ist mit dem Entzug der Betriebserlaubnis zu rechnen (Fromm, Hansjürgens, 1994, S. 221).

3.4.3. Der Emissionshandel bei BP/AMOCO[29]

Das Ziel der Selbstverpflichtung von der BP/AMOCO Gruppe ist die Reduzierung seiner Treibhausgasemissionen um 10 % bis zum Jahr 2010. Um sicherzustellen, dass dieses Ziel nicht nur fristgerecht sondern auch kostengünstig erreicht wird, wurde als Instrument ein Zertifikatesystem ausgewählt. Durch diesen Rahmen konnten alle Betroffenen „mit ihren spezifischen Kompetenzen und Innovationspotentialen an der Umsetzung des Gruppenziels" (Loske, ohne Datum, S. 2) mitwirken.

Das Unternehmen gliedert sich in verschiedene Geschäftsbereiche, die sich aus weitgehend selbständigen Geschäftseinheiten zusammensetzen. Sogenannte „Peer Groups" koordinieren die internationale Zusammenarbeit der einzelnen zusammengehörenden Geschäftseinheiten. Die Ausgestaltung und Implementierung des Systems wurde von zwei neu gegründeten Gremien übernommen. Für die Zuteilung der Zertifikate, die Kontrolle der Geschäftsabläufe und für die Verantwortung der strategischen Optionen ist die sogenannte Emission Trading Taskforce zuständig. Das Implementierungsteam hat die Aufgaben der Betreuung des Systems übernommen. Das besondere an diesem Team ist die Beteiligung von Dritten, wie z. B. der Environmental Defence Fund (EDF), einer Unternehmensberatung (KPMG) und einem Expertenpanel mit Vertretern aus Regierung und Umweltorganisationen. Gerade die Beteiligung von neutralen, externen Personen erhöht die Glaubwürdigkeit des gesamten Zertifikatesystems.

[29] Alle Informationen in diesem Abschnitt stammen aus dem Artikel „Die BP Amoco Gruppe und ihr Handelssystem mit Treibhausgas-Emissionszertifikaten" von R. Loske. Entnommen am 14.01.2002 aus http://www.loske.de/web/html/framesets/fsumver/Dateien/veranstaltung%2019-06-2000%20Vortrag%20Knoedel.html

Die von dem Zertifikatesystem betroffenen vier Geschäftsbereiche sind:

- Förderung und Produktion,
- Raffinerien und Marketing,
- Chemie,
- Erdgas und Stromerzeugung.

Zu Beginn des Emissionshandels waren nur zwölf Geschäftseinheiten, seit dem 01.01.2000 ist die ganze BP AMOCO Gruppe beteiligt.

Die gehandelten Zertifikate beziehen sich auf CO_2 und Methan. Bemerkenswert an dem Zertifikatesystem ist, dass zur Vereinfachung des Handels der Methanausstoß in CO_2-Äquivalente umgerechnet wird. Dementsprechend ist eine Tonne Methan gleich 21 Tonnen CO_2.[30] Jedes Zertifikat ist gültig für eine Tonne CO_2 und besitzt zudem eine Seriennummer, welche der genauen Zuordnung (z. B. nach Jahrgang, zugeteilter bzw. verwendeter Geschäftseinheit) des Zertifikates dient. Alle Zertifikate werden von der Oil Trading International, die die Position eines Maklers einnimmt, in einem zentralen Register festgehalten.

Das zur Erstausgabe genutzte Verfahren war die kostenlose Beibehaltung des Status Quo, wobei das zugrunde gelegte Basisjahr 1998 ist. Zertifikate, die freigelegt wurden – z. B. aufgrund des Verkaufs von einem Unternehmensteil – werden aus dem Handel genommen, d. h. es erfolgt eine ständige Kontrolle und Nachbesserung des Systems. Neuemittenten bekommen ebenfalls eine kostenlose Erstausstattung. Eine neu aufgebaute Datenbank unterstützt den Wissenstransfer zwischen den Geschäftseinheiten. In ihr sind alle Projekte der Emissionsreduktion enthalten und die Beteiligten können jederzeit darauf zugreifen. Wie bei den anderen Systemen ist auch hier Banking – im Gegensatz zu Borrowing – erlaubt, jedoch mit der Einschränkung von maximal 5 % des Emissionsbudgets.

Eine rechtliche Bindung erfolgt durch die Einbeziehung des Zertifikatesystems in die Leistungsverträge. Somit erhält das System den gleichen Status wie andere wirtschaftliche Indikatoren, da es ein Kriterium zur Beurteilung der Geschäftsleistung ist. Für den Fall einer Nichteinhaltung der Reduktion entstehen der Geschäftseinheit hohe Strafgelder, die einem Mehrfachen der gehandelten Zertifikatspreise entsprechen.

[30] Vergleiche Kapitel 2.2.4

3.4.4. Der Emissionshandel in Dänemark[31]

Im Rahmen des Kyoto-Vertrages hat sich Dänemark zu einer Minderung der CO_2-Emissionen um 21 % verpflichtet. Abbildung 22 zeigt die bisher erzielten Reduzierung der Emissionen in Gigagramm (10^9).

Abb. 22: Kyoto-Verpflichtungen von Dänemark

		Dänemark
Alle Kyoto-Gase		
	1990	68.651
	1998	75.171
CO_2		
	1990	52.894
	1998	60.125
Kyoto- Zielvereinbarung		**- 8 %**
Selbstverpflichtung		**- 21 %**

Alle Angaben in Gigagramm (10^9Gramm)

Quelle: verändert entnommen aus UNFCCC, 2000, S. 7

Das dänische Parlament hat im Juni 1999 ein Zertifikatesystem für die Periode vom 01.01.2000 bis 31.12.2003 verabschiedet. Inhalt dieses Systems sind 23 Millionen Tonnen CO_2 im Jahr 2000 aus der Stromproduktion, die kontinuierlich bis Ende 2003 auf 20 Millionen Tonnen reduziert werden sollen. Der Teilnehmerkreis ist auf diejenigen beschränkt, deren historische CO_2-Emissionen die Grenze von 100.000 Tonnen pro Jahr überschritten haben, wobei Kraftwärmekoppelung von dem Zertifikatesystem ausgenommen ist. Die Beteiligten machen 90 % der gesamten CO_2-Emissionen der Elektrizitätsproduktion aus, obwohl es sich nur um 10 – 15 Unternehmen von 500 Möglichen handelt. Die Vorteile dieser geringen Anzahl werden mit niedrigen Transaktionskosten umschrieben.

Als Erstausgabemechanismus wurde Grandfathering gewählt, wobei als Bemessungsgrundlage die Jahre 1994 – 1998 ausgewählt wurden. Der Handel mit den Zertifikaten wird relativ gering eingeschätzt, wobei über jedes gehandelte Zertifikat die

[31] Alle Informationen stammen aus dem Artikel „Danish CO_2 Emissions Trading System" von Sigurd Lauge Pedersen (Danish Energy Agency). Entnommen aus: http://www.ens.dk/El-gas-varme/co2_kvoter/CO2_trading.PDF - Ausdruck vom 07.02.02

„Danish Energy Agency“ (DEA) informiert werden muss – und zwar über Menge, Gültigkeitsjahr und Preis. Der Handel selbst findet ohne staatliche Eingriffe statt. Die errechneten Reduktionskosten sollen zwischen 0 und 30 US$ je Tonne liegen. Da die Stromexporte nur marginale Gewinne bringen, können dort die günstigsten Einsparungen erzielt werden.

Banking ist nur beschränkt erlaubt. Jeder Emittent bekommt einen Wert zugeteilt, bei dessen Unterschreitung er die nicht genutzten Zertifikate für spätere Jahre aufheben kann. Da das System vorerst nur bis Ende des Jahres 2003 gelten soll, werden danach keine Zertifikate mehr benötigt

Die CO_2-Emissionen werden anhand des Kraftstoffverbrauchs, der mit einem Standardwert multipliziert wird, ermittelt.[32] Für den Fall, dass der Betreiber einer Anlage mehr CO_2 emittiert als er Zertifikate besitzt, muss er eine Strafe zahlen. Die Höhe dieser Strafe ist pro Tonne CO_2 40 DKK, was circa 5 – 6 US$ entspricht.

3.4.5. Der Emissionshandel in Groß-Britannien[33]

Im Rahmen des Kyoto-Vertrages hat Groß-Britannien die Zielvereinbarung der CO_2-Emissionen von 8 % auf 12, 5 % im Rahmen der Selbstverpflichtung erhöht. Die Folgende Abbildung 23 zeigt die Emissionswerte von 1998 im Vergleich zu 1990 in Gigagramm.

Abb. 23: Kyoto-Verpflichtungen von Groß-Britannien

		Groß-Britannien
Alle Kyoto-Gase		
	1990	762.675
	1998	694.835
CO_2		
	1990	584.220
	1998	546.390
Kyoto- Zielvereinbarung		- 8 %
Selbstverpflichtung		- 12,5 %

Alle Angaben in Gigagramm (10^9Gramm)

Quelle: verändert entnommen aus UNFCCC, 2000, S. 7

[32] So ist z. B. dieser Wert für Kohle 95 kg/GJ, für Gas und Diesel Öl 74 kg/GJ und für Koks 105 kg/GJ.

[33] Alle hierin enthaltenen, nicht extra ausgewiesenen Informationen stammen aus dem Artikel: Signing up to the UK Emissions Trading Scheme“ von der UK Emissions Trading Group.

Im Rahmen des Kyoto-Protokolls muss Groß-Britannien seine Emissionen um 12,5 % senken (vgl. Abbildung 23). Dieses Ziel soll mit Hilfe des Emissions Trading Schemes (ETS) erreicht werden, wobei das Reduzierungspotenzial von CO_2 bei 7,7 Mio. t im Jahr 2010 liegen soll (Frauenhofer Institut, Emissionshandel, S. 29). Entwickelt wurde das ETS von einer Emission Trading Group (ETG), die sich aus dem Council of British Industry und dem Advisory Committee on Business and the Environment zusammensetzt.

Vorgesehen ist die Einbeziehung sämtlicher Unternehmensbereiche, mit Ausnahme des Strom- und des Transportsektors. Die Teilnahme an dem Emissionshandel ist freiwillig und erfolgt anhand eines vorgegebenen Zeitplans: im März 2001 wurden die Regeln veröffentlicht und dann hatten die Teilnehmer bis September 2001 Zeit, ihre Angebote abzugeben. Im Oktober wurden die erfolgreichen Angebote veröffentlicht und die Vermeidungsziele beschlossen. Im Januar 2002 sollte dann der Handel beginnen, wobei das Ende vorerst auf das Jahr 2007 festgelegt wurde – möglich wäre auch eine Verlängerung bis 2012.

Der gewünschte Umweltzustand wird durch sogenannte „Caps“ beschrieben, womit das Reduktionsziel gemeint ist. Dieses Ziel gilt für die gesamte Laufzeit und wird zwischenzeitlich angepasst. Zunächst wird nur CO_2 gehandelt, wobei andere Gase hinzu kommen können. Dies ist dann der Fall, wenn die Kontrollfunktion hinreichend sichergestellt ist. Für die Firmen bedeutet eine Einbeziehung anderer Gase, dass sie vor die Wahl gestellt werden, entweder alle Gase zu reduzieren oder nur Kohlendioxid. Wie auch in den amerikanischen Systemen ist Banking bedingt erlaubt, Borrowing dagegen ist generell verboten.

Bezüglich der Erstausstattung gilt für die direkten Teilnehmer das Grandfathering, wobei hier als Grundlage ein Durchschnitt der Jahre 1998 – 2000 genommen wurde. Des weiteren gibt es ein Bieterverfahren, das finanziellen Anreizen in Höhe von 215 Mio. £ entspricht und wodurch die Unternehmen für vermiedene Schadstoffeinheiten Geld vom Staat bekommen – in Höhe der vorher eingegangenen Gebote[34]. Allerdings ist die Höchstmenge, die ein Unternehmen von diesen 215 Mio. £ bekommen kann, auf maximal 10 % festgelegt. Sofern die Stillegung einer Anlage signifikante Auswirkungen auf die Emissionsmenge hat, werden die Reduktionsziele angepasst.

Der Handel selbst soll mit Hilfe von Brokern an der Börse stattfinden. Wie auch bei dem Acid Rain Programm ist es Außenstehenden erlaubt, ebenfalls Zertifikate zu kaufen und somit still zulegen. Die Berichterstattung erfolgt einmal im Jahr und obliegt der Kontrolle der Emissions Trading Authority (ETA). Die Sanktionen sind zum

[34] Einzelheiten zu diesem Bieterverfahren, das als „Descending Clock Auction“ bezeichnet wird, können in dem Artikel „Ansätze und Erfahrungen mit Mengensteuerungssystemen in der Energie- und Umweltpolitik in den USA, den Niederlanden, Dänemark und Großbritannien“ von Mez/Piening, 2000 nachgelesen werden.

jetzigen Zeitpunkt noch nicht vollständig festgelegt. In der freiwilligen Phase ist bei einer Überschreitung der zugeteilten Menge zunächst nur mit einer Rückgabe der eventuell erhaltenen Anreize zu rechnen. Für den weiteren Verlauf sind Strafen geplant, die in etwa dem 3-fachen des Marktwertes einer Tonne Emissionen entsprechen.

3.4.6. Erfolgreiche Anwendung von Zertifikaten in der Landwirtschaft

Um eine Überproduktion an Milch und Butter zu vermeiden, führte die EU 1984 Milchquoten als mengensteuerndes Instrument ein[35]. Dadurch sollte eine Angebotsbegrenzung erfolgen, um die Erzeugerpreise zu stabilisieren und gleichzeitig die Kosten der Milchmarktordnung zu senken. Während das zweite Ziel erreicht wurde, die Ausgaben der EU für den Milchmarkt deutlich zu reduzieren, sanken trotz anfänglicher Erfolge die Milchpreise bis an die 25 Cent/kg Grenze [36]. Gleichzeitig vollzog sich ein deutlicher Strukturwandel: Gab es 1984 in Nordrhein-Westfalen fast 37 000 Milcherzeuger, die im Durchschnitt 15 Kühe hielten, sind es heute gerade noch rund 12 000 mit durchschnittlich 32 Kühen im Stall[37].

Der Ansatzpunkt für die Mengensteuerung liegt in dem Verkauf der Milch (Henrichmeyer/Witzke, 1994, S. 209). Die Überschreitung der Milchquote ist mit Sanktionen verbunden: Liefert ein Bauer mehr Milch an eine Molkerei als er nach seiner Quote dürfte, führt dies zu einer Strafgebühr - der sogenannten Superabgabe. Diese Strafe entspricht 115 % des Milchrichtpreises und wird an den EU-Haushalt abgeführt (ZMP, 1997, S. 138).

Die Quoten gelten als Eigentum, das flächenunabhängig verpachtet, verleast oder verkauft werden kann[38]. Da keine neuen Quoten ausgegeben werden, müssen interessierte Marktteilnehmer (wachstumswillige Milchviehbetriebe) zusätzliche Quoten erwerben. Durch diesen freien Handel wurde die einzelbetriebliche Planung der Milchviehhaltung transparent kalkulierbar – wenn die Preise abschätzbar sind. Man unterscheidet drei mögliche Übertragungen der Milchquoten (ZMP, 1997, S. 138):

- Quotenleasing: ein Milcherzeuger überlässt einem anderen, der an die gleiche Molkerei liefert, für den Zeitraum eines Jahres seine Milchquote
- In Verbindung mit der Pacht bzw. dem Kauf der zur Milcherzeugung genutzten Grünfläche können die Milchquoten übertragen werden

[35] In der Zeit vor 1984 gab es Stützpreise für Milch, wodurch es zu Überproduktionen und dem sogenannten Butterberg kam.
[36] Vgl. http://www.lz-rheinland.de/ausgabe/2002_04/inhalt/kommentar.htm, Stand: 26.03.02, S. 1
[37] Vgl. http://www.lz-rheinland.de/ausgabe/2002_04/inhalt/kommentar.htm, Stand: 26.03.02, S. 1
[38] Gleichwohl hatte die ursprüngliche Milchquote eine strenge Flächenbindung. Diese Bindung ist aber nach und nach gelockert worden.

- Innerhalb bestimmter Gebiete (z. B. innerhalb eines Bundeslandes) können die Milchquoten auch ohne Übertragung von Grünflächen gehandelt werden.

Die Preise stiegen in den neunziger Jahren so stark an, dass die Quoten durch die Milchproduktion kaum mehr finanzierbar waren[39]. Seit zwei Jahren werden die Milchquoten auf 11 regionalen Börsen regional gehandelt, um einen Abfluss der Quote aus der Region zu verhindern. Durch die Einführung der Milchquotenbörse mit drei festen Börsenterminen im Milchwirtschaftsjahr hat sich hier ein Systemwechsel vollzogen. Aufgrund der höheren Markttransparenz der Börse ergeben sich die üblichen Vorteile des Börsenhandels. Die „wahren" Kosten der Quote als Zertifikatsersatz werden sichtbar und beeinflussen die ökonomische Entscheidung, was wiederum den erforderlichen Strukturwandel fördert.

[39] Vgl. http://www2.tagesspiegel.de/archiv/2002/01/18/ak-br-5516251.html, Stand: 26.03.02, S. 1

4. Darstellung des methodischen Ansatzes

Nachdem in den vorangegangenen Kapiteln die erforderlichen Grundlagen und Ansätze zur Internalisierung externer Effekte beschrieben und die möglichen umweltpolitischen Instrumente anhand des erstellten Bewertungskataloges bezüglich ihrer Eignung eingestuft wurden, wird im 4. Kapitel der für diese Arbeit entwickelte methodische Ansatz vorgestellt. Seine genaue Betrachtung rundet alle erforderlichen Voraussetzungen ab, um nachfolgend anhand des Modells das umweltpolitische Instrument der Zertifikate auf seine Anwendbarkeit prüfen zu können.

Dabei wird anhand der Ausführungen im vorliegenden Kapitel schrittweise ein übertragbares, praktisch relevantes Modell entwickelt, das letztlich aus 5 Stufen besteht, die nacheinander „abzuarbeiten" sind. Dabei liefert jede Stufe gleichzeitig Abbruchkriterien, bei deren Erfüllung eine Zertifikatslösung vorzeitig gegenüber einem anderen Instrument zu verwerfen ist. Wichtig ist bei der Vorgehensweise, das sich der Detaillierungsgrad beim Durchlaufen des Modells sukzessive aufbaut. Alle genannten Kriterien werden abgeprüft, die genauen Festlegungen jedoch erst in der Stufe getroffen, wo es erforderlich wird. Damit ist sichergestellt, das Alternativen, die frühzeitig aus dem Evaluierungsprozess ausscheiden, nicht unnötigen Arbeitsaufwand hervorrufen. So macht es beispielsweise keinen Sinn über ein Zertifikatsmodell für CO_2-Emissionen des Privatverkehrs alle Details in den Stufen 1 und 2 zu erarbeiten, wenn sich in Stufe 3 herausstellt, dass der Kreis der zu Beteiligenden den Rahmen einer Zertifikatslösung bei weitem sprengt. Durch den gewählten Ansatz können solche Redundanzen vermieden werden. Die noch recht „groben" Festlegungen zu Beginn des Modells weichen im Rahmen des „Durchlaufs" aber zunehmend detaillierteren Fakten.

Der erste Schritt ist dabei die Überprüfung der Relevanz der Schadstoffe (Abschnitt 4.1). Ist diese gegeben, so erfolgt die Überprüfung der prinzipiellen Eignung für eine Zertifikatslösung (Abschnitt 4.2). In der nächsten Stufe kommt es zur Anwendung des ebenfalls selbst entwickelten 8-Phasen-Modells (Abschnitt 4.3). Kam es bis hierhin nicht zu einem Abbruch, erfolgt die Überprüfung der spezifischen Anwendbarkeit (Abschnitt 4.4) bevor in der letzten Stufe auf Basis der bisherigen Erkenntnisse eine konkrete Zertifikatslösung entworfen werden kann (Abschnitt 4.5).

4.1 Überprüfung der Relevanz der Schadstoffe

Grundvoraussetzung vor dem Einsatz umweltpolitischer Instrumente ist die Überprüfung der Relevanz des Schadstoffes, dessen externe Effekte durch eine Regelung internalisiert werden. Dieser logische Schritt ist zwar selbstverständlich, allerdings ist die Bewertung der Relevanz unter Umständen kritisch. Um sich ein umfassendes Bild über die Relevanz zu verschaffen, empfiehlt sich daher die Überprüfung der einzelnen Schadstoffe analog zu Abschnitt 2.3 *Relevante Gase*. Dabei werden insgesamt 6 verschiedene Kriterien analysiert, um hinreichende Indizien für die Relevanz zu sammeln (Abbildung 24).

Abb. 24: Stufe 1

Kriterien zur Überprüfung der Relevanz der Schadstoffe

- **Vorkommen in der Natur**
- **Verweildauer in der Natur**
- **Geschicht**
- **Ursachen / Quellen**
- **Anteile der einzelnen Quellen**
- **Entwicklungsprognose**

Quelle: eigene Darstellung

Die Relevanz der in dieser Arbeit behandelten Gase ist zum einen bereits anhand der vorangegangenen Ausführungen bewiesen worden, zum anderen ist sie durch die Berücksichtigung im Kyoto-Vertrag gegeben (siehe hierzu auch die Modellbeispiele aus England und Dänemark im 3. Kapitel). Bei Schadstoffen, die andere Medien betreffen– denkbar wären hier z. B. Belastungen oder Schadstoffeinträge in das Grundwasser – kann anhand der folgenden Stufe 1 vorgegangen werden. Das Gleiche gilt für den Zeitraum nach Auslaufen des Kyoto-Vertrages, d. h. nach 2012. Für den Fall, dass es nach einiger Zeit neue Erkenntnisse über Ursache-Wirkungs-Zusammenhänge von Schadstoffen gibt, kann die Stufe 1 wiederholt durchlaufen werden.
Im Folgenden werden die aufgeführten Kriterien zur Überprüfung der Relevanz eines Schadstoffes in den Abschnitten 4.1.1 bis 4.1.6 näher erläutert.

4.1.1 Vorkommen in der Natur

Die Untersuchung dieses Kriteriums gibt Aufschluss über die natürlichen Kreisläufe in der Natur und die Bedeutung bzw. Rolle des Schadstoffes in diesem Zusammenhang. Die meisten Gase, wie z. B. auch Kohlendioxid, haben ihre eigenen Aufgaben innerhalb des Gesamtgefüges. Durch die – weitgehende – Kenntnis dieser

Zusammenhänge kann mit der Beurteilung begonnen werden, was eine Erhöhung des Schadstoffes innerhalb des Kreislaufs für Folgen haben kann – sofern alle Wirkungszusammenhänge vermutet werden können bzw. bekannt sind.

4.1.2 Verweildauer in der Natur

Dieses Kriterium ist von doppelter Brisanz. Eine Verweildauer von 10 Jahren, wie bei Methan, ist bezüglich der Halbwertzeit und der Dauer an sich relevant. Je kürzer die Verweildauer und je kürzer die Halbwertzeiten um so schneller wirkt der Effekt der Instrumente einerseits, um so höher die Ausschläge durch kurzfristige Effekte andererseits. Im Endeffekt wirken zum Zeitpunkt t immer Emissionen aus dem Zeithorizont bis zu t-10. Der tatsächliche Effekt der historischen Emissionen ist aber von der Halbwertzeit und der Emissionshöhe des jeweiligen Jahres abhängig. Dazu kommen noch mögliche Synergismen, also Kombinationswirkungen, die – soweit sie bekannt sind – ebenfalls berücksichtigt werden müssen. Gleichzeitig führen die hohen Verweildauern, wie bei Kohlendioxid dazu, dass die Auswirkungen einer restriktiven Umweltpolitik sich erst in 120 Jahren zeigen. Dadurch ist Kritikern eine gute Basis geliefert, die darauf verweisen, dass staatliche Eingriffe, unabhängig ob marktkonform oder ordnungsrechtlich, lediglich zu zusätzlichen Produktionsrestriktionen führen. Diese resultieren immer in einer Verteuerung der bisherigen Produktion und haben entsprechende Auswirkungen auf die Beschäftigung in den bestehenden Industrien. Intergenerationsprobleme werden bei zunehmender Popularisierung in der Politik zumeist auf Kosten der nachfolgenden Generationen gelöst, da allein schon Aspekte einer Arbeitsplatzsicherung bei fehlender Aussicht auf „Vollbeschäftigung" dominant wirken.

4.1.3 Historische Entwicklung

Bei der Überprüfung der historischen Werte eines Schadstoffes in der Natur kann, ähnlich wie bei dem ersten Abschnitt 4.1.1 *Vorkommen in der Natur*, Auskunft über zeitliche Schwankungen gegeben werden. Daraus lässt sich dann ableiten, ob die aktuellen Werte eher dem historischen Verlauf entsprechen oder die Entwicklung stetig steigend ist. In dem Fall eines stetigen Anstiegs ist durchaus Handlungsbedarf gegeben. Entspricht die Entwicklung dem im Zeitverlauf gemessenen Durchschnitt, so besteht unter Umständen kein direkter Handlungsbedarf.

4.1.4 Ursachen/Quellen

Im nächsten Schritt müssen die Hauptemissionsquellen ermittelt werden. Je nach untersuchtem Schadstoff wird sich unter Umständen eine bestimmte Quelle oder auch mehrere unterschiedliche Quellen als Hauptemittent herausstellen. Das können dann bestimmte Bereiche der industriellen Produktion sein, aber auch die Landwirtschaft oder private Haushalte.[1] Das Ergebnis aus diesem Schritt kann dazu beitragen, später das geeignete umweltpolitische Instrument auszuwählen. Bei dieser Auswahl kann die folgende Stufe ebenfalls weiterhelfen.

4.1.5 Anteile der Quellen

Sind die Ursachen für den Anstieg bekannt, so können die Anteile der einzelnen Quellen ermittelt werden. Je nachdem wer die Hauptemittenten sind, können die Möglichkeiten einer Minderung der Emissionen daraus abgeleitet werden. In diesem Schritt stellt sich also zum einen das Minderungspotenzial heraus, zum anderen können die gewonnenen Erkenntnisse bei der Internalisierung äußerst hilfreich sein. Bei einer Summe aus vielen kleinen Emittenten ist z. B. ein anderes Instrument einzusetzen als bei einigen wenigen großen Emittenten.

4.1.6 Entwicklungsprognose

Die in den Abschnitten 4.1.1 bis 4.1.5 untersuchten Aspekte werden an dieser Stelle zusammengeführt und es kann eine umfassende Entwicklungsprognose des Schadstoffes erstellt werden.

Als Fazit lässt sich aus all den behandelten Kriterien ableiten, ob Handlungsbedarf besteht. Je nach Dringlichkeit muss dann im Folgenden entschieden werden, welches Instrument zur Internalisierung eingesetzt werden muss bzw. kann und wer zum Kreis der Betroffenen gehört. Ergibt sich z. B. ein hohes Umweltgefährdungspotential, so sind eher ordnungsrechtliche als marktkonforme Instrumente einzusetzen – eine Zertifikatslösung ist dann zu verwerfen. Dieser Aspekt wird jedoch weitergehend erst in Kapitel 4.2.5 behandelt.

[1] Vergleiche hierzu Abbildung 3 in Kapitel 2.2.

4.2 Überprüfung der prinzipiellen Eignung

Nachdem die Prüfung der Relevanz des Schadstoffes positiv abgeschlossen wurde, wird dadurch die Zertifikatslösung nicht von vornherein ausgeschlossen (siehe Argumentation in Abschnitt 4.1). Positiv bedeutet an dieser Stelle, dass der Schadstoff im Sinne der aufgestellten Kriterien relevant ist, ohne dass jedoch eine akute Gefahrensituation von ihm ausgeht. Im Folgenden muss die prinzipielle Eignung einer Zertifikatslösung präzisiert werden.

Auch dazu sind eine Reihe von Kriterien zu kontrollieren, die im Rahmen dieser Arbeit entwickelt und auf ihre Relevanz überprüft wurden. Zusätzliche nachrangige Kriterien wurden zum Teil verworfen, um die Komplexität des Gesamtmodells möglichst gering zu halten. Die in diesem Abschnitt zu verifizierenden Kriterien sind gegenüber der Stufe 1 wesentlich quantitativer und eindeutiger zu belegen (siehe dazu die Argumentation zur grundsätzlichen Relevanz bestimmter Emissionen in Kapitel 2). Im Folgenden sollen die in Abbildung 25 als essentiell eruierten Kriterien weiter untersucht werden. Wenn diese Kriterien auf den Einzelfall zutreffen, dann kann – bei Überprüfung aller folgenden Stufen – an dieser Stelle eine Zertifikatslösung als geeignetes Instrument angenommen werden. Sollte sich bei der Überprüfung herausstellen, dass eines dieser Kriterien nicht erfüllt werden kann, so wird an dieser Stelle bereits eine Zertifikatslösung verworfen.

Abb. 25: Stufe 2

Kriterien zur Überprüfung der prinzipiellen Eignung von Zertifikaten

1. **Begrenzte Anzahl der Beteiligten**
2. **Begrenzte Anzahl der Schadstoffe**
3. **Hinreichende Meßbarkeit der(s) Schadstoffe(s)**
4. **Möglichkeit zur Kontrolle muß gegeben sein**
5. **Dient nicht der akuten Gefahrenabwehr**

Quelle: eigene Darstellung

Analog zur Vorgehensweise in Abschnitt 4.1 werden im Folgenden die aufgeführten Kriterien zur Überprüfung der prinzipiellen Eignung von Zertifikaten in den Abschnitten 4.2.1 bis 4.2.5 näher erläutert.

4.2.1 Anzahl der Beteiligten

Ein besonders wichtiges Kriterium für die erfolgreiche Ausgestaltung eines Zertifikatesystems ist die Anzahl der Beteiligten. Im Folgenden sollen die zwei Extremfälle betrachtet werden, dass es

A) zu viele Beteiligte
B) zu wenig Beteiligte

gibt.

A) Zu viele Beteiligte:
Um einen Schadstoff in einem Zertifikatesystem handeln zu können, muss er in handelbare Einheiten unterteilt werden, wie z. B. eine Tonne Emissionen. Es kann sich – je nach untersuchtem Schadstoff – herausstellen, dass es unendlich viele Emittenten gibt. Bestes Beispiel ist hierfür Kohlendioxid, da jeder Autofahrer ein Emittent ist. Die Einheit einer Tonne CO_2 ist aber für die Berücksichtigung des persönlichen Individualverkehrs zu groß. Ein weiteres Argument gegen die Beteiligung zu vieler ist die Gefahr von Trittbrettfahrerverhalten, auch als Free-Rider-Verhalten bekannt. Darunter versteht man die Verschleierung wahrer Präferenzen einzelner Wirtschaftssubjekte, um nicht zur Finanzierung herangezogen zu werden (Gabler, 1996, S. 369).

B) Zu wenig Beteiligte
Falls sich herausstellt, dass die Hauptemissionen von einigen wenigen Emittenten stammen, so wäre der Kreis der potentiellen Zertifikatsteilnehmer zu gering. Gerade hierbei wären die Gefahren von strategischen Verhaltensweisen von Seiten der Beteiligten sehr hoch. Mögliche Auswirkungen könnten dann Ausübung von Marktmacht, Hortung von Zertifikaten oder gar Absprachen sein. Dadurch erhöht sich wiederum die Gefahr von Marktverdrängungen.

4.2.2 Anzahl der Schadstoffe

Eine weitere wichtige Voraussetzung für den erfolgreichen Handel mit Zertifikaten ist eine begrenzte Anzahl der im System berücksichtigten Schadstoffe. In der Theorie ist es durchaus möglich, mehrere Zertifikatesysteme für unterschiedliche Schadstoffe nebeneinander zu implementieren, jedoch wird es in der Praxis voraussichtlich zu Ineffizienzen kommen, vor allem dadurch, dass manche Emittenten beide bzw. alle berücksichtigten Schadstoffe emittieren. Dadurch würden die folgenden Probleme entstehen:

- Der administrative Aufwand steigt überproportional zum Nutzen.

- Die Kosten für die Beteiligten steigen.
- Die gesellschaftliche Akzeptanz sinkt durch diesen Mehraufwand.
- Die Planungssicherheit der Emittenten kann verloren gehen.

Eine Möglichkeit der Umgehung dieser Problematik ist die Umrechnung eines Schadstoffes in das Äquivalent eines anderen Schadstoffes. Abbildung 6 in Kapitel 2.2 *Grundlagen* zeigt die Charakteristika der in dieser Arbeit untersuchten Gase. Gemäß dieser Tabelle der Enquete-Kommission kann z. B. Methan in Kohlendioxid-Äquivalente durch das relative Treibhauspotenzial umgerechnet werden. Durch diese Umrechnung können ohne die Gefahr von Ineffizienzen beide Schadstoffe nebeneinander berücksichtigt werden.

4.2.3 Messbarkeit des Schadstoffes

Ein weiteres Kriterium ist die hinreichende Messbarkeit des Schadstoffes. Die Messbarkeit der Emissionen auf Verursacherebene eines Schadstoffes kann auf verschiedenen Komplexitätsstufen ablaufen. Neben der Einzelquellenmessung kommen dafür die Gruppenmessung / Durchschnittsmengenberechnung in Frage, die keine zeitbezogenen Messungen mehr erfordern.

Einzelquellenmessung:
Hierbei wird jeder Einzelemittent (Schlot einer Produktionsanlage, Abwasserrohr, Produktionsmittel bei der tierischen Produktion) einzeln erfasst. Dieses Verfahren ist primär für heterogene Einzelquellen sinnvoll, bei denen keine Vergleichbarkeit der Emissionsstellen oder aber große Manipulationen vermutet werden können.

Gruppenmessung/Durchschnittsmengenmessung:
Existieren für den zu messenden Schadstoff bestimmte Emittentengruppen, wie gleichartige Anlagen, deren Emission lediglich von der Intensität der Nutzung abhängig sind (hier kann auf die Erfassung entsprechender Anlagennutzungen zurückgegriffen werden oder aber von der Gesamtproduktionsmenge zurückgerechnet werden), so kann für alle gleichartigen Anlagen eines Betreibers auf Gruppenebene die Emission erfasst werden. Für die Emissionen in der tierischen Produktion kann durch die Gleichartigkeit der Produktionsmittel (z. B. Methanausstoß pro Kuh) vereinfachend die Gesamtzahl der Tiere je Hof bzw. Betreiber angesetzt werden. Entsprechende Daten können dann als Hoftorbilanz an die Meldestelle weitergeleitet werden. Bei der Erhebung der Daten ist nicht mit hohen Transaktionskosten zu rechnen, da diese Informationen durch die sowieso erforderliche Datentransparenz zur Gewährleistung der Lebensmittelsicherheit bereits vorhanden sind.

Die Nutzung der Gruppenbildung reduziert die administrativen Tätigkeiten wesentlich und erleichtert das Zurückgreifen auf vorhandenes Datenmaterial. Der Verzicht auf Einzelmessung bei sicheren Informationen über die Ausstoßintensitäten bei unterschiedlichen Umweltzuständen senkt darüber hinaus die Investitionskosten in der Startphase des umweltpolitischen Instruments auf Seiten der Betriebe drastisch und wirkt sich je nach eingesetzter Technik auch auf die laufenden Kosten aus.

4.2.4 Möglichkeit zur Kontrolle

Die Anzahl und der Aufwand zur Einrichtung der Kontrollpunkte hängt unmittelbar mit der Praktikabilität der Messung und Kontrolle der Messergebnisse zusammen. Theoretisch lässt sich durch aufwendige Messmethoden jeder Emittent mit seinen Emissionszeitpunkten und -mengen datentechnisch erfassen, aber die anfallenden Datenmengen müssen effizient ausgewertet und handhabbar sein. Je mehr Emittenten im System abzubilden sind, desto robuster muss das Mess- und Kontrollsystem gegenüber der Manipulation durch die Emittenten sein. Die Auswertungen und Kontrollen verursachen ihrerseits Kosten, die bei der späteren Beurteilung der Handhabbarkeit des Gesamtsystems (siehe Stufe 4: Kosten-Nutzen-Analyse) auch zum Verwerfen einer Zertifikatslösung führen können.

4.2.5 Zielsetzung

In Kapitel 3.1 *Einführung in die Umweltpolitik* wurden ordnungsrechtliche und marktkonforme Maßnahmen vorgestellt, mit deren Hilfe ein ökologisch gesetztes Ziel erreicht werden soll. Dahinter steht die Internalisierung externer Effekte und Kosten.

Für den Fall einer akuten Gefahr, die von einem Schadstoff ausgeht, muss ein Instrument eingesetzt werden, dass vor allem schnell wirkt und unbürokratisch zu implementieren ist. Dazu gehören eher ordnungsrechtliche Maßnahmen, wie z. B. Auflagen, da diese einer direkten Verhaltenssteuerung entsprechen. Da bei marktkonformen Maßnahmen ein längerfristiges Ziel anvisiert wird und die Preise für eine bestimmte Menge Emissionen sich am Markt bilden, kann unter Umständen mit Zeitverzögerungen zu rechnen sein.

> Beispiel: Das US-amerikanische RECLAIM Programm[2]
>
> Die Zertifikate wurden zu Beginn aufgrund historischer Emissionswerte kostenlos ausgegeben.[3] Bei der Ermittlung der ehemaligen Emissionswerte

[2] Persönliches Gespräch mit Tom Canaday.

blieb die wirtschaftliche Gesamtsituation unberücksichtigt, denn die Berechnung erfolgte in einem Zeitraum, in dem aufgrund eines Booms viel produziert wurde. Der Zeitraum der Erstausgabe fiel in eine leichte Rezession. Dementsprechend hatten die Unternehmen zu viele Zertifikate und der erste sich bildende Preis für die Zertifikate lag weit unter dem erwarteten Preis.

Dieser „Fehler" in der Ausgestaltung hatte keine Auswirkungen auf den Gesamterfolg des Zertifikatesystems, d. h. der vorher festgelegte Umweltzustand wurde nach Ablauf des Systems erreicht.

Dieses Beispiel soll verdeutlichen, dass Zertifikate eine hohe ökologische Effektivität haben. Aufgrund ihrer Marktkonformität kann es jedoch zu zeitlichen Verzögerungen kommen, die im Fall von akuter Gefahr vermieden werden müssen.

Anhand der durchgeführten Bewertungen verbleiben auch am Ende dieser Stufe zwei Möglichkeiten. Wird eine Zertifikatslösung (vorzeitig) verworfen, so endet die Anwendung des Modells. Im positiven Fall startet die nächste Bearbeitungsstufe.

4.3 Anwendung des 8-Phasen-Modells

In dieser dritten Stufe werden die Dimensionen, die bei der Ausgestaltung eines Zertifikatesystems zu beachten und die ein weiteres Ergebnis dieser Arbeit sind, „abgearbeitet". Dabei werden die einzelnen Bausteine dieser Stufe als 8 Phasen für den allgemeinen Fall vorgestellt (siehe Abbildung 26).

Abb. 26: Stufe 3

Bausteine des 8-Phasen-Modells

1. Institutionelle Rahmenbedingungen
2. Gewünschter Umweltzustand
3. Erstausgabemechanismen
4. Sonderzuteilungen
5. Temporäre Ausgestaltung
6. Intertemporäre Ausgestaltung
7. Kontroll- und Sanktionssysteme
8. Spezifische Besonderheiten

Quelle: eigene Darstellung

[3] Diese Verfahren bezeichnet man als Grandfathering. Genauer vorgestellt wird es in Kapitel 4.3.3 *Erstausgabemechanismus*.

Die Wahl des Begriffs Phase hängt mit der sinnvollen Reihenfolge der Abarbeitung der einzelnen Kriterien zusammen, wobei nur bedingt Abweichungen möglich sind (beispielsweise können die institutionellen Rahmenbedingungen auch erst nach Durchlaufen der übrigen Phasen geklärt werden). Bei der Ausgestaltung des Lösungsaufbaus in Kapitel 5 kann dann auf die einzelnen Phasen zurückgegriffen werden.

Die Aufgaben, die innerhalb der einzelnen Phasen zu lösen sind, werden in den folgenden Unterabschnitten dargestellt.

4.3.1 Institutionelle Rahmenbedingungen

Es ist sinnvoll, vor der Ausgestaltung eines Zertifikatesystems eine Institution zu gründen oder zu bestimmen, die – politisch unabhängig – mit der Durchführung beauftragt ist und die auch im Verlauf des Zertifikatehandels die Aufsicht hat. Bei der Entwicklung eines ersten Zertifikatesystems durch Dales wurde eine Kommission gegründet, um das System dem Einfluss der politischen Parteien zu entziehen (Dales, 1968, S. 77).

Diese Institution bzw. Kommission kann auf unterschiedliche Arten gebildet werden. Eine Möglichkeit ist die Angliederung an die deutsche Umweltbehörde. Die Vorteile sind hier sowohl gesparte Transaktionskosten, als auch die Nutzung einer vorhandenen Infrastruktur.

Eine andere Möglichkeit ist eine Zusammensetzung aus Umweltbehörde und Vertretern der Wirtschaft. Vorteilhaft wäre an dieser Lösung eine Erhöhung der politischen und gesellschaftlichen Akzeptanz. Nachteile könnten sich zu Beginn der Gründung durch Reibungsverluste ergeben. Eine Einbeziehung öffentlicher Institutionen ist in jedem Fall zu begrüßen, da durch die angestrebte Internalisierung externer Effekte Interessen der Allgemeinheit vertreten werden.

Beispiele über die Art und die Größe der durchführenden Institution finden sich in Abschnitt 3.4 *Zertifikate in der Praxis*. Die Größe der Kommission ist abhängig von der Anzahl der Beteiligten und von dem Aufwand für die Kontroll- und Sanktionsmechanismen. Da diese Punkte erst im Folgenden behandelt werden, wird zu Beginn von Abschnitt 6.2.1 *Statische Effizienz* in Bezug auf die Transaktionskosten näher auf die Bildung einer Kommission und die damit einhergehenden Kosten eingegangen.

4.3.2 Gewünschter Umweltzustand

1) Auswahl der Schadstoffe
2) Festlegung einer Baseline
3) Auswahl der Beteiligten

1) Auswahl der Schadstoffe

Die Überlegungen zur Auswahl der Schadstoffe und deren Eignung für ein Zertifikatesystem sind durch die vorangegangenen Phasen erfolgt. An dieser Stelle ist bei mehreren verbliebenen Schadstoffen lediglich einer auszuwählen – bzw. die Kopplung der Schadstoffe untereinander festzuschreiben. Hierbei ist es sinnvoll, die Schadstoffe auszusuchen, durch die die Umwelt am stärksten belastet wird.

2) Festlegung der Baseline

Im nächsten Schritt erfolgt als weitere Voraussetzung für einen erfolgreichen Einsatz von Zertifikaten eine klare Definition des angestrebten Umweltstandards. Man spricht hierbei auch von der Festlegung einer Baseline (Tietenberg, 1998, S. 21). Durch die Bestimmung einer Zielgröße und die Ausgabe von Zertifikaten wird der Produktionsfaktor Umwelt zu einem knappen Gut. Somit kann der Marktmechanismus wieder funktionieren. Die folgende Abbildung 27 zeigt die graphische Ermittlung einer Baseline.

Abb. 27: Ermittlung einer Baseline

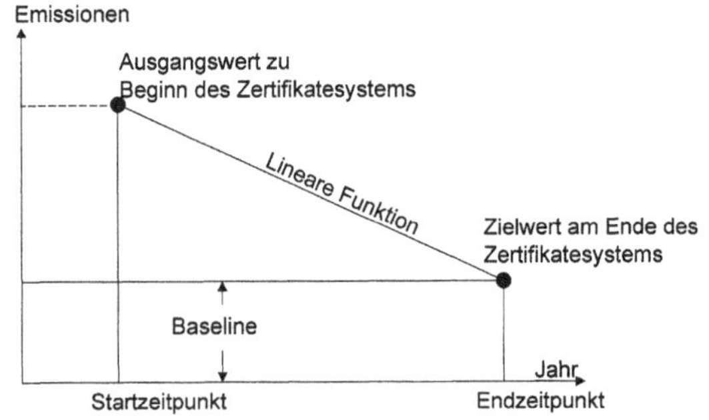

Quelle: Eigene Darstellung

Auf der Ordinate wird die Höhe der Emissionen abgetragen und auf der Abszisse die Jahre, innerhalb derer die Reduktionen erfüllt sein sollen. Die Baseline entspricht in der Abbildung dem Zielwert am Ende des Zertifikatesystems und somit dem

Endzeitpunkt. Der Ausgangswert zu Beginn des Zertifikatesystems wird daher auf den Startzeitpunkt berechnet. So können Veränderungen, die im Zeitraum der Implementierung stattfinden werden, mit berücksichtigt werden. In Bezug auf die politische und gesellschaftliche Akzeptanz ist es sinnvoll, die Baseline durch eine lineare Reduktion der Emissionen zu erreichen. Dadurch ist eine hohe Planbarkeit für die Beteiligten bis zum Ende des Zertifikatesystems gegeben.

Die Dimension „Festlegung eines gewünschten Umweltstandards" erfordert im Vorfeld die aufwendigsten Untersuchungen, da sie einen großen Einfluss auf das Gelingen des Zertifikatesystems hat. Für den Fall, dass der gewünschte Umweltstandard zu niedrig angesetzt wird, wird es kaum zu einem effektiven Handel kommen. Die Unternehmen hätten fast alle zu viele Zertifikate und der sich einstellende Zertifikatspreis wäre aufgrund der fehlenden Nachfrage zu niedrig. Außerdem sähen sich die Unternehmen nicht gezwungen, drastische Emissionssenkungen vorzunehmen. Sollte der gewünschte Umweltstandard zu hoch angesetzt werden, wird es durch den Handel zu wesentlich überhöhten und somit ineffizienten Zertifikatspreisen kommen. Beide „Fehlentwicklungen" führen zu Einbußen sowohl bei der ökologischen Effektivität als auch bei der ökonomischen Effizienz (vergl. Kapitel 3.2 *Kriterien eines Bewertungskatalogs*).

3) Auswahl der Beteiligten

Sobald der Schadstoff und die Baseline festgelegt sind, stellt sich die Frage nach den zu beteiligenden Emittenten. Hierbei muss berücksichtigt werden, dass eine zu große Zahl an Beteiligten den administrativen Aufwand und damit auch die dadurch entstehenden Kosten des Systems in die Höhe treibt (vergl. hierzu Kapitel 4.2.1 *Die Beteiligten*). Für den Fall von Kohlendioxid wäre es aus den gerade ausgeführten Gründen unmöglich, jeden Emittenten (u. a. auch jeden Autofahrer) zu beteiligen. Bei einer zu geringen Anzahl von Teilnehmern besteht die Gefahr, „dass Markttransaktionen nicht ausreichend stattfinden und Kosteneinsparpotentiale verschenkt werden" (Hansjürgens, 2000, S. 45). Das könnte z. B. bedeuten, dass der sich einstellende Zertifikatspreis nicht den Vermeidungskosten entspricht und somit sowohl ökologisch als auch ökonomisch ineffizient ist. Es muss also festgestellt werden, wer die Hauptemittenten sind. Außerdem könnte z. B. eine Emissionsgrenze festgelegt werden, bei deren Überschreitung eine Teilnahme verpflichtend ist und bei der diejenigen Emittenten betroffen wären, die die höchsten Emissionen haben.

4.3.3 Erstausgabemechanismus

Nach der Festlegung eines gewünschten Umweltstandards wird dieser in registrierte Schadstoffeinheiten zerlegt, für die jeweils Zertifikate ausgestellt werden. Bei der

Einführung des Zertifikatesystems müssen die Emissionsrechte an die jeweiligen Emittenten verteilt werden. Bei den Verfahren ist sowohl der Schutz von Altanlagen als auch der freie Marktzugang von Neuanlagen zu berücksichtigen. Der Schutz von Altanlagen bedeutet, dass z. B. Anlagen mit einer geringen Restlaufzeit die Möglichkeit haben, ebenfalls an dem Zertifikatsprogramm - ohne existenzbedrohende Kosten – teilzunehmen. Auch bei technisch unmöglichen Minderungen der Emissionen muss die Möglichkeit des Erwerbs von Zertifikaten bestehen. Im Fall von Neuanlagen muss gewährleistet sein, dass diese ohne Markteintrittsbarrieren durch das Programm in Betrieb gehen können. Jedoch muss sichergestellt werden, dass die Beteiligten ökonomisch effizient und ökologisch effektiv arbeiten. Im Interesse der Umweltpolitik erscheint eine Unterstützung unrentabler Unternehmen nicht sinnvoll.

Man unterscheidet hierbei drei verschiedene Alternativen der Erstausgabe:

1) Verkauf zu einem (vorher festgelegten) Preis
2) Auktionsverfahren
3) Grandfathering

1) Verkauf der Erstausstattung

Die erste Möglichkeit ist der Verkauf der Zertifikate zu einem vorher festgelegten Preis. Die Nachteile dieser Variante sind vielfältig. Zunächst muss der Verkaufspreis festgelegt werden. Ein mögliches Verfahren wäre „Trial-and-Error", d. h. die verantwortliche Stelle legt einen vorläufigen Preis fest und passt diesen dann unter Umständen mehrmals an. Denn um den markträumenden Knappheitspreis zu bestimmen, müssten die Grenzkosten der Vermeidung aller Beteiligten vorliegen (Bader, Rahmeier, 1996, S. 47). Zu den Nachteilen des Verfahrens gehört die fehlende Planungssicherheit auf der Seite der betroffenen Wirtschaftssubjekte und die dadurch gesenkte Akzeptanz des Verfahrens. Sollte z. B. der festgelegte Preis zu niedrig sein, so wird die Nachfrage größer sein als das Angebot. Somit ist nicht sichergestellt, dass ein Unternehmen die benötigten Zertifikate überhaupt erwerben kann. Außerdem wird bei einem zu niedrigen Preis die ökologische Effektivität minimiert. Ein weiterer Nachteil ist, dass sich die Unternehmen einem plötzlichen Kostenschub gegenüber sehen, der unter Umständen den Konkurs bedeuten kann. Dieses Verfahren geht aufgrund der Schwierigkeiten vor allem bei der Preisfestlegung nicht in die weitere Betrachtung mit ein.

2) Auktionsverfahren

Bei einer Erstausgabe durch Auktionen werden die Zertifikate unter allen teilnehmenden Unternehmen meistbietend versteigert. Es würde sich dadurch ein Primärmarkt für die Zertifikate bilden, wobei die bezahlten Preise zumindest in der Theorie den Grenzvermeidungskosten der Emittenten entsprechen. Der Vorteil hierbei wäre die „Offenlegung der individuellen Präferenzen" (Schafhausen, 1999, S. 41). Sieht man von strategischem Verhalten der Bietenden ab, so werden diejenigen mit den höchsten Grenzvermeidungskosten die Zertifikate ersteigern (Feess, 1995, S. 74). Durch den einmaligen Kostenschub, der für Klein- und Mittelbetriebe den möglichen Konkurs bedeuten kann, bekommen in der Realität diejenigen die Zertifikate, die über die größte Kaufkraft verfügen (Koschel, u. a., 1998, S. 58f). Ein weiterer Nachteil dieses Verfahrens ist die „Verletzung der Konstanz der Rahmenbedingungen": „Die Bedingungen, unter denen ein Unternehmen aufgebaut worden ist, werden ruckartig in erheblichem Maße verändert" (Zimmermann, Hansjürgens, 1998, S. 57). Ein weiteres Problem ist die juristische Frage der „Besitzstandwahrung", genehmigte Unternehmen die keine Zertifikate ersteigert haben, könnten Klage einreichen.[4]

3) Grandfathering

Diese Variante dürfte von den Beteiligten als gerechteste empfunden werden, da sich die ausgegebene Menge an einem Status Quo orientiert. Die Altemittenten bekommen kostenlos in Höhe ihrer bisherigen Emissionen Zertifikate zugeteilt, wobei Neuemittenten bei diesem Verfahren in seiner klassischen Anwendung eindeutig benachteiligt werden (Koschel, u. a., 1998, S. 60f), da ihnen der Marktzugang erschwert bzw. unmöglich gemacht wird. Das Problem kann jedoch dadurch umgangen werden, dass der Staat einen Teil der Zertifikate einbehält und diese dann ebenfalls kostenlos an die Betreiber von Neuanlagen ausgibt. Um strategisches Verhalten[5] der Teilnehmer zu vermeiden, sollte die Bemessungsgrundlage für die Zuteilung der Zertifikate einige Zeit zurückliegen. Alternativ kann auch ein Durchschnittswert vergangener Jahre zugrunde gelegt werden (Endres, Schwarze, 1994, S. 145). Dadurch wird auch eine Benachteiligung innovativer Unternehmen vermieden, da diese durch bereits implementierte technische Innovationen ansonsten weniger Zertifikate bekommen würden. Weitere Vorteile liegen zum einen darin, dass dem Vorliegen von versunkenen Kosten, sogenannten sunk costs, Rechnung getragen werden kann und dass Wettbewerbsverzerrungen zu Beginn des Zertifikatesystems vermieden werden. Auch umgeht Grandfathering das (juristische) Problem der Regelbindung, denn ehemals genehmigte Anlagen werden zunächst nicht eingeschränkt (Bartmann, 1996, S. 150).

4.3.4 Sonderzuteilungen

Eine praktikable Lösung lebt von der Flexibilität und der Praktikabilität der Zielerreichung. Eine sinnvolle Zusatzanforderung an ein Zertifikatesystem ist daher

[4] Den rechtlichen Fragen geht E. Rehbinder in seinem Artikel „Übertragbare Umweltgenehmigungen (Lizenzen) aus juristischer Sicht" nach.

die Möglichkeit, Sonderzuteilungen zu vergeben. Eine Variante davon ist die bereits angesprochene Vermeidung bisher besonders innovativer Unternehmen, indem diese Sonderzuteilungen erhalten, falls die anderen Alternativen ausscheiden. Darüber hinaus gibt es weitere Einsatzmöglichkeiten, die hier genauer betrachtet werden sollen.

Von Seiten der durchführenden Behörde ist darauf zu achten, dass nicht alle Zertifikate in Umlauf gebracht werden. Dadurch können nicht nur Marktzutrittsbarrieren vermieden werden, es kann auch durch Sonderzuteilungen eine Lenkungswirkung erzielt werden: beispielsweise für den Fall, dass ein Unternehmen frühzeitig eine innovative, emissionsmindernde Technologie eingeführt hat. Ohne Sonderzuteilungen würde ein solches Unternehmen dadurch benachteiligt, dass es weniger Zertifikate bekommt als „weniger innovative Konkurrenten" (Koschel, 1998, S. 62). Bei der Vergabe der Sonderzuteilungen muss allerdings darauf geachtet werden, dass das vorgegebene Gesamtemissionsziel nicht überschritten wird (Hansjürgens, Fromm, 1994, S. 487).

Sonderzuteilungen können auch für Unternehmen erfolgen, die sich freiwillig an dem Programm beteiligen oder für Unternehmen, die zwar von der reinen Emissionsmenge her nachteilig sind, sich aber durch andere ökologische Aspekte auszeichnen (z. B. Kraft-Wärme-Kopplung).

4.3.5 Temporäre Ausgestaltung

Bei der temporären Ausgestaltung geht es sowohl um die zeitliche Ausgestaltung des gesamten Zertifikatesystems als auch um die Gültigkeit der einzelnen Zertifikate. Grundsätzlich kann zwischen zeitlich befristeten und unbefristeten Zertifikaten unterschieden werden.

Befristete Zertifikate verlieren nach Ablauf eines vorher festgelegten Zeitraumes ihre Gültigkeit. Sie geben der durchführenden Behörde die Chance, die Emissionen weiter zu reduzieren, indem in der nächsten Periode die Zahl der ausgegebenen Zertifikate reduziert wird (Koschel, 1998, S. 64). Gegen zeitlich befristete Zertifikate spricht eine geringe Planungssicherheit für die Unternehmen. Je geringer diese Sicherheit, desto weniger sind die Unternehmen bereit, in technische Innovationen zu investieren. Bei einer langfristigen Gesamtlaufzeit des Programmes wird diesem Aspekt jedoch vorgebeugt. Eine weitere Gefahr könnte in der Lähmung des Handels von Zertifikaten bestehen (Bonus, Häder, 1998, S. 38).

---

[5] Hierzu gehört z. B. die Mobilisierung von Emissionsreserven (Koschel, 1998, S. 61).

Werden zeitlich unbefristete Zertifikate entweder in Verbindung mit Abwertungen oder mit staatlichem Aufkauf[6] (Koschel, 1998, S. 64) verbunden, so ist mit einer Verbesserung des Umweltzustandes zu rechnen. Ein Nachteil ergibt sich aus der Tatsache, dass zwar die Gesamtemissionsmenge festgelegt wird, jedoch die intertemporale Verteilung dieser Emissionen unberücksichtigt bleibt (Weinmann, 1998, S. 66). Ein Vorteil ist die größere Freiheit bei der individuellen Festlegung des Emissionszeitpunktes durch die Unternehmen (Welsch, 1994, S. 185). Unterstellt man jedoch moral hazard, so wird dieser Vorteil rasch entkräftet.

Bezüglich der Laufzeit der vergebenen Zertifikate sind die Gefahren strategischer Verhaltensweisen (Hortung) und der Aspekt der Planungssicherheit für die Unternehmen zu berücksichtigen. Eine Staffelung der Beteiligten nach ihren Emissionsmengen spricht u. a. für eine kürzere Laufzeit der Zertifikate. So können – ähnlich wie bei dem ACID RAIN PROGRAM[7] – zuerst die größten Emittenten an dem Zertifikatesystem teilnehmen und nach und nach alle anderen. Ein weiterer Grund für die kürzere Laufzeit ist die weitestgehende Vermeidung von strategischen Verhaltensweisen.

Die Frage nach der Gültigkeit der Zertifikate ist schnell geklärt. In den Praxisbeispielen (Kapitel 3.4) hat sich herausgestellt, dass eine kürzere Gültigkeit, beispielsweise 1 Jahr, vorzuziehen ist.

4.3.6 Intertemporäre Ausgestaltung

Entscheidet man sich für die zeitliche Befristung, so muss gleichfalls eine Vereinbarung über die intertemporäre Ausgestaltung auf Basis der bereits festgelegten Laufzeit eines Zertifikats erfolgen. Die beiden vor diesem Hintergrund interessanten Ausgestaltungsmöglichkeiten sind das sogenannte Banking und Borrowing.

Unter Banking versteht man die Aufbewahrung von Zertifikaten für zukünftige Nutzung (Tietenberg, 1998, S. 30). Sollte ein Unternehmen in einem Jahr weniger emittiert haben als erwartet bzw. einen Überschuss an Zertifikaten haben, so kann er diese aufbewahren. Die sich daraus ergebenden Vorteile liegen auf der Hand: „Durch das Banking wird die Investitionsbereitschaft in frühen Perioden gefördert und Emissionsreduktionen vorgezogen" (Koschel, 1998, S. 57). Außerdem wird das Emissionsziel weder zeitlich noch mengenmäßig überschritten (Endres, Schwarze, 1998, S. 178). Eine Ausgestaltung des Zertifikatesystems ohne Banking hätte den

[6] Man spricht hierbei von einer Offenmarktpolitik.
[7] Vergleiche Abschnitt 3.5 *Zertifikate in der Praxis.*

Nachteil, dass innovative Unternehmen (gerade beim Grandfathering) bestraft würden, indem sie durch die Beibehaltung des Status Quo weniger Zertifikate erhielten. Gerade bei der Anwendung des Modells auf Schadstoffe, die eine hohe Verweildauer haben, ist zu prüfen, ob die frühzeitige Minder-Emission nicht als besonders vorteilhaft zählen soll. In diesem Fall ist sogar eine Verzinsung möglich. Diese Vorgehensweise widerspricht allerdings der vorherigen Festlegung einer festen Baseline, auf deren Basis sich die gesamte zu reduzierende Emissionsmenge berechnet. Die zulässige (Rest)-Gesamtemissionsmenge würde sich durch diese Verzinsung erhöhen, ein solcher Ansatz ist daher zu verwerfen.

Beim Borrowing dürfen Zertifikate vor dem vereinbarten Zeitraum genutzt werden, es handelt sich also um das Vorziehen von zukünftigen Emissionen (Bayer, Cansier, 1999, S. 5). Dazu können die vorher genutzten Mengen ggf. verzinst zur Verfügung gestellt werden oder bleiben unverzinst. Für den Fall, dass Borrowing erlaubt ist, würden ökologisch ineffiziente Unternehmen belohnt. Beide Aspekte würden die Flexibilität eines Zertifikatesystems fördern, jedoch besteht gerade im Fall von Borrowing die Gefahr eines Missbrauchs.

4.3.7 Kontroll- und Sanktionssystem

Damit die Behörde kontrollieren kann, ob sich die teilnehmenden Unternehmen auch an die ihnen erlaubte Emissionsmenge halten, ist ein funktionierendes Kontroll- und Sanktionssystem zwingend. Dabei sind wiederum die beiden Fälle Einzelquellenmessung und Gruppen-/Durchschnittsmessung (vgl. Abschnitt 4.2.2) zu unterscheiden. Im ersten Fall ist die Installierung eines Systems vorstellbar, das kontinuierlich die Emissionen misst. Im zweiten Fall ist anhand der Intensitäten der Nutzung, die im allgemeinen schon dokumentiert werden oder alternativ dokumentiert werden müssten, die zugehörige Emissionsmenge zu ermitteln. So würden beispielsweise bei den bereits angesprochenen Hoftorbilanzen Veränderungen in den Produktionsmitteln (z. B. Kühe) direkt in Emissionsmengen umgerechnet werden. Daher werden nur die Mengenänderungen der Produktionsmittel verfolgt – speziell einzurichtende Messpunkte sind nicht erforderlich.

Eine Überschreitung der durch Zertifikate abgedeckten Mengen muss unabhängig vom jeweiligen Fall mit „schmerzhaften“ Sanktionen verbunden sein, um strategisches Verhalten zu verhindern. Die Androhung von hohen Bußgeldern wäre eine Möglichkeit, wobei jedoch zu beachten ist, dass die Strafe höher sein muss als die Kostenersparnis durch zusätzliche Emissionen. Außerdem gilt: je höher das angedrohte Bußgeld ist, desto weniger häufig müssen Kontrollen stattfinden (Welsch,

1994, S. 191). Ist jedoch das Bußgeld aus Sicht der Unternehmen zu hoch, so verliert das Sanktionssystem unter Umständen seine Glaubwürdigkeit und die Akzeptanz einer Zertifikatslösung sinkt.

4.3.8 Spezifische Besonderheiten

In diesem Abschnitt werden Besonderheiten bei der Ausgestaltung eines Zertifikatesystems erläutert. Eine Möglichkeit ist z. B. das sogenannte Opt-In-Programm. Unternehmen, die nicht zum Kreis der Beteiligten eines Zertifikatesystems gehören, können sich freiwillig daran beteiligen. Dies ist vor allem für Diejenigen interessant, die sehr niedrige Vermeidungskosten haben. Indem sie günstiger als andere Emissionen vermeiden können, sind sie in der Lage, die ihnen zugeteilten Zertifikate mit Gewinn auf dem Markt zu verkaufen. Käufer werden dann Unternehmen sein, deren Vermeidungskosten wesentlich höher liegen. Um an dieser Stelle strategischen Verhaltensweisen vorzubeugen, ist es ratsam, die Beteiligung nach dem freiwilligen Opt-In verbindlich zu machen. Gehört ein Unternehmen also einmal zu dem Kreis der Beteiligten, so gelten die gleichen Regeln wie für alle anderen.

Eine weitere Möglichkeit ist die (passive) Einbeziehung von Privaten. Das ist durch die Abgrenzung der Markttteilnehmer für den Handel der Umweltzertifikate zu regeln. Können Nicht-Beteiligte auf diesem Markt als Käufer auftreten, so sind im Extremfall alle Privatpersonen, Vereine, Verbände und juristische Personen zurechenbar. Gerade letztere lassen erkennen, dass eine sinnvolle Abgrenzung wichtig ist, da sonst „Unbeteiligte" Wettbewerbsnachteile für die Beteiligten begünstigen können, indem sie zu einer künstlichen Verknappung der Zertifikatsmenge beitragen. Eine passive Beteiligung auf der Angebotsseite ist grundsätzlich abzulehnen, da die Zertifikate sonst eine weitere spekulative Kapitalanlage darstellen würden, was dem umweltpolitisch gewünschten Marktmechanismus durch die falsche Marktabgrenzung zuwiderlaufen würde.

Durch das soeben vorgestellte 8-Phasen-Modell sind alle notwendigen Bedingungen erfüllt, damit ein Zertifikatsmodell zum Einsatz kommen kann. Sollte sich im Laufe der 8-Phasen herausstellen, das sich unlösbare Probleme bei der Ausgestaltung ergeben (beispielsweise weil keine Gruppen-/Durchschnittsmessung möglich ist und gleichzeitig die Installationskosten für Einzelmessungen nur zu unvertretbar hohen Kosten möglich wäre), so ist die Zertifikatslösung wiederum zu verwerfen.

Für den positiven Fall, dass alle Punkte erfolgreich abgearbeitet werden können und das Modell damit anwendbar ist, gelang man in die nächste Stufe, die Überprüfung der spezifischen Anwendbarkeit.

4.4 Überprüfung der spezifischen Anwendbarkeit

In dieser nachfolgenden vierten Stufe eines praktikablen Zertifikatemodells wird auf Basis der vorangegangenen Validierungen und Verifikationen die spezifische Anwendbarkeit des bisher angedachten Zertifikatemodells letztmalig anhand einer Kosten-Nutzen-Analyse bewertet, bevor es zur detaillierten Ausgestaltung der einzelnen Elemente kommen kann. Daher ist es auch erforderlich, das bis zu diesem Punkt zwar alle vorangegangen Kriterien anhand einer detaillierten Checkliste eruiert wurden, der letzte Detaillierungsgrad aber nicht gefordert war. Dieser Arbeitsaufwand wird bei Nicht-Erfüllung der jetzt zu behandelnden Stufe sonst redundant.

Ein wesentlicher Punkt in dieser Stufe ist die Kosten- und Nutzenbewertung der verbliebenen Ausgestaltungsalternativen aus den Vorüberlegungen. Deren Detaillierungsgrad ist abhängig von den Kosten etwaiger grundsätzlich unterschiedlicher Alternativen, die bisher durch das Raster gefallen sind. Diese können einen gleichwertigen Effekt der bis hierhin favorisierten Zertifikatslösung liefern. Die alternativen umweltpolitischen Maßnahmen sind für den Fall relevant, wenn sie gleichwertige ökologische Effekte mit geringeren Kosten oder größere ökologische Effekte mit gleichen Kosten aus gesellschaftlicher Sicht bringen.

Je näher diese Grundsatzalternativen in ihrer Bewertung an der Kosten-Nutzen-Bilanz der angedachten Zertifikatslösung sind, desto präziser muss diese an dieser Stelle erfolgen. Es handelt sich somit um eine rollierende Detaillierung der Kosten-Nutzen-Analyse. Dieser Prozess ist in Abbildung 28 dargestellt.

Ausgehend von der Bestimmung der Vorteilhaftigkeit startet diese Detaillierungsschleife. Es wird deutlich, das die erforderlichen Vorarbeiten der vorangegangenen Stufen den Input für eine zielgerichtete Entscheidung in dieser Stufe liefern. Das ergibt sich aus dem Übergang der Ergebnisse von den Stufen 1 bis 3 zur Stufe 4 in der Abbildung. Gleichwohl ist aber die nächst präzisere Festlegung immer nur im (ggf. rollierenden) Abstimmungsprozess mit den Grundsatzalternativen möglich.

Abb. 28: Prozesse in Stufe 4

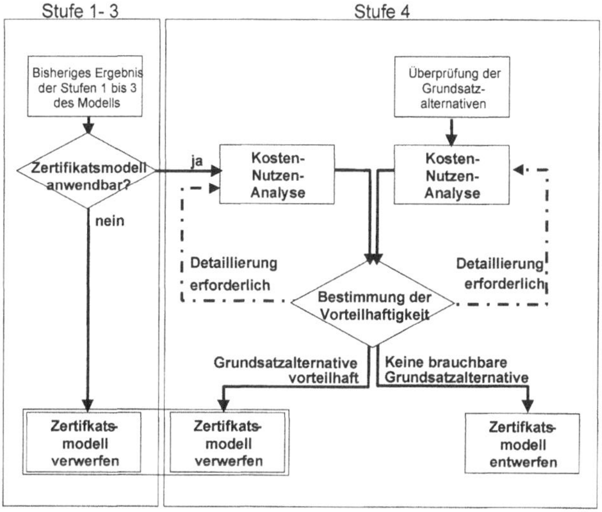

Quelle: Eigene Darstellung

Je nach Ergebnis der Kosten-Nutzen-Analyse wird dann entweder eine Zertifikatslösung endgültig verworfen oder das Zertifikatsmodell entworfen. Letztere Entscheidung stößt die nächste, die 5. Stufe an. Hier werden dann alle bisherigen Festlegungen, jetzt erweitert um die kritischen Werte, ab denen die Zertifikatslösung gegenüber einer Grundsatzalternative nicht mehr vorteilhaft ist, für die praktische Anwendung hinreichend präzisiert. Damit liefert diese Stufe genau die noch fehlenden Informationen, die für die nachfolgende endgültige Ausgestaltung benötigt werden.

Die zu untersuchenden Faktoren in dieser Stufe lassen sich, wie in Abbildung 29 dargestellt, grundsätzlich in ihre Relevanz für Staat bzw. durchführende Institution und die Beteiligten unterscheiden. Diese beiden Bereiche sollen im Folgenden genauer betrachtet werden. Das Ergebnis dieser Arbeit liefert die Restriktionen, die sicherstellen, dass ein Zertifikatsmodell auch noch die „beste Lösung" bleibt. Ansonsten würde die Gefahr bestehen, das Ziel vor lauter guten Vorsätzen aus den Augen zu verlieren.

Abb. 29: Stufe 4

Auszug aus der Kosten-Nutzen-Analyse

Für den Staat
- **Kosten der Implementierung**
- **Untersuchung der benötigten Messpunkte**
- **Kosten der Kontrolle und Durchführung**

Für die Beteiligten
- **Arbeitsumfang bei der Implementierung**
- **Mögliche Auswirkungen auf den Produktionsumfang**
- **Finanzielle Effekte der Zertifikatseinführung**

Quelle: Eigene Darstellung

Im Folgenden soll versucht werden, die durch die Einführung eines Zertifikatesystems entstehenden Kosten aufzudecken. Dabei wird in die Kosten auf Seiten des Staates unterschieden und in die Kosten auf der Seite der Beteiligten. Die aufgeführten Kosten gelten für eine möglichst geringe Komplexität des Zertifikatesystems. Je komplexer die Ausgestaltung ist, desto höher sind dementsprechend auch die Kosten für die Implementierung und Durchführung.

4.4.1 Kosten für den Staat/für die durchführende Institution

Die entstehenden Kosten werden in der Reihenfolge der in Kapitel 4 *Methodischer Ansatz* behandelten Abschnitte untersucht, d. h. anhand der einzelnen Stufen. Deshalb beginnt die Untersuchung der entstehenden Kosten bei der Überprüfung der Relevanz der Schadstoffe. Wie bereits zu Beginn von Kapitel 4.1 erwähnt, ist die Relevanz der Schadstoffe innerhalb der Untersuchungen für den Kyoto-Vertrag bewiesen worden. An dieser Stelle entstehen also keine zusätzlichen Kosten für den Staat. Aus diesem Grund müssen die einzelnen Kriterien der Stufe 1 nicht berücksichtigt werden.

In Stufe 2 entstehen die Kosten für reine Arbeitsaufwendungen. Die Untersuchung der einzelnen Kriterien – vor allem 1, 3, 4 und 5 – würden ebenfalls vor der Einführung anderer umweltpolitischer Instrumente anfallen.

Die in Stufe 3 anfallenden Kosten gehören in den Bereich der Implementierung und Durchführung. Durch eine entsprechende Ausgestaltung des 8-Phasen-Modells kann versucht werden, die Kosten so gering wie möglich zu halten. Dies geht vor allem in der ersten Phase, der Schaffung institutioneller Rahmenbedingungen durch die Angliederung an die Umweltbehörde.

In der zweiten Phasen fallen keine Kosten an, da der gewünschte Umweltzustand durch die Verpflichtungen innerhalb des Kyoto-Vertrages vorgegeben ist. Geht man von einer bereits festgelegten Ausgestaltung in den Phasen 3, 4, 5, 6 und 8 aus, so fallen hier nur Verwaltungskosten an. Die Kosten für ein funktionierendes Kontroll- und Sanktionssytem dürften für eine Zertifikatslösung nicht höher sein als bei Auflagen oder Steuern.

Zusammenfassend können vor allem Mehrkosten für eine Zertifikatslösung im Bereich der Ausgestaltung festgehalten werden, da diese aufwendiger als bei anderen Instrumenten ist. Durch die Kontrolle des Zertifikatehandels, durch Seriennummern der Zertifikate und die damit verbundenen Informationen entstehen auch in diesem Bereich eventuell höhere Kosten.

Eine genaue Bezifferung der Höhe der Kosten muss zumindest abschätzend erfolgen und ist im Rahmen der rollierenden Bestimmung der Vorteilhaftigkeit gegebenenfalls schrittweise weiter zu detaillieren. So ist ab einem bestimmten Niveau auch eine genaue Untersuchung des benötigten Personals inklusive der damit verbundenen Kosten erforderlich. Des weiteren müssten Kosten für die Büros und die Ausstattung der Mitarbeiter berücksichtigt werden. Die hier gewonnenen Informationen fließen dann direkt in die nächste Stufe mit ein, falls es nicht doch noch zu einem Verwerfen der Zertifikatslösung kommt.

4.4.2 Kosten für die Beteiligten

Zusätzlich zu den Kosten auf der Seite des Staates entstehen auch auf Seiten der Beteiligten Kosten, die letztendlich auf die Akzeptanz des Modells großen Einfluss nehmen. Es ist auch hier davon auszugehen, dass die entstehenden Kosten nicht unbedingt höher sind als die bei anderen Instrumenten. Ganz allgemein kann festgehalten werden, dass Umweltzertifikate das Instrument mit der größten ökonomischen Effizienz sind. Das äußert sich an dieser Stelle darin, dass die Beteiligten je nach ihrer Kostenstruktur handeln können.

Der Arbeitsumfang der Implementierung eines umweltpolitischen Instruments entsteht vor allem durch die Sicherstellung einer kontinuierlichen Messung der

Emissionen. Hierbei ist es wiederum nicht von Interesse, um welches Instrument es sich handelt, da bei allen gängigen Maßnahmen Kontrollen durchgeführt werden müssen. Die Kosten, die durch Messanforderungen entstehen, hängen zum einen wiederum direkt mit der Notwendigkeit von Einzelquellenmessungen oder Gruppen-/Durchschnittsemissionen ab (vgl. Abschnitte 4.2.3 und 4.3.7), zum anderen logischerweise von den Installations-, Wartungs- und Übermittlungskosten einer passenden Lösung ab.

Definitive Zusatzkosten einer Zertifikatslösung entstehen durch die Mehrkosten bei der Führung eines Emissionskontos.[8] Die Transaktionskosten, die durch den Handel der Zertifikate entstehen, dürften eher gering sein, da dieser vorwiegend über das Internet bzw. über die Umweltbehörde abgewickelt wird.

Die möglichen Auswirkungen auf den Produktionsumfang dürften ebenfalls nicht anders als bei der Einführung eines anderen Instruments sein, denn eine Internalisierung der externen Kosten der Produktion wurde – unabhängig vom eingesetzten Instrument – in Abschnitt 3.1.1 *Externe Effekte* in Abbildung 13 gezeigt. Es muss allerdings sichergestellt werden, dass eine einseitige Belastung einer einzigen Produktionsart vermieden wird. Unter Umständen würde in diesem Fall nur eine Verlagerung der Produktion ins benachbarte Ausland erfolgen, was äußerst kontraproduktiv wäre.

Entscheidet man sich nicht für den Erstausgabemechanismus des Grandfathering sind die Kosten der Initial-Investition in Zertifikate die dominante Kostengröße. Diese lässt sich aus dem angestrebten/prognostizierten Marktpreis und der erforderlichen Zertifikatsmenge prognostizieren.

Den Ausgaben gegenzurechnen sind etwaige Einnahmen für emissionsschonende Unternehmen: Für Unternehmen mit umweltschonender Produktion könnte die Einführung eines Zertifikatesystems mit positiven finanziellen Effekten verbunden sein. Der gleiche Effekt gilt für Unternehmen mit niedrigen Vermeidungskosten[9].

4.5 Darstellung einer Zertifikatslösung

Als Vorarbeit für diese Stufe müssen alle vorgenannten Stufen aus Sicht einer Anwendbarkeit von Umweltzertifikaten erfolgreich durchlaufen werden. Der Weg in diese letzte Stufe vor der praktischen Anwendbarkeit eines „fertigen Modells“ liefert alle erforderlichen Kriterien mit den

---

[8] Vergleiche hierzu Abschnitt 5.1.6 Intertemporäre Ausgestaltung.
[9] Siehe hierzu die Ausführungen in den Abschnitten 3.3.5 Zertifikate und 4.3.4 Sonderzuteilungen.

- vorhandenen/erarbeiteten Informationen,
- verbleibenden Ausgestaltungsmöglichkeiten und den
- einzuhaltenden Restriktionen,

damit das Zertifikatsmodell auch noch die beste Lösung darstellt (*first-best*-Lösung). Die entsprechenden Erklärungen zu den vorangegangenen Stufen sowie eine Rechtfertigung für deren Notwendigkeit und Nutzen in Bezug auf die Zielsetzung eines Zertifikatemodells als umweltpolitisches Instrument finden sich in den vorangegangenen Abschnitten und sollen an dieser Stelle nicht wiederholt werden.

Da die genaue Entscheidung auf Basis der verbliebenen Freiheitsgrade auch immer ein politischer Prozess ist, an dem alle Betroffenen durch die umweltpolitische Maßnahme beteiligt werden müssen, kann es nicht Sinn dieser Arbeit sein, diesen Versuchen vorzugreifen. Im Mittelpunkt steht vielmehr die Unterstützung in Form eines umfassenden, ausgewogenen und zugleich praktikablen Planungs- und Entscheidungsmodells. Das ist um so schwieriger, da einige der Entscheidungstatbestände sich nicht quantitativ, sondern bestenfalls qualitativ messen lassen – sollte es zu einer Übereinstimmung in der Wahrnehmung aller beteiligten Gruppen kommen.

Es soll daher abschließend eine Ausgestaltungs-Check-Liste, die das Ergebnis der Stufen 1 – 4 sein könnte, exemplarisch dargestellt werden. Dabei ist zu beachten, dass der Stellenwert und damit die Gewichtung der einzelnen Kriterien, deren Freiheitsgrade usw. ebenfalls im Rahmen des Durchlaufens des Modells eruiert wurden, durch die Beteiligten am Prozess mit beeinflusst wird. Auch an dieser Stelle müssen für das letztlich fiktive Beispiel Abstriche gemacht werden. Diese Restriktionen haben aber keinerlei Einschränkung für die grundsätzliche Vorgehensweise zur Folge.

Alle Prozesse können entsprechend der vorgestellten Stufen abgearbeitet werden und münden dann in die Abarbeitung der verbleibenden Entscheidungstatbestände und deren Einschränkungen, Zusatzhinweise usw. Abbildung 30 zeigt eine solche Ausgestaltungsvorlage in Form einer Checkliste auf.

Abb. 30: Checkliste (Ausgestaltungsvorlage)

Stufe 1

1. Kommt der Schadstoff in der Natur vor?
   ☐ ja, ☐ nein
2. Welche Rolle hat der Schadstoff in den natürlichen Kreisläufen?
   ☐ Schwankungen auch im natürlichen Kreislauf
   ☐ Abweichungen bis ____% können toleriert werden
3. Welche Verweildauer hat der Schadstoff in der Natur?
   Anzahl Jahre:_____ , Halbwertzeit in Jahren: _____
4. Entspricht die Entwicklung der Emissionen des Schadstoffes dem im Zeitverlauf gemessenen Durchschnitt?
5. Wer sind die Hauptemissionsquellen?
   ☐ Größten ___ % der Emittenten verursachen ____% der Emissionen
   ☐ es lassen sich keine Haupt-Emittentengruppen ausmachen
   Welche Anteile haben die einzelnen Emittentengruppen?
   Top 1 Gruppe = ____% der Emissionen
   Top 2 Gruppe = ____% der Emissionen
   Top 3 Gruppe = ____% der Emissionen
   Top 4 Gruppe = ____% der Emissionen
   zu wiederholen bis über 2/3 der Emittentengruppen dokumentiert sind
6. Wie sieht die Entwicklungsprognose des Schadstoffes aus?
   ☐ starke regionale Konzentration zu erwarten,
   ☐ akuter Handlungsbedarf

Stufe 2

1. Wie hoch ist die ungefähre Anzahl der an einer Internalisierungspolitik beteiligten Emittenten?
   ☐ innerhalb dieser Gruppe gibt es Möglichkeiten zur Clusterung
   Anzahl der größten Emittenten der Top 3 Gruppen verantworten eine Emissionemenge von insgesamt: ______ %
2. Sollen mehrere Schadstoffe neben einander berücksichtigt werden?
   ☐ zunächst 1 Schadstoff, ☐ dauerhaft nur 1 Schadstoff
   ☐ Äquivalente möglich, ☐ Verbundsystem angestrebt
3. Ist eine hinreichende Meßbarkeit des Schadstoffes gegeben?
   ☐ Einzelquellenmessung erforderlich
   ☐ Durchschnittsquellenrechnung hinreichend,
   ☐ Technologie vorhanden, kurzzeitig verfügbar
   Kosten für die Installation eines Messystems je Quelle: _____
4. Ist die Möglichkeit einer ausreichende Kontrolle gegeben?
   ☐ Personelles Problem prinzipiell lösbar
   ☐ Sanktionssystem prinzipiell durchsetzbar
   ☐ IT-Lösung möglich bzw. bis zum Programmstart in _____ verfügbar
5. Dient die Internalisierung einer Gefahrenabwehr?
   ☐ Verzögerung durch Anlaufphase bis zu _____ Jahren akzeptabel,
   ☐ Ziele müssen binnen Jahresfrist erreicht werden

Stufe 3

1. Wie sind die institutionellen Rahmenbedingungen festgelegt?
   ☐ Öffentliche Verwaltung, ☐ Kommission, ☐ Institution
2. Welcher Schadstoff wird ausgewählt?
   Falls mehrere zu berücksichtigen: Bezugsbasis ist Schadstoff:_______
3. In welcher Höhe ist die Baseline festgelegt?
   Langfristiger Zielwert (Zeitachse > Modelllaufzeit) :_______
4. Wie soll das Ziel erreicht werden ?
   ☐ linear, ☐ degressiv, ☐ progressiv
5. Welche Einheiten werden gehandelt ?
   ☐ Pfd., ☐ kg, ☐ t
6. Wer sind die Beteiligten bei der Internalisierung?
   ☐ Staat, ☐ Bundesländer, ☐ Gemeinden, ☐ Verbände
7. Welcher Erstausgabemechanismus wurde festgelegt?
   ☐ Grandfathering
   ☐ Auktion ☐ Hybridverfahren
8. Für wen gibt es Sonderzuteilungen?
   ☐ Sonderzuteilungen erforderlich: Anteil an den Zertifikatsmenge: ___%
   ☐ Alternative zu Sonderzuteilungen vorhanden ☐ nicht relevant
9. Wie ist die temporäre Ausgestaltung?:
   Laufzeit des Programms? Anzahl Jahre:_____
   Laufzeit der Zertifikate? Anzahl Monate:_____
10. Wie ist die intertemporäre Ausgestaltung?
    ☐ Banking erlaubt für ____ Monate
    ☐ Borrowing erlaubt für _____ Monate
11. Wie werden die Kontrollen sichergestellt?
    ☐ Führung von Emissionskonten,
    ☐ permanente Messungen erforderlich
    ☐ Meldepflicht im Abstand von ______ Tagen

Stufe 4

1. Welche Kosten entstehen bei der Implementierung?
   ☐ Öffentliche Verwaltung, ☐ Kommission, ☐ Institution
2. Wie hoch sind die Kosten für die Einrichtung benötigter Meßpunkte ?
   ☐ Kontrollrechnung kann permanente Messung/Erfassung ersetzen
   ☐ Bündelung durch leichte Modifikation möglich,

   Anzahl Mess-/ Erfassungspunkte:
   Anzahl Schnittstellen:
   Kosten je Mess-/Erfasungspunkt:_______
3. Wie hoch sind die Kosten der Kontrolle ?
   ☐ weitgehende Nutzung bestehender Infrastruktur
   ☐ Neue Abteilungen/Institutionen
   ☐ weitgehend automatisierte Abwicklung möglich

   resultierender Mitarbeiterbedarf: ___
4. Wie hoch sind die Kosten die Beteiligten des Systems?
   ☐ Unternehmen: _________
   ☐ Landwirtschaft: _________
5. Gibt es Alternative Instrumenten auf Basis der bis hier erzielten Erkenntnisse?
   ☐ Auflagen, ☐ Abgaben und Steuern,
   ☐ Haftungsregeln, ☐ Kooperationslösungen

   mit folgenden Vorteilen:______________
6. Wie sicher lassen sich beim vorhandenen Stand des Wissens folgende Aussagen treffen?
   Es gibt keine Lösung, die ohne staatliche Lenkung zu einem vergleichbaren Ergebnis führen? ☐ ja, ☐ nein:_________
   Es gibt keine Lösung, die unter Beachtung der Kriterien zur Bewertung umweltpolitischer Ziele, bessere Ergebnisse liefert?
   ☐ ja, ☐ nein:_____________

Stufe 5

Zusammenführung aller erarbeiteten Ergebnisse und Durchführung der detaillierten Einführungsplanung

Quelle: Eigene Darstellung

Die in Abbildung 30 dargestellte Checkliste liefert somit eine Entscheidungshilfe für ausführende Institutionen, Kommissionen oder Arbeitsgruppen, deren Ziel die Internalisierung externer Effekte ist. Werden alle Fragen gründlich beantwortet, so ergeben sich Handlungsempfehlungen bei der Wahl des in der jeweiligen Situation angemessenen und effektivsten umweltpolitischen Instruments.

4.6 Ergebnis: Das 5-Stufen-Modell

Das Ergebnis der in diesem Kapitel vorgestellten Vorgehensweise bei der Suche nach einem geeigneten Internalisierungsinstrument ist das aus den vorangegangenen Ausführungen resultierende Modell. Dieses so entwickelte 5-Stufen-Modell wird in der folgenden Abbildung 31 dargestellt. Ziel des Modells ist es, eine Entscheidungshilfe für die Wahl einer Zertifikatslösung als geeignetes umweltpolitisches Instrument zu liefern. Wurden die einzelnen entscheidungsrelevanten Aspekte in der jeweiligen Stufe positiv bewertet, so gelangt man zur nächsten. Stellt sich in einer Stufe heraus, dass eine Zertifikatslösung nicht das geeignete Instrument ist, so wird dies verworfen. Die Entscheidung basiert jeweils auf den hinreichenden und notwendigen Kriterien, die bis dahin gefordert sind, und ist plausibel. Im Anschluss an die Abbildung wird die Vorgehensweise zusammenfassend erläutert.

Abb. 31: Das 5-Stufen-Modell

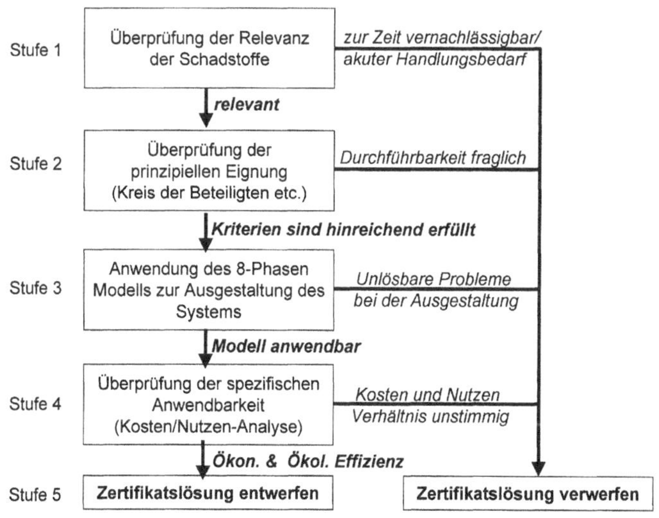

Quelle: eigene Darstellung

In Stufe 1 erfolgt die Überprüfung der Relevanz der Schadstoffe. Sind diese zur Zeit vernachlässigbar oder besteht akuter Handlungsbedarf, so wird die Zertifikatslösung verworfen. Zeigt die Untersuchung, dass der Schadstoff relevant ist, so gelangt man zu Stufe 2.

In Stufe 2 erfolgt dann die Überprüfung der prinzipiellen Eignung, d. h. die Voraussetzungen für einen erfolgreichen Einsatz von Zertifikaten werden genauer untersucht. Ist an einer dieser Stellen die Durchführbarkeit fraglich bzw. unmöglich, so wird der Einsatz einer Zertifikatslösung verworfen. Sind die Kriterien jedoch hinreichend erfüllt, so wird Stufe 3 angewendet.

In Stufe 3 kommt es zu einer ersten Anwendung des 8-Phasen-Modells zur Ausgestaltung des Systems. Entstehen im Verlauf dieser Überlegungen unlösbare Probleme bei der Ausgestaltung, so wird die Zertifikatslösung wiederum verworfen. Ergibt sich die Anwendbarkeit des Modells, so erfolgt der Übergang in Stufe 4.

In Stufe 4 erfolgt eine Überprüfung der spezifischen Anwendbarkeit, d. h. eine Kosten-Nutzen-Analyse. Ergibt sich dabei ein unstimmiges Verhältnis – überschreiten die Kosten beispielsweise bei weitem den Nutzen – so wird die Zertifikatslösung ein letztes Mal verworfen. Ist die Voraussetzung eines effizienten Verhältnisses gegeben, so gelangt man zu Stufe 5.

Nach dem nun alle Stufen erfolgreich durchlaufen wurden, wird in Stufe 5 mit der Darstellung und Ausgestaltung des endgültigen Zertifikatesystems begonnen. Soweit die detaillierte Ausgestaltung in dieser Arbeit möglich ist, wird diese in dem folgenden Kapitel 5 *Die Anwendung des 5-Stufen-Modells* erfolgen.

Die Eignung dieses Ergebnis der Forschungsarbeit soll im anschließenden Kapitel 5 *Die Anwendung des 5-Stufen-Modells* anhand von praxisrelevanten Anwendungsfällen geprüft werden. Es folgt zuerst die Ausgestaltung für den allgemeinen Fall und im Anschluss daran die Einbindung der Landwirtschaft in die in dieser Arbeit berücksichtigten Gase Kohlendioxid, Methan und Stickstoff.

5. Die Anwendung des 5-Stufen-Modells

Der Hauptteil der Arbeit liegt in der Entwicklung des 5-Stufen-Modells. Die folgenden Anwendungen auf drei klimarelevante Gase dienen primär dazu, den Nutzen des Modells und die Anwendbarkeit zu verdeutlichen.

Die Grundlagen für dieses Kapitel liefern die vorangegangenen Kapitel. Ausgangspunkt war das 2. Kapitel *Klimaschutz unter Einbeziehung der Landwirtschaft*. Im 3. Kapitel wurden durch die Aufbereitung der umweltpolitischen Theorie und Praxis und im 4. Kapitel durch die Erstellung des Modells die hinreichenden Voraussetzungen für den Lösungsaufbau in diesem Kapitel erläutert.

Die Entwicklung des 5-stufigen Modells mit seinen Bearbeitungsschritten und den zu klärenden Fragen (siehe dazu auch die Checkliste in Abschnitt 4.5) liefert das „Rüstzeug". Dieses wird im Folgenden für den in dieser Arbeit im Fokus stehenden *Klimaschutz unter Einbeziehung der Landwirtschaft* angewendet und gleichzeitig auf seine Praktikabilität hin überprüft.

Dazu wird analog zum 2. Kapitel die Anwendbarkeit auf die Gase Kohlendioxid, Methan und Stickoxide untersucht. Da die Vorgehensweise für alle Gase synchron verläuft, werden in Abschnitt 5.1 *Generelle Ausgestaltung und Anwendung eines Zertifikatesystems* die allgemeinen Rahmenbedingungen für die Modellierung eines Zertifikatesystems festgelegt.

In den einzelnen Phasen wird nacheinander untersucht, wie die Einführung eines Zertifikatesystems für die Gase aussehen könnte, d. h. den Spezifika der einzelnen Gase wird in den Abschnitten 5.2 Kohlendioxid, 5.3 Methan und 5.4 Stickstoff Rechnung getragen. Dazu zählt vor allem die Einbeziehung der Landwirtschaft in das Modell: So ist die Landwirtschaft Mitverursacher von Emissionen, wie z. B. bei Methan, oder mit Hilfe der Landwirtschaft können Emissionen, wie z. B. Kohlendioxid, gebunden werden.

Ziel dieses Kapitels ist zudem die Prüfung, ob eine Zertifikatslösung nicht zugunsten eines alternativen Instruments zu verwerfen ist. Unter Berücksichtigung des Bewertungskatalogs wird die Effizienz und Effektivität der Zertifikatsanwendung herausgestellt[1]. Ein wichtiger Aspekt bei der Erarbeitung einer generellen Ausgestaltung ist vor allem die Anwendungen von Zertifikatslösungen in der Praxis. Selbstverständlich fließen die bereits vorgestellten Erfahrungen aus den bisherigen Praxisanwendungen in die folgenden Ausgestaltungsempfehlungen ein. Ob und

[1] Um sicherzustellen, dass dieses Ziel nicht verloren geht, werden die Erfüllung der Kriterien des Bewertungskatalogs daher im 6.Kapitel abschließend geprüft.

inwieweit diese Lösung für die einzelnen Gase empfehlenswert und durchführbar ist, wird dann in Kapitel 6 *Abschließende Beurteilung* beschrieben.

5.1 Generelle Ausgestaltung und Anwendung eines Zertifikatesystems

Der Aufbau von Abschnitt 5.1 erfolgt identisch zu den in Abschnitt 4.3 *Anwendung des 8-Phasen-Modells* vorgestellten Ausgestaltungsmöglichkeiten von Zertifikaten:

5.1.1 Institutionelle Rahmenbedingungen
5.1.2 Gewünschter Umweltzustand
5.1.3 Erstausgabemechanismus
5.1.4 Sonderzuteilungen
5.1.5 Temporäre Ausgestaltung
5.1.6 Intertemporäre Ausgestaltung
5.1.7 Kontroll- und Sanktionssystem
5.1.8 Spezifische Besonderheiten

In den folgenden Unterabschnitten werden jeweils die für alle zu betrachteten Emissionen relevanten Ausführungen beschrieben. Die spezifischen Aspekte finden sich dann in den entsprechenden Abschnitten wieder, in dem das Modell ausführlich für das Gas angewendet wird.

5.1.1 Institutionelle Rahmenbedingungen

Bevor die einzelnen Möglichkeiten der Ausgestaltung diskutiert werden, müssen zu Beginn die institutionellen Rahmenbedingungen festgelegt werden. Damit wird bestimmt, wer für die Durchführung der Implementierung zuständig und wer für den späteren Handel und die Einhaltung des Kontroll- und Sanktionssystems verantwortlich ist – wobei diese beiden Bereiche durchaus von einer Institution übernommen werden können.

Eine Kommission aus den Beteiligten ist mit zusätzlichen Kosten für die von der Maßnahme Betroffenen verbunden. Obwohl diese ja aus umweltpolitischer Sicht die „Übeltäter" sind, werden zusätzliche Kosten für die Verwaltung die Akzeptanz reduzieren. Die Ermittlung der Kostenanteile für alle am System Beteiligten kann ein weiteres Problem darstellen. Neben der reinen „1:n-Lösung" kommt noch die anteilige Kostenbeteilung auf Basis der Emissionspunkte und/oder der Emissionsmengen in Frage. All diese Punkte umgeht man, indem man vorhandene öffentliche Institutionen für die Verwaltung nutzt[2]. Um möglichst schnell – nämlich zu Beginn des Jahres 2004 – mit dem Handel der Zertifikate beginnen zu können, ist es sinnvoll auf bestehende Strukturen zurück zugreifen. Das bedeutet eine Angliederung an die Umweltbehörde. Durch diesen Schritt werden Kosten gespart, was wiederum zu Zeiten von leeren öffentlichen Kassen die Akzeptanz des Instruments erhöht. Eine Umlage im Rahmen der Zertifikatsausgabe ist nicht möglich, da sich der Preis am Markt bestimmt und ein Verkauf der ausführenden Instanz zur eigenen Kostendeckung nicht marktkonform ist. Über die genaue Höhe der Einsparungen kann an dieser Stelle keine Aussage gemacht werden.

5.1.2 Gewünschter Umweltstandard

1. Auswahl der Schadstoffe
2. Festlegung einer Baseline
3. Bestimmung der Einheiten
4. Auswahl der Beteiligten

Die Wirkungsweise der einzelnen Gase ist in Kapitel 2 erläutert worden. Um einer weiteren Erwärmung der Atmosphäre vorzubeugen, ist es zunächst sinnvoll, die Emissionen zu minimieren. Die folgende Abbildung 32 zeigt zum einen die Höhe der Emissionen einzelner Gase und zum anderen die im Kyoto-Protokoll festgelegte Selbstverpflichtung von Deutschland.

Abb. 32: Kyoto-Verpflichtungen von Deutschland

	Deutschland
Alle Kyoto-Gase	
1990	1.175.088
1998	968.252
CO_2	
1990	1.014.500
1998	886.181
Kyoto- Zielvereinbarung	**- 8 %**
Selbstverpflichtung	**- 21 % (- 25 % bei CO_2)**

Alle Angaben in Gigagramm (10^9Gramm)

Quelle: verändert entnommen aus UNFCCC, 2000, S. 7

[2] So geschehen bei den Milchquoten.

Auswahl der Schadstoffe

Um das Kyoto-Ziel zu erreichen, müssen die relevanten Einflussfaktoren ermittelt werden. Gemäß den Ausführungen im 2. Kapitel rücken somit die Gase CO_2, Methan und Stickstoff in den Mittelpunkt der Betrachtung, da sie als Hauptquellen des Treibhauseffektes angesehen werden und zusammen rund 68 % der relevanten Emissionen verantworten[3].

Festlegung der Baseline

Das Reduktionsziel des Kyoto-Vertrages soll bis zum Ende des Jahres 2012 erreicht werden. Um die Transaktionskosten für die Implementierung des Zertifikatesystems so gering wie möglich zu halten, ist es sinnvoll, die Werte der Selbstverpflichtung als Baseline zu nehmen. Dadurch werden nicht nur Zeit und Kosten gespart, es wird hierdurch auch die Dauer des Systems bestimmt (2012). An dieser Stelle ist das Einsparpotenzial der Kosten sehr hoch, da auf die im Kyoto-Vertrag unterschriebenen Verpflichtungen zurückgegriffen werden kann.

Unter Beachtung der Bewertungskatalog-Kriterien „I. Ökologische Effektivität" und „II. Ökonomische Effizienz" sind durch den Kyoto-Vertrag entsprechende Vorgaben vorhanden: Durch eine Zertifikatlösung wäre die Zielerreichung durch die Anbindung an eine öffentliche Institution (statische Effizienz) sowie das Procedere sichergestellt[4]. Sollte der Ausgangswert zu niedrig angesetzt sein, d. h. den Unternehmen fällt es leicht, die geforderten Reduzierungen einzuhalten, wird es zu Beginn des Systems zu Einbußen sowohl bei der ökologischen Effektivität als auch bei der ökonomischen Effizienz kommen. Jedoch wird es durch den Marktmechanismus, der bei einem Zertifikatsystem greifen kann, im zweiten, spätestens aber im dritten Jahr zu einem effektiven Handel kommen. Das ändert nichts an der grundsätzlichen Eignung.

In Bezug auf „VIII. Politische und gesellschaftliche Akzeptanz" ist es sinnvoll, die Baseline durch eine lineare Abnahme der Emissionen zu erreichen. Dadurch wird eine hohe Planbarkeit für die Beteiligten bis zum Ende des Zertifikatesystems erzielt. Die Grafik, die diese Aspekte darstellt ist, in einer allgemeingültigen Form in Kapitel 4.3.2 *Gewünschter Umweltzustand* entwickelt worden und wird im folgenden Kapitel (5.2 *Modellaufbau für Kohlendioxid*) für den speziellen Fall vorgestellt.

Bestimmung der Einheiten

Nach der Wahl des Schadstoffes und der Festlegung der Baseline in diesem Kapitel muss nun die Einheit bestimmt werden, für die ein Zertifikat gültig ist. Die Erfahrungen (Kapitel 3.4 *Zertifikate in der Praxis*) haben gezeigt, dass in der Mehrheit der aufgeführten Beispiele ein Zertifikat der erlaubten Emission von einer

[3] Vgl. Abbildung 5, Abschnitt 2.2.4

[4] Fragen der dynamischen Effizienz als zweiter Bestandteil der Ökonomischen Effizienz werden nachfolgend noch behandelt.

Tonne des Schadstoffes entsprach. Für den Fall einer Einführung des Zertifikatesystems für Stickstoff bzw. Methan können diese auf Basis der relativen Gewichtseinheit pro Gewichtseinheit in CO_2-Äquivalente umgerechnet werden[5]. Eine Tonne Methan entspricht demnach 58 t CO_2 und eine Tonne Stickoxid 206 t CO_2.[6]

Auswahl der Beteiligten

Es stellt sich nun die Frage nach den zu beteiligenden Unternehmen. Wie bereits in Kapitel 3.4 *Zertifikate in der Praxis* beschrieben, ist es sowohl aus ökonomischen als auch ökologischen Gründen nicht sinnvoll, jeden Emittenten an dem System zu beteiligen. Im Fall von Kohlendioxid kann z. B. nicht jeder Autofahrer als Emittent in der Modellierung berücksichtigt werden. Im Fall von Methan kann nicht jedes emittierende Schaf bzw. jede Kuh individuell berücksichtigt werden. Das gleiche gilt für Stickstoffe, da nicht jeder Gärtner, der seinen Garten düngt, berücksichtigt werden kann. Deshalb muss festgestellt werden, wer die Hauptemittenten sind bzw. wie der Kreis der am Zertifikatshandel zu Beteiligten sinnvoll eingeschränkt wird. Dies kann z. B. durch eine Emissionsgrenze festgelegt werden, bei deren Überschreitung eine Teilnahme verpflichtend ist und bei der diejenigen Emittenten betroffen sind, die die höchsten Emissionen haben. So können – ähnlich wie bei dem ACID RAIN PROGRAMM[7] – zuerst die größten Emittenten an dem Zertifikatesystem teilnehmen und nach und nach alle anderen. Eine Abbildung mit den größten Emittenten findet sich jeweils in den zugehörigen Abschnitten der einzelnen Gase.

5.1.3 Erstausgabemechanismus

Das Grandfathering erfüllt die Anforderungen an eine gerechte, d. h. eine weitgehende Gleichstellung aller Anlagen und eine politisch akzeptable Lösung der Erstausgabe[8]. Anhand des Status Quo der Emissionen in den vergangenen Jahren bekommt jedes beteiligte Unternehmen im Ausgangsjahr Zertifikate zugeteilt. Somit kennt jedes Unternehmen die ihm genehmigten Belastungsgrenzen und es kann so von einer guten Planbarkeit für die Unternehmen ausgegangen werden. Für den Fall, dass der Status Quo nicht schon vor der Erstausgabe um einen bestimmten Prozentsatz gemindert wird, entsteht keine Verbesserung der Umweltqualität im ersten Jahr. Geht man allerdings von einem Wirtschaftswachstum aus, so ist die Beibehaltung dieses Status Quo schon ein Erfolg.

---

[5] Eine Umrechnung anhand der Bezugsgröße Gewichtseinheiten ist gegenüber dem Molekül vorzuziehen, da die Emissionen ebenfalls in Gewichtseinheiten gemessen werden. Siehe zu den Wertangaben auch Abb. 6 in Abschnitt 2.2.4 *Relevante Aspekte des Treibhauspotenzials.*

[6] Die Werte entsprechen dem relativen Treibhauspotenzial pro Gewichtseinheit.

[7] Vergleiche Abschnitt 3.5 *Zertifikate in der Praxis*

[8] Die Voraussetzungen für die erfolgreiche Erstausgabe der Zertifikate wurden bereits in Kapitel 4.3 *Anwendung des 8-Phasen Modells* erläutert.

Um eine Benachteiligung von Neuemittenten zu vermeiden, kann ein bestimmter Prozentsatz der Zertifikate von der ausführenden Stelle einbehalten werden. Diese können dann – bei entsprechenden Genehmigungen – zu Beginn ebenfalls kostenlos an die Neuemittenten verteilt werden. Bei den Genehmigungen für die Neuanlagen ist jedoch darauf zu achten, dass diese den ökologischen Anforderungen genügen.

Für die Berechnung der zu reduzierenden Emissionen für einen Schadstoff A empfiehlt sich folgende Formel, die auch dem US-amerikanischen Reclaim-Programm zugrunde gelegt wurde:

$$(1.1) \quad RM_A = \frac{(AW_A - EW_A)}{D_A}$$

RM_A = die jährliche Reduktionsmenge des Schadstoffs A
AW_A = Ausgangswert (Ist-Emission) des Schadstoffs A zum Startzeitpunkt
EW_A = Zielwert (Baseline) des Schadstoffs A am Ende des Programms
D_A = Dauer des Programms (in Jahren)

Eine lineare Funktion vereinfacht die Entscheidungsfindung der Akteure im Gegensatz zu degressiven oder progressiven Emissionsminderungen im Zeitablauf. Diese würden für die Bestimmung geeigneter Handlungsalternativen eine weitere Komplexität aufbauen, da jeder Marktteilnehmer zusätzlich die Veränderungswirkung im Bezug auf Angebotsmengen und Preiserwartungen in sein Entscheidungssystem einbauen müsste. Je einfacher die Nachvollziehbarkeit des Programms, desto höher die zu erwartende Akzeptanz. Aus diesem Grund ist eine „einfache" Lösung vorzuziehen.
Der einzige Vorteil einer degressiven Minderung wäre die schnelle Erreichung signifikanter Schadstoffreduktionen. Dies ist insbesondere vor dem Hintergrund der amerikanischen Erfahrungen wichtig, siehe hierzu das strategische Verhalten der Marktteilnehmer im übernächsten Abschnitt 5.1.5 *Temporäre Ausgestaltung*.

Ein letzter zu berücksichtigender Punkt ist die Einbeziehung der gesamtwirtschaftlichen Situation. Wie die Erfahrungen bei den US-amerikanischen Programmen gezeigt haben, sollte diesem Aspekt bei der Berechnung des Status Quo Rechnung getragen werden. Denkbar ist hier ein Abschlag bzw. je nach Entwicklung ein Aufschlag durch die Multiplikation der Formel (1.1) mit einem der gesamtwirtschaftlichen Entwicklung entsprechenden Faktor (Wirtschaftsfaktor).

Beispiel:
Fand die Berechnung des Status Quo in einem Boom statt, so muss dies in der Formel berücksichtigt werden. Ansonsten hätten die Unternehmen einen Zertifikatsüberschuss und die gewünschte Umweltverbesserung würde erst zeitverzögert eintreten.

$$(1.2)\quad RM_A = \frac{(AW_A - EW_A)}{D_A} * WF$$

RM_A = die jährliche Reduktionsmenge des Schadstoffs A
AW_A = Ausgangswert (Ist-Emission) des Schadstoffs A zum Startzeitpunkt
EW_A = Zielwert (Baseline) des Schadstoffs A am Ende des Programms
D_A = Dauer des Programms (in Jahren)
WF = Wirtschaftsfaktor

Dieses Phänomen zeigt sich am praktischen Fall der Sowjetrepubliken. Durch den wirtschaftlichen Niedergang der emittierenden Industrie und die geringe Umweltorientierung der bisherigen Produktion ist durch die reduzierte Gesamtproduktion eine drastische Emissionsminderung erreicht worden. Je nachdem, welcher Zeitraum für die Berechnung der Anfangs-Ausgabe genutzt wird, sind alle umweltpolitischen Ziele aus dem Stand erreicht. Ein nationaler Handel ist de facto irrelevant. Wenn auch nationale Anstrengungen in diesen Regionen erreicht werden sollen, muss der Wirtschaftsfaktor diesem Umstand Rechnung tragen.

5.1.4 Sonderzuteilungen

Wie oben beschrieben ist es sinnvoll, nicht alle Zertifikate sofort in Umlauf zu bringen. Durch die Einbehaltung eines bestimmten Prozentsatzes der Zertifikate wird sicher gestellt, dass die vorgegebene Gesamtemissionsmenge nicht überschritten wird. Dadurch bleibt die ökologische Effektivität des Systems gewahrt. Ein Teil der Rücklagen muss für Neuanlagen zurückgelegt werden, durch den anderen Teil können mit Sonderzuteilungen auch Lenkungswirkungen erzielt werden. Diese wären für den Fall sinnvoll, wenn z. B. Unternehmen frühzeitig innovative, emissionsmindernde Technologien eingeführt haben. Des weiteren kann somit regionalen Verteilungsaspekten Rechnung getragen werden, um eventuelle „Unzulänglichkeiten der Ausgangsverteilung“ korrigieren zu können (Hansjürgens, Fromm, 1994, S. 486).

Durch die Einbeziehung der Landwirtschaft in dieser Arbeit ergibt sich ein Sonderfall, bei dem keine Rücklagen gebildet werden müssen. Für Kohlendioxid können eventuelle Sonderzuteilungen durch den Anbau von CO_2-bindenden Pflanzen erteilt werden. Dadurch vereinfacht sich das System und die Komplexität wird in diesem Zusammenhang minimiert.

5.1.5 Temporäre Ausgestaltung

Bei der temporären Ausgestaltung müssen die beiden Kriterien *Laufzeit des Programms* und *Laufzeit der Zertifikate* definiert werden.

Durch Punkt 2 (Festlegung eines gewünschten Umweltstandards) ergibt sich die Laufzeit des Programms aufgrund der Kyoto-Zusagen bis 2012 und den angestrebten Startzeitpunkt 2004 zu 9 Jahren, von 2004 – 2012. Es gilt nun, eine Entscheidung bezüglich der Gültigkeit der Zertifikate zu treffen.

Die durchweg positiven Erfahrungen in Bezug auf die zeitliche Ausgestaltung des amerikanischen Acid Rain Programms zeigen, dass der Einsatz von zeitlich befristeten Zertifikaten sinnvoll ist. Dementsprechend erhält jedes Zertifikat eine Gültigkeit für ein Jahr, nämlich immer nur für das Ausstellungsjahr. Die Erfahrungen des Reclaim Programms zeigten, dass die vorzeitige Ausgabe aller Zertifikate zu einem Missbrauch durch die Beteiligten führte.[9] Ein erhöhter Energiebedarf in Kalifornien führte zu einer drastischen Erhöhung der Emissionen, ohne dass die Unternehmen Zertifikate im Gegenwert besaßen. Daraufhin stiegen die Preise in astronomische Höhen und der Handel wurde für kurze Zeit ausgesetzt.

Um solchen strategischen Verhaltensweisen der Beteiligten entgegenzuwirken ist es sinnvoll, die Ausgabe der Zertifikate am Jahresanfang nur für das laufende Jahr vorzunehmen. Der Kritikpunkt in Bezug auf die geringe Planungssicherheit für Unternehmen wird durch die Dauer des ganzen Programms und durch die Linearität der Emissionsvermeidung umgangen. Da auch nach Ablauf des Zertifikatesystems die Baseline beibehalten wird, werden die Unternehmen auch in technische Innovationen investieren.

5.1.6 Intertemporäre Ausgestaltung

Aufgrund der bisherigen Erfahrungen ist es sinnvoll, ein zeitlich begrenztes Banking zu genehmigen. Bei einer Gültigkeit eines Zertifikates von einem Jahr kann es für ein weiteres Jahr aufgehoben werden. Für ein zu Beginn des Jahres 2004 ausgegebenes Zertifikat bedeutet dies eine maximale Gültigkeit bis Ende des Jahres 2005. Aus den in Abschnitt 4.3 *Anwendung des 8-Phasen-Modells* aufgezählten Nachteilen kann das Borrowing bei der Ausgestaltung des Modells nicht berücksichtigt werden.

Die folgende Abbildung 33 zeigt ein Emissionskonto, wie es von einem Unternehmen zu führen ist. Auf der Sollseite werden die tatsächlichen Emissionen, die durch Banking noch erhaltenen und die Werte der am Markt verkauften Zertifikate aufgeführt. Auf der Habenseite werden die zugeteilten Zertifikate, die Ersparnisse aus dem Vorbudget und die zugekauften Zertifikate ausgewiesen. Banking und Borrowing tauchen in diesem Konto, sofern sie zugelassen sind, im Saldo auf.

Abb. 33: Emissionskonto eines Unternehmens

Emissionskonto

Soll (CO_2-Äquivalente)	Haben (CO_2-Äquivalente)
tatsächliche Emissionen + übertragene Emissionsrechte aus der Vorperiode (BANKING) + übertragene Emissionsrechte an andere Emittenten (Zertifikateverkauf)	zugewiesene Zertifikate + Ersparnis aus dem Vorbudget + erhaltene Emissionrechte (Zertifikatezukauf)
Laufende Kreditaufnahme (falls positiver Saldo) (Borrowing, wenn erlaubt)	Laufende Ersparnis (falls positiver Saldo) (Banking)

Quelle: verändert entnommen aus Bayer, Cansier, 1999, S. 5

5.1.7 Kontroll- und Sanktionssystem

Der größte Vorteil von einer Mengenlösung wie dem Zertifikatsystem ist die ökologische Effektivität. Um diese zu gewährleisten, darf die festgelegte Emissionsmenge nicht überschritten werden. Der Erfolg des ganzen Systems hängt also unmittelbar von einer lückenlosen Kontrolle ab. Für die Emittenten bedeutet dies die Sicherheit, dass ein Fehlverhalten in Bezug auf den Emissionsausstoss immer aufgedeckt wird. Dazu muss die angedrohte Strafe bei einem Regelverstoß abschreckend genug sein, damit es kein beteiligtes Unternehmen darauf anlegt.

Ganz allgemein lassen sich zwei Fälle der Messungen unterscheiden. Im ersten Fall sind entweder keine permanenten Messungen möglich oder die Implementierung eines Messsystems ist zu teuer. In der Landwirtschaft bietet sich dann vor allem eine sogenannte Hoftorbilanz an.

Sind die einzelnen Messwerte von Bedeutung, ist es zunächst sinnvoll, bei allen Beteiligten ein kontinuierliche Messsystem zu installieren. Dieses System kann dann mehrmals (z. B. stündlich) am Tag Messungen vornehmen, die dann über das Internet an die zuständige Behörde weitergeleitet werden. Sollte es innerhalb der Messungen zu Unregelmäßigkeiten kommen, so können Durchschnittswerte

[9] Persönliches Gespräch mit Thomas Canaday, Rulemaking Office, Air Division, EPA, San Francisco, am 02.10.2002.

angenommen werden. Erhöht man diese Werte durch einen Multiplikator, wie in Formel 1.1 gezeigt, dann wird das Unternehmen bestrebt sein, eventuelle Ausfälle des Messsystems zu vermeiden.

(1.3) $FR = DW * hs$, wobei $hs \geq 1{,}0$

FR = Fakturierungswert
DW = Durchschnittswert (einer Messung)
hs = Hebesatz (als Multiplikator zur Einhaltung des Regelwerkes)

Ein weiterer Vorteil eines kontinuierlichen Messsystems ist die Schaffung einer rechtlichen Grundlage zum Beweis von Fehlverhalten bzw. zur Durchsetzung von Strafen (Hansjürgens, Fromm, 1994, S. 498).

Emittiert ein Unternehmen mehr als es Zertifikate zugeteilt bekam bzw. zukaufen konnte, dann muss es mit empfindlichen Geldbußen rechnen. Denkbar wäre in dem Fall eine Anpassung an den Marktpreis, wie z. B. das Dreifache des aktuellen Markpreises für eine Tonne Mehremissionen. Bei einem Zertifikatspreis von 150 € pro Tonne CO_2 entspricht das einer Geldbuße von 450 €. Durch dieses System würde die Möglichkeit von strategischen Verhaltensweisen seitens der Beteiligten ausgeschlossen, die bei einem geringen Marktpreis unter Umständen lieber die Strafe als für den Zukauf neuer Zertifikate zahlen würden. Denn bei einer Preisbildung der Zertifikate auf dem Markt kann im Vorfeld keine genaue Aussage über die Entwicklung des Preises gemacht werden. Schlimmstenfalls könnte die Geldbuße unterhalb des Marktpreises liegen.
Um die Durchführung der Kontrollen zu vereinfachen wird jedes Zertifikat durch eine mehrstellige Kontrollnummer gekennzeichnet. So kann von Seiten der Behörde jederzeit der Handel und der jeweilige Besitzer der Zertifikate nachvollzogen werden. Deshalb müssen die folgenden Informationen durch die Kontrollnummer abgedeckt sein:

- Name des ersten Besitzers bzw. des Unternehmens
- Ausgabedatum
- Ablaufdatum
- Nachweis über den bisherigen Handel (Nachverfolgbarkeit)
- Erzielte Verkaufspreise des Zertifikats
- Name des derzeitigen Besitzers

Diese Informationen dienen zur Nachvollziehbarkeit des Handels und zur Kontrolle der Beteiligten. Dadurch kann der Handel der Zertifikate zwischen den einzelnen Besitzern lückenlos verfolgt werden – was wiederum die Wahrscheinlichkeit des Auftretens von strategischen Verhaltensweisen reduziert. Weiterhin kann weitestgehend sichergestellt werden, dass jedes Unternehmen am Ende des Jahres seinen Emissionen entsprechend viele Zertifikate besitzt.

Diese Kennzeichnung erhöht die Transparenz des ganzen Systems dann, wenn die Beteiligten Zugriff auf die erfassten Daten im Internet haben. Dadurch wird auch der Handel untereinander vereinfacht, da jedes Unternehmen einen Überblick über die aktuellen Besitzverhältnisse der Zertifikate erlangt. Sinnvoll ist es dabei, vor allem die folgenden Daten transparent zu machen: die Summe der verfügbaren Zertifikate – inklusive dem Ausgabe- und Ablaufdatum – und der gebotene Preis für den Kauf und den Verkauf der Zertifikate. Stellt ein Unternehmen Mitte des Jahres fest, dass es für das laufende Jahr zu wenig Zertifikate besitzt, so kann es dann ein Angebot abgeben. In dem Fall muss das Zertifikat nur bis zum Jahresende gültig sein und es kann günstiger sein als ein Zertifikat mit längerer Restlaufzeit. Die Führung eines Emissionskontos von Seiten der Unternehmen (vgl. Abschnitt 5.1.6 *Intertemporäre Ausgestaltung*) führt zu einer weiteren Sicherheit gegen strategische Verhaltensweisen der Teilnehmer. Denn sowohl die Aufzeichnungen durch die Kontrollnummer – und die damit verbundenen Erkenntnisse – als auch die Führung des Emissionskontos haben einen ständigen Nachweis über den Weg der Zertifikate zur Folge.

5.1.8 Spezifische Besonderheiten

Die Erfahrungen der bisherigen Zertifikatssysteme haben gezeigt, dass die Einführung eines freiwilligen Opt-in aus beiden Perspektiven, d. h. sowohl für die Unternehmen als auch für die Umwelt, sehr sinnvoll ist. Voraussichtlich werden sich Unternehmen nur dann freiwillig an dem Programm beteiligen, wenn sie bereits über eine entsprechende Vermeidungstechnologie verfügen. Für diesen Fall werden sie mit der Zuteilung von Zertifikaten belohnt, die sie dann auf dem Markt verkaufen können. Das mögliche Vermeidungspotenzial erhöht sich, da sich der Kreis der betroffenen Unternehmen erweitert. Es kann für Unternehmen, die aufgrund ihrer Größe bzw. der Höhe ihrer Emissionen nicht an dem System beteiligt sind, sinnvoll sein, umweltfreundliche Technologien zu implementieren, um durch das Opt-in-Verfahren Deckungsbeiträge durch den Verkauf von Zertifikaten zu erzielen. Durch die Verbindlichkeit der Beteiligung müssen ihre Anlagen aber auch in Zukunft den festgelegten Emissionsanforderungen entsprechen, was wiederum der Umwelt zu Gute kommt.

Eine weitere Besonderheit bei der Ausgestaltung eines Zertifikatesystems ist die Einbeziehung von „Privaten", d. h. nicht von der Einführung Betroffenen. Sie können sich an dem Handel beteiligen, indem sie Zertifikate auf dem Markt aufkaufen und somit stilllegen. Dieser Aspekt kann diejenigen aktiv an der Verbesserung der Umweltqualität mitwirken lassen, die unter den negativen externen Effekten leiden und diese minimieren möchten. Zu diesem Kreis könnten unter anderem gehören:

- Umweltschutzorganisationen
- Privatpersonen
- Vereine, Schulen, etc. mit Interesse an der Umwelt

Unter Umständen ist es sinnvoll, Private erst nach einem erfolgreichen Anlaufen des Systems zu beteiligen. Damit könnten eventuelle Unsicherheiten seitens der durchführenden Behörde und auch seitens der beteiligten Unternehmen vermieden werden. Ein weiterer Aspekt für diese Aufschiebung ist die einfache und damit kostengünstige Planbarkeit für alle: Die Unternehmen brauchen nicht zu fürchten, dass Zertifikate knapp werden und sich dadurch verteuern und auch die Implementierung wird weniger komplex. Möglich wäre hier eine Verschiebung von 2 Jahren, d. h. die Beteiligung Privater beginnt am 01.01.2006.

In den nachfolgenden Abschnitten werden jetzt die Besonderheiten der einzelnen Anwendungsfälle herausgestellt und die noch offenen abzuarbeitenden Punkte des Gesamtmodells für die jeweilige Internalisierungsanforderungen entwickelt.

5.2 Modellanwendung für Kohlendioxid

Auf Basis der in den vorangegangenen Kapiteln und Abschnitten erarbeiteten Grundlagen und Basisausgestaltungen soll im Folgenden die Möglichkeit zum Aufbau eines Zertifikatmodells für Kohlendioxid unter Einbeziehung der Landwirtschaft getestet und modelliert werden.

Dazu werden im ersten Abschnitt die Grundlagen einer möglichen Einbeziehung der Landwirtschaft beschrieben und im Anschluss daran wird das in Abbildung 31 gezeigte 5-Stufen-Modell systematisch abgearbeitet. Um die Vorgehensweise zu verdeutlichen werden die innerhalb der einzelnen Stufen aufgestellten Kriterien an der entsprechenden Stelle noch einmal gezeigt.

5.2.1 Einbeziehung der Landwirtschaft

Die Untersuchungen innerhalb des zweiten Kapitels haben ergeben, dass zum einen Kohlendioxid zu den relevanten Treibhausgasen gehört und zum anderen, dass die Landwirtschaft als Emittent einen sehr geringen Anteil an den Gesamtemissionen hat. Daraus folgt in diesem Kapitel die Einbeziehung der Landwirtschaft als Senke.

Bei einer Zertifikatslösung waren die bisherigen Alternativen der beteiligten Unternehmen bei zu hohen Emissionen entweder die Vermeidung oder der Zukauf von Zertifikaten. Diese Alternativen sollen durch eine dritte Möglichkeit erweitert werden: die Unternehmen bezahlen die Landwirte für die Bindung von Kohlendioxid durch den Anbau von bestimmten Pflanzen. Als Beispiel für besonders CO_2-bindende Pflanzen wurde bereits Chinagras (Miscanthus) näher erläutert. Es ist zu klären,

- welche Vorteile die Einbeziehung der Landwirtschaft als Senke bringt,
- welche Ausgestaltungsvarianten sich für diesen Fall ergeben,
- welches Ausmaß die Beteiligung der Landwirtschaft erreichen kann (Bindungspotenzial),
- welche Grenzen einer solchen Alternative zu setzen sind (auch Preisbildungsaspekte, Praktikabilität der Gesamtlösung),
- inwiefern die übrigen Kriterien voll erfüllt werden,
- welche alternativen Anbaumaßnahmen es gibt.

Vorteilhaftigkeit der Landwirtschaft als Senke

Die Einbeziehung der Landwirtschaft in die CO_2-Zertifikatelösung hat mehrere gesamtwirtschaftliche Vorteile, die alle auf der bereits vorgestellten Schaffung von Kohlendioxidsenken über den Anbau bestimmter Pflanzen basieren. Dabei soll im Modell vereinfachend lediglich der Anbau von Miscanthus (Chinagras) berechnet werden, da sich diese Pflanze durch ihr besonders hohes CO_2-Bindungspotenzial auszeichnet.[1]

Durch den Anbau und die Verwertung von Miscanthus kommt es zur

(A) zeitlichen Verschiebung der Emissionsminderungsmengen, was einer wesentlichen Flexibilisierung unter Beibehaltung der Marktkonformität und in der mittelfristigen Zielerreichung entspricht,

(B) mittelfristigen Erhöhung der Bindungsmenge bis maximal zur Höhe der insgesamt verfügbaren Anbaufläche, was jedoch letztlich einem einmaligen Gesamteffekt entspricht,

(C) Möglichkeit der energetischen Verwendung der „Erntemengen", was im Folgenden weitgehend unberücksichtigt bleibende Effekte mit sich bringt,

(D) leichteren Einbindung von Neuemittenten. Die sonst zur Verfügung gehaltenen Zertifikate können durch den Anbau von Miscanthus ersetzt werden.

Varianten der Einbeziehung der Landwirtschaft

Der Anbau von CO_2-bindenden Pflanzen während der Laufzeit eines Zertifikatesystems entspricht einer effektiven Erhöhung der Zertifikatsmenge. Dabei ist es für die Beteiligten unerheblich, ob zusätzliche Zertifikate ausgegeben werden oder der gleiche Effekt durch das Zusammenspiel von Mehremissionen bzw.

[1] Vergleiche hierzu Kapitel 2.5

Mindervermeidung und gleichzeitiger Schadstoffaufnahme durch die Pflanze erreicht wird.

Daher sind zwei Varianten einer Einbeziehung der *Landwirtschaft als Senke* zu unterscheiden (siehe Abbildung 34). Im ersten Fall wird die Emissionsmenge bei geringerer Zertifikatsmenge der Unternehmen bleibend vergrößert. Die Emittenten werden dadurch begünstigt, dass sie Zertifikate in Form von Anbau-Äquivalenten zukaufen können. Dadurch entsteht eine Förderung dieses Anbaus ohne direkte Investition des Staates. Die andere Variante ermöglicht den Anbau nur als „Zwischenlagerung".

Abb. 34: Varianten der Einbeziehung der Landwirtschaft als Senke

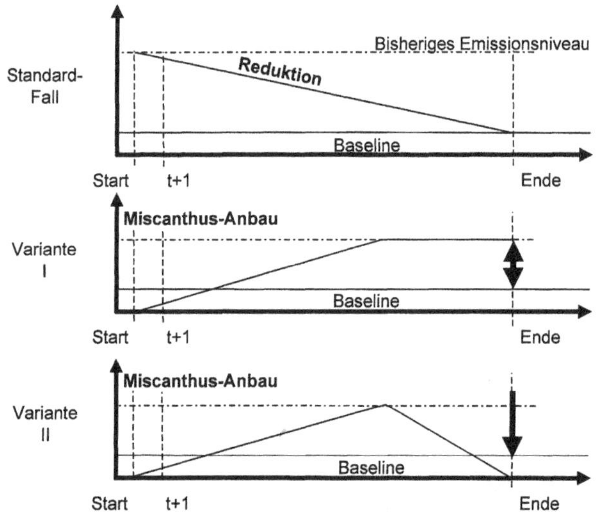

Quelle: eigene Darstellung

Bei der Zwischenlagerung wäre sicherzustellen, dass die gesamten Anbaumengen und Anbauzeiträume so genehmigt werden, dass das Ziel der Emissionsminderung am Ende des Gesamtzeitraumes ohne Überhänge erreicht wird. Das erhöht den Planungs- und Koordinierungsaufwand exponentiell. Bei der Variante I ist zwar ebenfalls eine Steuerung und Koordination erforderlich, allerdings mit reduziertem Aufwand, da ein langfristiger Anbau über das Ende des Zertifikatsmodells hinweg durchaus gewollt ist. Unabhängig wie die Entscheidung letztlich getroffen wird ist auf jeden Fall vorab zu klären, welches Emissionsminderungs-Potenzial die Senken-Alternative grundsätzlich hat.

Ausmaß der Beteiligung (Bindungspotenzial)

Die gesamte landwirtschaftlich genutzte Fläche der Bundesrepublik Deutschland beträgt 17,0 Mio. ha (BMVEL, 2002, S. 27). Die durchschnittliche CO_2-Bindung durch die vornehmlich angebauten Pflanzen liegt, wie in Abbildung 35 dargestellt, bei durchschnittlich 24 t je Hektar. Im Vergleich dazu liegt die Bindung durch Miscanthus bei rund 40 t je Hektar.

Abb. 35: Potenzielle CO_2-Bindung von landwirtschaftlichen Nutzpflanzen

Pflanzenart	CO_2- Bindung (t/ha)	Anteil Nutzfläche (ha)	gewichtet (t/ha)
Getreide	24	6,26	10,4
Mais	32	1,57	3,5
Kartoffeln	24	0,38	0,6
Winterraps	14	1,20	1,2
Grünland	24	5,10	8,4
Miscanthus	**40** BN_{max}	Gesamtdurchschnitt:	**≈ 24** BN_{durch}

Quelle: eigene Darstellung, Daten der CO_2-Bindung aus Schweiger, 2002, S. 3, Daten der Nutzflächen aus Statistisches Jahrbuch 2002, S. 148

Daraus ergibt sich durch Miscanthus ein zusätzlicher Einspareffekt von 16 t je Hektar und bezogen auf die Gesamtfläche von 17,0 Mio. ha entspricht das einer Mehrbindung von ca. 272 Mio. Tonnen CO_2. Bei dieser Summe handelt es sich um den Netto-Einspareffekt, der sich durch den Anbau von Miscanthus auf der gesamten landwirtschaftlich genutzten Fläche Deutschlands ergeben würde.

$$(1.4)\quad LW_{max} = Fläche_{max} * (BN_{max} - BN_{durch})$$

$$LW_{max} = 17{,}0\ Mio.\,ha * (40\frac{tCO_2}{ha} - 24\frac{tCO_2}{ha}) = 272\ Mio.\,tCO_2$$

$$LW_{Umnutz} = 6{,}0\ Mio.\,ha * (40\frac{tCO_2}{ha} - 24\frac{tCO_2}{ha}) = 96\ Mio.\,t\,CO_2$$

LW = Landwirtschaftliches Bindungspotenzial
F = Fläche
BN = Bindung
durch = durchschnittliche CO_2-Bindung durch traditionellen Anbau

Für den rein theoretischen Fall, dass auf den Anbau anderer Pflanzen (besonders zur Produktion von Nahrungsmitteln) verzichtet würde, ergibt sich mittelfristig ein maximaler Bindungseffekt von 160 % der gesamten zu reduzierenden CO_2-Emissionen.

$$(1.5)\quad EA_{Lw} = \frac{SA_{co2}}{ZW_{co2}} * 100\,\% = \frac{96\,Mio.\,t\,CO_2}{60\,Mio.\,t\,CO_2} * 100\% \approx 160\,\%$$

EA = Anteilige Ersparnis an der Emissionsmenge
SA = Einsparung für den Schadstoff CO_2 durch die Landwirtschaft als Senke
ZW_{CO2} = Zielwert der Emissionsreduzierung für CO_2 in Deutschland bis zum Jahre 2012

Umgekehrt ergibt sich eine leicht erreichbare Untergrenze des Anbaus, wenn beispielsweise Flächen genutzt werden, die weder für die Nahrungsmittel- noch für die Futterproduktion benötigt werden. Die geschätzte Größe dieser Flächen liegt zwischen 2 – 6 Mio. ha (Eigen, 1994, S. 8). Als Ergebnis lässt sich damit der in Abbildung 36 dargestellte Potenzialkorridor (in der Graphik als Bindungspotenzial-Fläche bezeichnet) entwerfen, der die Restriktionen beinhaltet.

Abb. 36: Potenzial durch den Anbau von Miscanthus

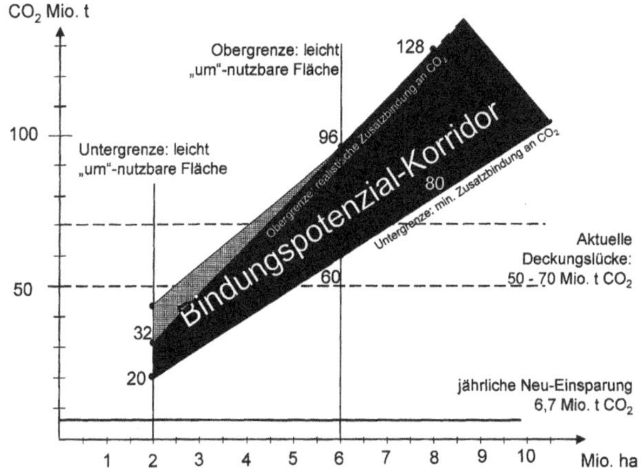

Quelle: eigene Darstellung

Dabei steht eine Abschätzung im Vordergrund: Bei einem Anbau von Miscanthus auf einer Fläche von 2 Mio. Hektar liegt das mögliche Bindungspotenzial an CO_2 zwischen 20 Mio. t (bei einer minimalen Mehrbindung von 10 t/ha) und 32 Mio. t (bei einer durchschnittlichen Mehrbindung (=BN_{max} - BN_{durch}) von 16 t/ha). Würde man auf der Obergrenze der leicht „um"-nutzbaren landwirtschaftlich genutzten Fläche – was einer Fläche von 6 Mio. ha entspricht – Miscanthus anbauen, so liegt das maximale Bindungspotenzial zwischen 60 Mio. t und – wie in Gleichung (1.4) berechnet – 96 Mio. t CO_2.

Geht man davon aus, dass im Bereich von 2 Mio. ha vornehmlich Brachflächen genutzt würden, so wird die Mehrbindung oberhalb der ermittelten durchschnittlichen Mehrbindung (=BN_{max} - BN_{durch}) von 16 t/ha liegen. Je weiter man sich der

Obergrenze der leicht „um“-nutzbaren Fläche nähert, desto geringer wirkt sich dieser Effekt aus. Dieser Sachverhalt wird durch die schraffierte Fläche gezeigt.

Die bisherige Anbaufläche von Miscanthus ist demgegenüber vernachlässigbar gering: im Jahre 1998 wurden im gesamten Bundesgebiet lediglich 163 ha dem BLE in Frankfurt gemeldet. Die dokumentierten Angaben aus dem restlichen Europa ergeben rund 250 weitere Hektar (Bliesener, 2001, S. 1).

Grenzen einer solchen Alternative (Preisbildungsaspekte)

Nachdem das mögliche Ausmaß der Einbeziehung der Landwirtschaft aufgezeigt wurde, wird nun die Frage der Preisbildung von Zertifikaten untersucht. Auf die marktwirtschaftliche Lösung wirkt sich dies logischerweise in Form niedrigerer Zertifikatspreise aus. Es stellt sich nunmehr die Frage, welchen Preis die Unternehmen bereit sind zu zahlen bzw. die Landwirte fordern, um entsprechende Pflanzen anzubauen. In die Bildung eines marktgerechten Preises fließen die folgenden Faktoren mit ein:

- Die Dauer der Schadstoffbindung durch die Pflanze (bei Miscanthus ein Zeitraum von bis zu 15 Jahren),
- die Kosten für die "Bewirtschaftung",
- die Zinsen als Zeitraum-Äquivalent und
- der Preis für die Zertifikate auf dem Markt (mit dem Effekt dieser langfristigen Reduktionsmenge (als Referenzgröße), da sonst die kostengünstigste Alternative zur Erhöhung der Vermeidung von Dritten zuerst ausgeschöpft wird)

Um das Zertifikatesystem insgesamt einfach zu halten, in dessen Rahmen die Preisbildung ja an dieser Stelle diskutiert wird, kann es sinnvoll sein, möglichst einfach strukturierte Preise für die landwirtschaftlichen Anbieter vorzugeben. Dafür sprechen eine Reihe von Gründen, die dominieren können, wenn die „reglementierte“ Preisbildung (entgegen der bei völliger Marktfreiheit) nicht wesentlich verzerrt wird. Die Argumente für und gegen diese Vorgabe sollen daher kurz skizziert werden:

PRO (1) Einfache, mittelfristig stabile Preise erleichtern die Planbarkeit für die Landwirte. Diese haben als Grenzanbieter nicht die Zeit und das Wissen, alle Aspekte (Preisentwicklung, Fristigkeiten, technologische Entwicklungen usw.) in ihre Anbauentscheidungen einzuplanen. Ein einfaches Zahlengebilde erhöht die Akzeptanz und ist Grundvoraussetzung dafür, dass diese Alternative überhaupt signifikant genutzt wird.

PRO (2): Die entstehenden Kosten für die Bewirtschaftung sind von der betroffenen Fläche abhängig. Dabei sind aber zusätzliche Faktoren, wie die Nähe zum Hof und die Anzahl und Größe der Einzelschläge für eine detaillierte Einzelfallkalkulation erforderlich. Eine Pauschalisierung vereinfacht diesen Planungsprozess maßgeblich. Will der Landwirt zur Steigerung seiner Erlöse exakt die Flächenkonstellation nutzen, die seinen Anforderung am besten gerecht wird, so ist diese Kalkulation nicht Bestandteil des Modells und auch nicht wesentlich für die Wirtschaftlichkeit.

CONTRA (1) Eine mehrperiodische Planung ist nicht erforderlich, da das zugehörige Gesamtentgelt zum Entscheidungszeitpunkt fällig oder zumindest der Höhe nach bestimmt wird. Eine Entscheidung unter erhöhtem Risiko liegt folglich nicht vor. Die Landwirte verfügen über eine zusätzliche Handlungsalternative, die im Vergleich zu den klassischen Anbaualternativen nicht durch zusätzliches Risiko behaftet ist. Außerdem ist es wenig sinnvoll, eine marktwirtschaftliche Lösung durch „einfache" Preise zu begrenzen.

So gibt es für beiderlei Argumente hinreichende Gründe. Ungeachtet der Entscheidung stellt sich aber die Frage nach der Höhe des realistischen Preises. Auch wenn dieser logischerweise von der Entscheidung (Pro/Contra) und im Contra-Fall zusätzlich von den aktuellen Rahmenbedingungen der Periode abhängig ist, so soll dieser Preiskorridor doch an dieser Stelle betrachtet werden, um ein genaueres Bild von der Praktikabilität der Gesamtlösung zu liefern. Dazu wird in der folgenden Abbildung 37 ein möglicher Prozess zur Preisbildung und Mengenbestimmung vorgestellt:

Abb. 37: Ablauf des Entscheidungsprozesses „Anbau CO_2-bindender Pflanzen"

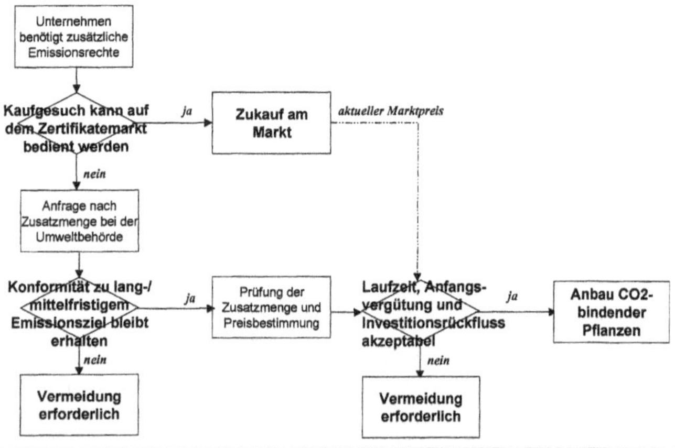

Quelle: eigene Darstellung

Im Vorfeld werden bestimmte Landwirte nach unterschiedlichen Kriterien ausgesucht, die sich bereit erklären, Miscanthus anzubauen. Diese Kriterien können sehr unterschiedlich sein. Ein Beispiel wäre eine Auswahl der Landwirte anhand der geographischen Lage der Flächen (insbesondere vor dem Hintergrund der effizienten energetischen Verwertung der Erntemengen), der zur Verfügung stehenden Flächen oder auch der Qualität der Böden.

Der Landwirt wird dann von der Behörde, die als Mittler der Unternehmensnachfrage auftritt, mit der Anpflanzung beauftragt. Auch hierbei sind zwei Alternativen denkbar, die nur kurz skizziert werden sollen: Entweder die Landwirte müssen sich vor dem Start des Gesamtprogramms mit ihren zur Verfügung stehenden Flächen anmelden – was bei einer erstmaligen Anwendung eines Zertifikatmodells dieser Art ohne Erfahrungswerte zu einer eher mäßigen Erwägung dieser Grundsatzalternative zum klassischen Anbau führen wird, oder die Landwirte können je nach belieben zusätzliche Flächen melden. Dann ist eine Obergrenze festzulegen, da sonst die Gefahr besteht, dass es zu einer übermäßigen Nutzung der Alternative kommt. Das würde am Ziel des Zertifikatmodells vorbei führen. Die angefragte Menge entspricht dabei einer Zertifikatsausweitung. An ihrer statt hätte das betroffene Unternehmen eine äquivalente Zertifikatsmenge erwerben müssen.

Während der Entscheidungsfall für die Emittenten klar ist – Ankauf von Zertifikaten bzw. Anbau durch Landwirtschaft solange der Preis kleiner als die Vermeidungskosten anzusetzen ist, sollte zunächst ein Blick auf die Attraktivität der Senkenfunktion aus Sicht der Landwirtschaft geworfen werden, um im letzen Schritt die Realisierung einer solchen Alternative zu klären.

Die Attraktivität aus landwirtschaftlicher Sicht hat eine wesentliche kritische Größe, mit der die Vorteilhaftigkeit der Kalkulation dramatisch schwankt: die Zeit. Der Anbau von Miscanthus stellt wie alle Anbauentscheidungen auch letztlich nur eine Erweiterung der üblichen Investitionsentscheidung um eine Alternative dar. Somit sind die Grundlagen dieser Kalkulation aufzudecken.

Da Miscanthus eine 15-jährige Nutzungszeit hat, ein Großteil der Kosten aber zu Beginn der Investition entstehen, sollen daher die beiden Extremfälle betrachtet werden, um die Preisspanne zu ermitteln. Dabei werden für die Ausgabenseite (GKZ) die Landbewirtschaftungskosten (für Düngung, Pflege, Maschineneinsatz die Aussaatkosten, Saatgutkosten usw.), für die Einnahmenseite (GEZ) die Ernteerlöse und der Zertifikatspreis berücksichtigt.

Im Fall der Laufzeit von einem Jahr – Miscanthus wird ab dem 3. Jahr geerntet – ergeben sich die Kostengrößen wie folgt:

(1.6) $$GKZ = \frac{AK}{e} + \frac{LBK}{e} + \frac{VwK}{e} = \frac{AK + LBK + VwK}{e}$$

GKZ = Gesamtkosten pro Zertifikatseinheit
AK = Anpflanzungskosten (Pflanzgut) je ha
LBK = Landbewirtschaftungskosten (Düngung, Pflege Maschinen, Sonstiges) je ha
VwK= Verwaltungskosten je ha
e = Ertrag je ha

(1.7) $$GEZ = VP * e + ZP$$

GEZ = Gesamterlös pro Zertifikatseinheit
VP = Verwertungspreis je t
e = Ertrag je ha
ZP = Zertifikatspreis

Da der Zertifikatspreis letztlich die Vorteilhaftigkeit der Handlungsalternative gegenüber den weiteren terminiert, ergibt sich dadurch im Umkehrschluss folgender Klärungsbedarf: Gibt es eine Schnittmenge (Überschneidung der Preisspannen) zwischen den zu erwartenden Zertifikatspreisen bei Markträumung – wodurch der Anbau erst angestoßen wird und den erforderlichen Mindesterlösen in Abhängigkeit des „Investitionszeitraums" der Landwirte.

Die Investition lohnt sich prinzipiell für den Landwirt, wenn die Grundbedingung Einnahmen > Ausgaben erfüllt ist:

(1.8) $$VP * e + ZP > \frac{AK + LBK}{e}$$

VP = Verwertungspreis
e = Ertrag je ha
ZP = Zertifikatspreis
AK = Anpflanzungskosten (Pflanzgut)
LBK = Landbewirtschaftungskosten (Düngung, Pflege Maschinen, Sonstiges)

Für den Maximalfall einer Anbauzeit von 15 Jahre lautet die Bedingung abdiskontiert auf den Entscheidungszeitpunkt entsprechend:

(1.9) $$\sum_{n=1}^{15} \frac{VP_n * e_n}{(1+i)^n} + ZP_1 > \sum_{n=1}^{15} \frac{AK_n + LBK_n}{e_n * (1+i)^n}$$

VP = Verwertungspreis
e = Ertrag je ha
ZP = Zertifikatspreis
AK = Anpflanzungskosten (Pflanzgut)
LBK = Landbewirtschaftungskosten (Düngung, Pflege Maschinen, Sonstiges)
i = Durchschnitts-Zinssatz

Diese Berechnung wird im Abschnitt 5.2.4 ggf. weitergeführt, wenn alle weiteren Vorbedingungen für die Anwendung sichergestellt sind, um nicht überflüssige Detaillierungen an vorgelagerter Stelle – gemäß der angestrebten Vorgehensweise- zu vermeiden.

Alternative Anbaumaßnahmen

Sollten sich bei dem Anbau von Miscanthus auf vorwiegend stillgelegten Flächen Probleme ergeben, so könnten alternative Anbaumaßnahmen in dem Modell berücksichtigt werden. Vermehrt in der Diskussion aufgetaucht ist die energetische Nutzung von Getreide. Die Abbildung 35 hat gezeigt, dass Getreide eine CO_2-Bindung von 24 t je Hektar hat. Das Heizöläquivalent von 1kg Biomasse entspricht 0,4 kg Heizöl (Schweiger, 2000b, S. 1). Bei einem mittleren Ertrag von 74,4 dz/ha[2] ergibt sich somit eine Heizöläquivalent von durchschnittlich 3.540 l Heizöl je ha[3]. Das entspricht weniger als 50 % des bei pessimistischer Ertragsschätzung zu erwartenden Energiewertes von Miscanthus.

Die Probleme, die sich aus der Nutzung von Getreide als Brennstoff ergeben, sind jedoch größer als bei Miscanthus – abgesehen von einer Mehrbindung an CO_2 von 16 t/ha. In der Bundesimmissionenschutzverordnung (BImschV) sind die Regelbrennstoffe für bestimmte Anlagengrößen festgelegt. Darin ist enthalten, dass die Verbrennung von Getreide genehmigungspflichtig ist. Im EU-Recht ist festgehalten, dass Getreide zur energetischen Nutzung auf Stilllegungsflächen angebaut werden darf (Vielhuber, 2002, S. 1). Das andere Problem sind ethische Fragen der Verbrennung von Grundnahrungsmitteln. Allerdings kann dieses Argument leicht widerlegt werden. Zum einen soll der Anbau nur auf stillgelegten Flächen erfolgen und nicht alternativ zur Nahrungsmittelproduktion und zum anderen kann das Getreide eine schlechtere Qualität aufweisen (Brüggemann, 2002, S. 1).[4] Ein weiteres Problem bei der energetischen Nutzung von Getreide ist eine schlechtere Stickoxidbilanz (ebenda, S. 2).

5.2.2 Stufe 1: Überprüfung der Relevanz der Schadstoffe

Es wird nun die in Abschnitt 4.1 vorgestellten Kriterien zur Überprüfung der Relevanz angewendet. Da diese Kriterien bereits in Abschnitt 2.3 *Relevante Gase* für Kohlendioxid angewendet wurden, werden an dieser Stelle nur kurz die Ergebnisse der dortigen Ausführungen zusammengefasst und an den entsprechenden Stellen fallweise ergänzt.[5]

[2] Berechnet als arithmetisches Mittel der Jahre 1997 bis 2001 für Weizen in Deutschland. Daten entnommen aus Statistisches Jahrbuch über Ernährung, Landwirtschaft und Forsten 2001, S. 98

[3] 11,9 kWh/kg = 10 kWh/l Umrechnung für Heizöl EL. Angaben von BP, 2003, S. 1f.

[4] Es ist sogar für den Stickoxidgehalt des Rauchgases besser, wenn der Proteingehalt geringer ist (Brüggemann, 2002, S. 1)

[5] Die Anteile der einzelnen Quellen (Emittentengruppen) werden in der nachfolgenden Stufe 2 genauer diskutiert, daher wird aus Gründen der besseren Illustration die entsprechende Abbildung dort gezeigt. Formal betrachtet stellt die Ermittlung dieser Werte eine Aufgabe der Stufe 1 dar.

Abb. 38: Stufe 1: Ergebnisse der Überprüfung der Relevanz des Schadstoffes CO_2

1. Vorkommen in der Natur	• Ja, globales Problem – keine regionalen Sondereffekte
2. Verweildauer in der Natur	• Bis zu 120 Jahre
3. Historische Entwicklung	• Durch Industrialisierung erhöhte Verbrennung fossiler Energieträger, Brandrodungen usw.
4. Ursachen / Quellen	• Reduzierung der Quellen und drastische Erhöhung der Emissionen durch fehlende Internalisierung der externen Kosten
5. Anteile der einzelnen Quellen	• Top 3 Emittentengruppen verursachen 65 % der Emissionen, allerdings bei nur 40 % überschaubare Quellen -Anzahl
6. Entwicklungsprognose	• Ohne Eingriffe national weiter steigend, Internationaler Anstieg durch Industrialisierung der Entwicklungsländer

Quelle: eigene Darstellung

Die Relevanz von Kohlendioxid wurde zum einen hinreichend bewiesen, zum anderen dient die Berücksichtigung im Kyoto-Vertrag als ein weiterer Beweis. Damit sind die Kriterien der Stufe 1 erfüllt: es besteht Handlungsbedarf, da die CO_2-Emissionen nicht vernachlässigbar sind. Andererseits sind keine akuten Effekte auszumachen, die ordnungsrechtlicher Maßnahmen bedürfen. Man gelangt durch diese positive Bewertung hinsichtlich der Eignung eines Zertifikatemodells zur nächsten Stufe.

5.2.3 Stufe 2: Überprüfung der prinzipiellen Eignung

Auch bei Überprüfung der Voraussetzungen für den Einsatz eines Zertifikatsmodells wird auf die in Kapitel 4 erstellten Kriterien zurückgegriffen. Demnach müssen in dieser Stufe folgende Kriterien (siehe abschließende Abb. 42) erfüllt sein: Begrenzte Anzahl der Beteiligten; begrenzte Anzahl der Schadstoffe; Hinreichende Messbarkeit des Schadstoffes; Möglichkeit zur Kontrolle muss gegeben sein; dient nicht zur Gefahrenabwehr.

Begrenzte Anzahl der Beteiligten (Quellen)
In Stufe 1 wurden bereits die Hauptemittenten für Deutschland ermittelt. Anhand dieser Informationen geht es jetzt darum, eine geeignete Abgrenzung der Beteiligten für das Zertifikatesystem vorzunehmen.

Die folgende Abbildung 39 zeigt die Kohlendioxid-Quellen in Deutschland. Im Jahr 1999 entfielen 75 % auf die Wirtschaftsbereiche, d. h. die Produktion von Waren und

Dienstleistungen. Die CO_2-Emissionen aus der Landwirtschaft machen einen Anteil von 1,1 % aus. Da dieser Anteil im Vergleich zu anderen Bereichen, wie z. B. der Energieversorgung, sehr gering ist, lohnt sich bei der Fülle der Emittenten keine Implementierung eines Zertifikatesystems.

Bei der genauen Ermittlung der Beteiligten müssen die in Kapitel 4.2.1 aufgestellten Folgen bei zu vielen bzw. zu wenigen Akteuren beachtet werden.

Abb. 39: Anteil der CO_2-Emittenten

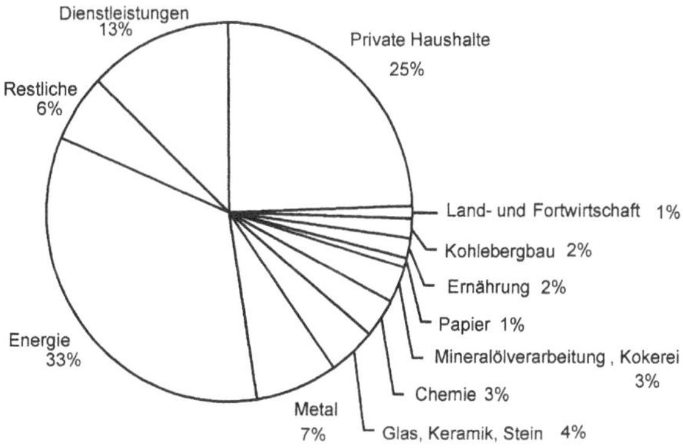

Quelle: Statistisches Bundesamt. Umweltökonomische Gesamtrechnung 2001, S. 19

Zu den Emittenten im Bereich „Private Haushalte" gehört vor allem der persönliche Individualverkehr. Im Rahmen des 5-Stufen-Modells scheitert die Einbeziehung aller Autofahrer an einer mengenmäßigen Beschränkung des Teilnehmerkreises (Stufe 2). Auch eine hinreichende Messbarkeit (ebenfalls Stufe 2) ist nicht gegeben, da die emittierten Mengen pro Fahrzeug zu gering sind und ein Zertifikatesystem dadurch ineffizient werden würde.[6] Der Einsatz von anderen umweltpolitischen Instrumenten ist für diesen Emittentenkreis wesentlich effizienter. So wird z. B. eine Novellierung der Kfz-Steuer angestrebt, bei der sich die steuerliche Belastung am Schadstoffausstoß orientieren soll.

Für eine Zertifikatslösung kommen somit nur möglichst große Emittentengruppen mit relativ geringer Quellenzahl oder homogenem Verhältnis zwischen Quelle und Emissionsmenge in Frage. Das beste Verhältnis zwischen diesen beiden Faktoren weist die Emittentengruppe der Energieerzeuger auf. Die relativ kleine Gruppe an Kraftwerken ist für 33 % der CO_2-Emissionen in Deutschland verantwortlich. Aus

[6] Die Durchschnittsemissionen ergeben sich zu ca. 4 t CO_2 je Fahrzeug. Dieser Wert schwankt aber stark in Abhängigkeit von der jährlichen Fahrleistung, der Motorisierung und dem Fahrstil.

dieser Gruppe werden die größten Emittenten gewählt – kleine Energieerzeuger bleiben außen vor. An dieser Stelle ist auf das US-amerikanische Acid Rain Programm[7] zu verweisen. Hier wurde das Zertifikatesystem in zwei Phasen eingeführt – zuerst waren die größten Emittenten betroffen, in Phase II kamen dann auch kleinere dazu. Das hatte den Vorteil, dass sich die Abläufe innerhalb des Systems etablieren konnten und es hatten sich Preise gebildet.

Begrenzte Anzahl der Beteiligten (Senken)
Durch den Spezialfall „Landwirtschaft" als Senke ergibt sich eine weitere Festlegung vor dem Start des Zertifikatmodells: die Sicherstellung der Handhabung auf der Seite der Senken. Eine beliebig große Senkenzahl erhöht den administrativen Aufwand für die Vergabe von Anbau-Aufträgen. Da hier die Vergabe aber nicht mehr direkt über den Markt läuft, sondern durch die Verwaltungsstelle gebündelt wird, reduziert sich das Problem insofern, dass die zur Verfügung stehenden Flächen in einer Datenbank nach den Eignungskriterien sortiert werden und bei Bedarf abgerufen (beauftragt) werden. Das lässt sich bei einer Verknüpfung zwischen den Flächendaten und den Adressdaten in elektronischer Form einfach bewerkstelligen.[8]

Begrenzte Anzahl Schadstoffe
In diesem Abschnitt erfolgt der Modellaufbau rein für Kohlendioxid. Damit ist das zweite Kriterium einer Begrenzung der Anzahl der Schadstoffe erfüllt. Sollte neben CO_2 ein weiteres Gas berücksichtigt werden, so wird sich an dem Grundmodell durch eine Umrechnung in CO_2-Äquivalente nicht sehr viel ändern. Allerdings wird sich durch die steigende Komplexität eine Erhöhung der Transaktionskosten ergeben.[9]

Messbarkeit und Möglichkeit zur Kontrolle
Im klassischen Ansatz eines CO_2-Zertifikatesystems stehen einem Unternehmen vier zwei Alternativen zur Auswahl:

- die Einsparung von CO_2-Emissionen durch die Reduzierung der Schadstoffmenge infolge von reduzierter Produktion,
- Einbau von Filteranlagen (end-of-pipe-Technologien),
- Einsatz von Produktionsanlagen mit reduziertem Schadstoffausstoss usw. oder
- der Zukauf von Zertifikaten über den Markt.

Zusätzlich wird in dieser Arbeit die Einbeziehung der Landwirtschaft durch die Schaffung von Senken als dritte Hauptalternative geprüft. Alle oben aufgeführten Einsparungen von CO_2-Emissionen erfüllen im Normalfall sowohl das dritte Kriterium

[7] Vergleiche hierzu Abschnitt 3.4.1.
[8] Letztlich handelt es sich beim „Bestellprozess" um eine modifizierte Form der Disposition mit verlängerter Zeitachse.
[9] Wie sich das auf die Akzeptanz und Durchführbarkeit eines Zertifikatmodells auswirkt soll an dieser Stelle unberücksichtigt bleiben.

der hinreichenden Messbarkeit des Schadstoffes als auch das vierte Kriterium der Möglichkeiten zur Kontrolle

Dient nicht der Gefahrenabwehr
Im Fall von Kohlendioxid ist nicht von einer akuten Gefahr auszugehen, womit der Einsatz von ordnungsrechtlichen Instrumenten nicht zwingend vorgegeben ist. Das gleiche gilt für eventuelle Verzögerungen in der Anlaufphase des Zertifikatmodells. Sollte es trotz einer guten Planung zu – kurzen – zeitlichen Verzögerungen kommen, bevor der Marktmechanismus wirkt und eine signifikante Emissionsreduzierung eintritt, dann hat das keine gefährdenden Auswirkungen auf die Umwelt.

Somit wird auch dem fünften Kriterium Rechnung getragen und die Überprüfung der prinzipiellen Eignung von Zertifikaten ist positiv abgeschlossen.

Abb. 40: Stufe 2: Ergebnisse der Überprüfung der prinzipiellen Eignung von Zertifikaten für CO_2

1. Begrenzte Anzahl der Beteiligten	Beschränkung auf die Top-Energieerzeuger und wenige große Industrieunternehmen im ganzen Bundesgebiet
2. Begrenzte Anzahl der Schadstoffe	Einsatz zunächst nur für CO_2
3. Hinreichende Messbarkeit der(s) Schadstoffe(s)	Messbarkeit auf Quellenebene durch permanente Messung und Dokumentation
4. Möglichkeit zur Kontrolle muss gegeben sein	Durch Eindeutigkeit der Quelle und Daten gegeben – hohe Strafen Bei Ausfall der Messung erforderlich
5. Dient nicht der akuten Gefahrenabwehr	Verzögerungen zu Beginn des Zertifikatseinsatzes führen nicht Zu kritischen Umweltbelastungen

Quelle: Eigene Darstellung

Demnach lässt die Beantwortung der vorgenannten Fragen keine Zweifel an der prinzipiellen Durchführbarkeit eines Zertifikatmodells aufkommen. Man gelangt damit zu Stufe 3.

5.2.4 Stufe 3: Anwendung des 8-Phasen-Modells

Nach dem erfolgreichen Durchlaufen der zweiten Stufe erfolgt nun für den verbliebenen Emittentenkreis die Anwendung des 8-Phasen-Modells. Durch die allgemeine Ausgestaltung in Kapitel 5.1 muss an dieser Stelle nicht eine sinnvolle Ausprägung jeder dieser Phasen wiederholt detailliert beschrieben werden. Die bereits festgelegten Kriterien werden deshalb nur stichwortartig zusammengefasst. Eine Übersicht findet sich in der nachfolgenden Abbildung 41.

Abb. 41: Stufe 3: Ergebnis aus der Prüfung der Kriterien des 8-Phasen-Modells

1. InstitutionelleRahmenbedingungen	Angliederung an Umweltbehörde
2. GewünschterUmweltzustand	760,9 Mio. t. CO_2 ab dem Jahre 2013
3. Erstausgabemechanismen	Grandfathering Ermittlungszeitraum: letzte 3 Jahre
4. Sonderzuteilungen	über Einbeziehung der Landwirtschaft als Senken
5. Temporäre Ausgestaltung	1 jährig
6. IntertemporäreAusgestaltung	Gültigkeit eines Zertifikat um 1 Jahr verlängert
7. Kontroll- und Sanktionssysteme	Pflicht zur Führung eines Emissionskontos, permanente Messung, Meldepflicht
8. SpezifischeBesonderheiten	Freiwillige Teilnahme ab 2006 möglich; Aufkauf durch Dritte ab 2006 möglich

Quelle: Eigene Darstellung

(1) Institutionelle Rahmenbedingungen
Angliederung an die Umweltbehörde – vergleiche hierzu Abschnitt 5.1.1

Die Einbeziehung der Landwirte erfolgt ebenfalls durch die Angliederung an die Umweltbehörde. Die Unternehmen richten ihre Anfrage nach zusätzlicher CO_2-Bindung an die Behörde. Die Landwirte melden die Möglichkeit und die Bereitschaft, auf ihren Flächen CO_2-bindende Pflanzen anzubauen. Die Umweltbehörde sammelt und bündelt die eingegangenen Anfragen und vergibt dann die Zusagen bzw. den Auftrag.

(2) Gewünschter Umweltzustand
Die energiebedingten CO_2-Emissionen in Deutschland haben im Jahre 2002 gegenüber dem Vorjahr um 1,5 % auf rund 834 Mio. t abgenommen[10]. Vereinfachend soll angenommen werden, dass mit einer entsprechenden prozentualen Reduktion im Jahre 2003 zu rechnen ist. Damit ergeben sich Ist-Emission zum gedachten Startzeitpunkt 1. Januar 2004 in Höhe von ca. 821,5 Mio. t CO_2. Die Gesamtlaufzeit des Zertifikatesystems beträgt 9 Jahre, d. h. die im Kyoto-Vertrag festgehaltenen CO_2-Reduzierungen müssen bis zum 31. Dezember 2012 erreicht werden. Das allgemeine Modell einer linearen Reduktionsminderung wurde bereits in Abschnitt

[10]Zur Entwicklung des emissionsverursachenden Primärenergieverbrauchs im Jahre 2002 vgl.: Schwache Konjunktur und milde Witterung drücken Primärenergieverbrauch. Bearb.: Franz Wittke und Hans-Joachim Ziesing. In: Wochenbericht des DIW Berlin, Nr. 6/2003. Basis der Berechnungen der CO_2-Emissionen sind die von der Arbeitsgemeinschaft Energiebilanzen veröffentlichten Energiedaten für Deutschland. Betrachtet werden hier (wenn nicht anders ausgewiesen) nur die energiebedingten CO_2-Emissionen. Entnommen aus Ziesing, Hans-Joachim (2003): Nur schwacher Rückgang der CO_2-Emissionen in 2002, in: http://www.loy-energie.de/download/DIW%208-03.pd

4.3.2 *Festlegung eines gewünschten Umweltstandards* vorgestellt und kann nun in Abbildung 42 durch das Einsetzen von realen Werten die Zielgrößen zeigen.

Abb. 42: Anwendung der linearen Reduktionsminderung
(CO_2-Ziel für Deutschland gemäß Kyoto-Protokoll)

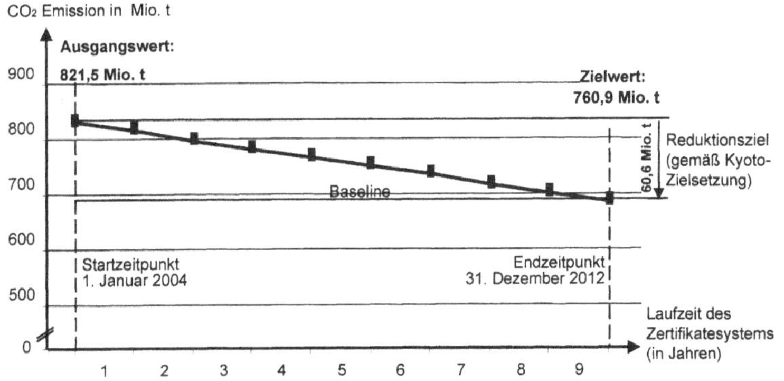

Quelle: eigene Darstellung, Daten entnommen aus: Nationales Klimaschutzprogramm, BMU (2000) und Ziesing (2003). Der Ausgangswert berechnet sich aus dem Emissionswert 2002, reduziert um die fortgeschriebene Vorjahresreduktion von 1,5 % der Gesamtemissionsmenge.

Für die Bundesregierung ergibt sich als Zielwert die Emission von 760,9 Mio. t CO_2. Das entspricht einer erforderlichen Netto-Einsparung an CO_2-Emissionen von 60,6 Mio. t. Da ein Zertifikatesystem „börsenähnlich" gehandelt werden soll, ist prinzipiell eine große Anzahl von Marktteilnehmern denkbar. Allerdings ist bei der nicht durchgängigen freiwilligen Teilnahmeverpflichtung aller Emittenten sicherzustellen, dass nicht-marktkonforme Verhaltensweisen ausgeschlossen werden (siehe 2. Kapitel). Daraus ergibt sich u. a. die Anforderung an die hinreichend genaue Messbarkeit der Emissionsmengen. Infolge dieser Restriktionen muss die Anzahl der Beteiligten so reduziert werden, dass die Einsparungseffekte höher sind als die zugehörigen Messkosten. Diese setzen sich zusammen aus den Kosten für die Messgeräte, die Übermittlung, die Verwaltung usw. Andererseits muss die Teilnehmerzahl so groß sein, dass das potenzielle Einsparvolumen und die zugehörigen Vermeidungskosten in einem wirtschaftlich abbildbaren Verhältnis stehen – und dass es möglichst nicht zu einer Belastung einzelner Unternehmenszweige kommt.

Beispiel:

(1.10) $EW_{co2} = AW_{co2} - (RM_{co2} * D_{co2})$

$$EW_{co2} = 821{,}5 - (6{,}7 * 9) = 821{,}5 - (60{,}6) = 760{,}9\ Mio.t\ CO_2$$

AW_A = Ausgangswert (Ist-Emission) des Schadstoffes A zum Startzeitpunkt
EW_A = Zielwert (Baseline) des Schadstoffes A am Ende des Programms
RM_A = die jährliche Reduktionsmenge des Schadstoffes A
D_A = Gesamtlaufzeit des Zertifikatesystems (in Jahren)

Da die Energieversorger zur Zeit 33,9 % der CO_2-Emissionen verursachen (vergl. Abbildung 39) entspricht das rund 278,5 Mio. t CO_2. Bei den oben ausgewiesenen Reduktionen müssten in jedem Sektor rund 7,3 % vermieden werden. Bei einer Begrenzung des Programms auf die Energieversorger ergibt sich folgender Effekt:

(1.11) $SA_{Energie} = SA_{co2} = RM_{co2} * D_{co2} = 60{,}6\ Mio.t\ CO_2$

SA_A = Einsparung für den Schadstoff A während der Gesamtlaufzeit
RM_A = die jährliche Reduktionsmenge des Schadstoffes A
D_A = Gesamtlaufzeit des Zertifikatesystems (in Jahren)

Für diesen Fall würde dies einer CO_2-Reduktion – bei Erfüllung des Gesamtziels – von 21,8 % ihrer Emissionsmenge entsprechen.

(1.12)

$$EA_{Energie} = \frac{SA_{co2}}{AW_{Energie\ co2}} * 100\ \% = \frac{SA_{co2}}{0{,}339 * AW_{co2}} * 100\ \% = \frac{60{,}6}{0{,}339 * 821{,}5} * 100\ \% \approx 21{,}8\ \%$$

SA_{CO2} = Einsparung für den Schadstoff A während der Gesamtlaufzeit
$EA_{Energie}$ = Anteilige Ersparnis an der Emissionsmenge
AW = Ausgangswert (Ist-Emission) des Schadstoffes zum Startzeitpunkt

Eine solche Konzentration der Einsparbemühungen auf einen Ausschnitt der Verursacher ist mit wirtschaftlich überproportionalen Kosten für die Betroffenen verbunden, die zur mangelnden Akzeptanz und Akzeptanzfähigkeit führen und entsprechende Auswirkungen zur Folge hätten. Dabei gelten die bereits genannten Auswirkungsmöglichkeiten. An dieser Stelle sei nur ein weiterer, unter ökologischen Gesichtspunkten besonders kritischer Aspekt besonders hervorgehoben, da sich hierdurch Zielkonflikte offenbaren. Eine Verteuerung der Energieerzeugung in Deutschland bei dem existierenden kontinental-europäischen Energieversorgungsnetz, würde zwangsläufig eine Verlagerung der Produktion in vom Zertifikatesystem nicht betroffene Regionen mit sich bringen. Das könnte beispielsweise zur Folge haben, dass günstiger Atomstrom aus Frankreich ins deutsche Netz eingespeist wird. Gleichermaßen profitabel werden Kohlekraftwerke hinter den deutschen Grenzen, was der angestrebten globalen CO_2-Minderung zuwiderläuft.

(3) Erstausgabemechanismus

Als Erstausgabemechanismus wurde das Grandfathering bestimmt – vergleiche hierzu Abschnitt 5.1.3.

(4) Sonderzuteilung

Aufgrund der Einbeziehung der Landwirtschaft in das Zertifikatesystem brauchen keine Rücklagen für Neuanlagen gebildet werden. Denn durch die Möglichkeit, die Landwirtschaft durch den Anbau CO_2-bindender Pflanzen mit einzubeziehen, kann an dieser Stelle das System einfach gehalten werden.

(5) Temporäre Ausgestaltung
Das Zertifikatesystems ist auf neun Jahre angelegt, von 2004 bis 2012. Die Gültigkeit eines Zertifikats ist auf ein Jahr beschränkt. Vergleiche hierzu Abschnitt 5.1.5.

(6) Intertemporäre Ausgestaltung
Banking ist für ein zusätzliches Jahr erlaubt. Das bedeutet, dass ein am 01.01.2004 ausgegebenes Zertifikat dadurch eine maximale Gültigkeit bis zum 31.12.2005 hat. Vergleiche hierzu Kapitel 5.1.6.

(7) Kontroll- und Sanktionssystem
Die genaue Darstellung des Kontroll- und Sanktionssystems ist in Abschnitt 5.1.7 erläutert worden. Verstärkt wird die Möglichkeit der Kontrolle zum einen durch die Führung eines Emissionskontos (Abbildung 33) und zum anderen durch die Informationen, die die Behörde durch die Kontrollnummer erhält.

(8) Spezifische Besonderheiten
Die Möglichkeit einer freiwilligen, verbindlichen Teilnahme bzw. der Aufkauf von Zertifikaten wird ab 2006 gegeben sein – vergleiche hierzu Abschnitt 5.1.8.

Die Beantwortung des Klärungsbedarfs in Stufe 3 liefert keinen signifikanten Hinweis auf unlösbare Probleme bei der Ausgestaltung eines Zertifikatmodells zur Internalisierung der Kosten durch CO_2-Emissionen. Damit wird die Stufe 3 erfolgreich abgeschlossen und man gelangt zu Stufe 4.

5.2.5 Stufe 4: Überprüfung der spezifischen Anwendbarkeit

Der Inhalt dieses Abschnitts ist die Überprüfung der durch das Zertifikatesystem verursachten Kosten. Grundsätzlich müssen drei verschiedene „Kostenstellen" berücksichtigt werden, da sich diejenigen den direkten Kosten aus der angedachten Lösung gegenüber sehen:

- Staat / Öffentliche Kassen
- Beteiligte Unternehmen
- Landwirte

Im Folgenden sollen die in den einzelnen Stellen anfallenden Kosten näher untersucht werden.

Der Staat
Die Kosten für den Staat, ein Zertifikatesystem zu implementieren, sind ebenfalls vielschichtig. Jedoch muss an dieser Stelle darauf hingewiesen werden, dass bei der

Anwendung von allen umweltpolitischen Instrumenten Kosten entstehen – für alle Beteiligten.

Die Vorteilhaftigkeit des Kyoto-Vertrages wurde in dieser Arbeit bereits mehrmals erläutert. Auch im Rahmen der Kostenuntersuchung muss nochmals darauf verwiesen werden. Denn durch die Festlegung der Reduktionsziele ist zum einen einer der wesentliche Nachteile von Zertifikatslösungen umgangen worden – die Festlegung des gewünschten Umweltstandards – und zum anderen wurden dadurch die immensen Kosten gespart, die mit dieser Festlegung verbunden sind.

Die entstehenden Kosten fallen vor allem im Bereich der Schaffung von institutionellen Rahmenbedingungen und in der Durchführung der Kontroll- und Sanktionsmechanismen an. Wobei letztere auch wiederum bei allen Instrumenten anfallen. In dem gesamten US-amerikanischen Acid Rain Programm der EPA arbeiten circa 50 Personen, wobei das Zwei-Phasen-System für eine enorme Erhöhung des administrativen Aufwands gesorgt hat – nach Angabe der EPA hat es zu einer Erhöhung der Kosten von 75 % geführt (Hansjürgens, 2000, S. 49).

Das Unternehmen

Bei der Ermittlung der für das Unternehmen anfallenden Kosten durch die Einführung eines Zertifikatesystems müssen die alternativen Kosten eines anderen Instruments berücksichtigt werden. Einer der Vorteile von Zertifikaten ist, dass die Internalisierung zu den geringsten einzelwirtschaftlichen Kosten erfolgt.

Ganz allgemein können die in einem Unternehmen anfallenden Kosten wie folgt definiert werden:

- Schaffung einer Abteilung, die sich mit dem Umweltbereich beschäftigt – sofern nicht bereits vorhanden,
- Erfassung der Emissionen,
- Identifizierung und Bewertungen von Maßnahmen, mit denen die Emissionen gesenkt werden,
- Handel mit Zertifikaten (Meyer, Kruska, Schubert, 2001, S. 99).

Da an dem Zertifikatsystem vorwiegend große Unternehmen beteiligt werden, wird es vermutlich bereits eine Umweltabteilung geben. Dazu kommt, dass die Forderungen nach einer Internalisierung der bei der Produktion entstehenden externen Effekte nicht neu sind. Auch bei der Wahl eines anderen umweltpolitischen Instruments hätte es einer solchen Abteilung bedurft.

Das gleiche gilt für die folgenden zwei Argumente. Denn sowohl die Erfassung der Emissionen muss den Unternehmen bekannt sein, als auch die Überlegungen nach der günstigsten Vermeidungsart.

Den Kosten, die durch den Handel der Zertifikate entstehen, steht die einzelwirtschaftlich gesehen günstigste Art der Vermeidung gegenüber. Im direkten Vergleich zu ordnungsrechtlichen Lösungen, müssten die Unternehmen den festgelegten Grenzwert erreichen – unabhängig von ihren eigenen Vermeidungskosten.

In diesem Modell ist der Handel möglichst einfach gehalten. Die Kosten, die durch den Handel entstehen, fallen vor allem im Bereich der Planung der Marktaktivitäten an. Damit ist die Entscheidung zwischen Emissionen vermeiden oder Zertifikate zukaufen gemeint. Dafür müssen Daten innerhalb des Unternehmens aufbereitet werden und auf dieser Basis Entscheidungen getroffen werden. Die Führung eines Emissionskontos (vgl. Abb. 33) kann dabei unterstützend wirken.

Der Landwirt

Für Beurteilung der Effekte des geplanten CO_2-Zertifikatemodells ergeben sich für die Landwirte die bereits in Abschnitt 5.2.1 diskutierten Grundanforderungen, damit die angedachte Senkenfunktion wirksam wird. Da es nicht Ziel der marktkonformen Lösung sein kann,- eine Bezuschussung jeglicher Art durch Zahlungen aus öffentlichen Kassen zu leisten, ist zu klären, inwiefern sich das Anbauprogramm selbst tragen kann. An dieser Stelle sollen daher die Ausführungen weiterverfolgt werden, da inzwischen die letztmalige Überprüfungsstufe für den Modellansatz erfolgt und die angedachte Lösung bisher nicht an einer der übrigen Kriterien gescheitert ist.

Für die Landwirte ist die Alternative prinzipiell dann interessant, wenn die Investition grundsätzlich positiv zu bewerten ist (dieser Zusammenhang wurde bereits in Formel 1.10 festgehalten, die hier wiederholt wird):

$$(1.13)\quad \sum_{n=1}^{15} \frac{VP_n * e_n}{(1+i)^n} + ZP_1 > \sum_{n=1}^{15} \frac{AK_n + LBK_n + OK_n}{e_n * (1+i)^n}$$

VP = Verwertungspreis
e = Ertrag je Hektar
i = Durchschnitts-Zinssatz
ZP = Zertifikatspreis
AK = Anpflanzungskosten
LBK = Landbewirtschaftungskosten
OK = Opportunitätskosten (verlorene Stilllegungsprämie, entgangene durchschnittliche Erlöse durch den Anbau anderer Pflanzenarten)

Zum Anbau kommt es dann, wenn die Alternative darüber hinaus lukrativer ist als die übrigen Alternativen.

Um die Bedingung der Formel 1.10 zu erfüllen, müssen zunächst folgende Werte bestimmt werden: die Verwertungskosten (in Form von Erlösen), die Erträge (*e*), der

Zinssatz (*i*), die Anpflanzungskosten für Pflanzgut (*AK*) und die Landbewirtschaftungskosten für Düngung, Pflege, Maschinen und Arbeitszeit (*LBK*).

Da Miscanthus bisher nicht in großem Umfang angebaut wird, variieren die Kostenangaben in der Literatur um mehrere 100 Prozent. Aus den verfügbaren Quellen kann daher je nach persönlicher Präferenz nahezu jedes beliebige Endergebnis ermittelt werden. Es wird nachfolgend versucht, ein möglichst ungefärbtes Bild der Kostenblöcke und ihrer Spannweiten aufzuzeigen, so wie sie sich aus den verfügbaren Literaturangaben ableiten/entnehmen lassen. Dabei werden unterschiedliche Aspekte berücksichtigt:

- Landbewirtschaftungskosten (LBK)
- Anpflanzungskosten (AK)
- Verwaltungskosten (VWK)
- Erträge (e)
- Gesamtkosten versus Gesamterlöse
- Zusammenfassung

Landbewirtschaftungskosten (LBK)
Zu den relevanten Landbewirtschaftungskosten für die Miscanthus-Beurteilung zählen die Maschinenkosten, die Pflanzenschutzkosten und die Düngungskosten. In jeden Kostenblock fließen die zugehörigen Arbeitskosten für die Ausführung mit ein.

Die Arbeitskosten werden in der Literatur sehr unterschiedlich beziffert, was an den unterschiedlichen Kalkulationsansätzen in Abhängigkeit der Gesamtnutzungsdauer gesehen werden kann. So nennt Reinhardt Maschinenkosten zwischen 12 €/ha und 288 €/ha in der 15-jährigen Anbauphase. Die durchschnittlichen Maschinenkosten liegen dann bei knapp 230 €/ha, bei 6 Stunden Arbeitszeit p. a. (Reinhardt, 2000, S. 69). Andererseits verwendet das KTBL, auf deren Angaben Reinhardts Rechnungen basieren, durchschnittliche Maschinenkosten von 160 € und einer Arbeitszeit von 3,8 Akh. Da Fixkostenanteile in ähnlicher Höhe wie bei anderen konventionellen Anbaufrüchten zu erwarten sind, können diese in der Kalkulation unberücksichtigt bleiben. Die Spanne der variablen Kosten reicht bei 25 € Stundenlohn für die Tätigkeiten auf dem Feld von 255 €/ha über 380 €/ha bis zu 550 €/ha. Für die Beispielkalkulation soll daher im Folgenden der mittlere Wert angesetzt werden.

Miscanthus ist mit 8,5 t/ha ROS[11] noch vor den Luzernen als humusmehrende Kulturpflanzenart einzuordnen. Bei etablierten Beständen (4 - 8jährig) von *Miscanthus x giganteus* erhöht sich der C- und N-Gehalt sowie die organischen Bodensubstanzen. Die große Menge zugeführter reproduktionswirksamer organischer

[11] ROS = reaktive Sauerstoffverbindungen

Substanz führt zum Anstieg der Kationenaustauschkapazität und des K-Versorgungsgrades der Böden. Es konnte bisher keine Beeinflussung des ph-Wertes und des P-Gehaltes nachgewiesen werden. Die etablierten Bestände sind in der Lage, jährlich 8,2 t/ha organische Substanz zur entsprechenden Reproduktion des Bodens beizutragen, die in ihrer Wirkung dem Stalldung entsprechen. Die durchschnittlichen Düngungskosten über die Nutzungsdauer von 15 Jahren werden mit 100 €/ha angesetzt (Münzer, 2000, Tabelle).

Als Pflanzenschutzmittel sind lediglich Herbizide (im Pflanzjahr und ggf. zu Beginn des 2. Jahres) nötig. Die gesamten Pflanzenschutzkosten für die ersten 2 Jahre betragen demnach 750 €/ha (Münzer, 2000, Tabelle). Über die Nutzungsdauer verteilt liegen die Kosten demnach bei 50 €/ha.

Die Summe aus den in diversen Quellen angegeben Werten für die drei Kostenblöcke passt zu dem ermittelten Durchschnittswert von 380 €/ha für die variablen Kosten (380 € = 230 € für Maschinen + 100 € für Dünger + 50 € für Pflanzenschutz). Die Verwendung des Durchschnittssatzes von 380 €/ha für die Summe der Landbewirtschaftungskosten erscheint daher plausibel.

Anpflanzungskosten (AK)

Die Angaben über die Pflanzgutkosten von Miscanthus schwanken erheblich. Während nach Schweiger rund 250 € je ha anzusetzen sind (Schweiger, 2000a, S. 1), nennen andere Quellen einen Pflanzgutpreis von circa 0,25 €/Pflanze (Stolzenburg, 2001, S.1) oder auch 0,35 €/Pflanze, bei einer Pflanzungsdichte von 10.000 Pflanzen/ha (Jonkanski, 1995, S. 18 f), wobei sich die hohen Kosten auf den reinen Fremdbezug beziehen und durch die Vermehrung der Setzlinge entsprechend sinken: Durch Eigenvermehrung (Rhizome) können die Gesamtkosten der Pflanzgutproduktion auf ein 1/3 der Kosten beim reinen Zukauf gesenkt werden. Münzer nennt als Anlagekosten insgesamt eine Differenz zwischen dem Kauf des Pflanzgutes (Preis: 4.940 €/ha) und den Rhizomen (Preis: 1.653 €/ha) von 3.287 €/ha (Münzer, 2000, Tabelle)

Die Anpflanzung der Setzlinge erfolgt mit herkömmlichen Gemüsepflanzmaschinen, bei einer Rhizomdirektpflanzung werden Kartoffellegemaschinen eingesetzt. Pflanzzeitpunkt ist nach dem Spätfrostende (Mitte bis Ende Mai).

Verwaltungskosten (VWK)

Als Verwaltungskosten sollen die zusätzlich zur alternativen Verwendung anfallenden administrativen Kosten durch die Einbindung der Landwirtschaft in den Zertifikatkreislauf, die Planungen bezüglich der Mengenverwertung und die anfallenden zusätzlichen Aufwendungen, die sich durch diese bisher nicht angebaute Pflanze ergeben, berücksichtigt werden. Die Kostenangaben reichen hier bis zu 85 €/ha. Um bei den folgenden Berechnungen auf der sicheren Seite zu sein, soll diese Obergrenze herangezogen werden, da der Aufwand auf Betriebsebene ad hoc schwer abzuschätzen ist.

Die Anpflanzungskosten stellen offensichtlich die dominante Kostengröße dar. Da diese im ersten Jahr anfallen, kann die Gleichung (1.13) vereinfacht werden, da die Abdiskontierung der übrigen Kostengrößen deren Anteil nur zusätzlich reduziert.

$$(1.14)\quad \sum_{n=1}^{15} \frac{VP_n * e_n}{(1+i)^n} + ZP_1 > \sum_{n=1}^{15} AK_n + LBK_n$$

VP = Verwertungspreis
e = Ertrag je ha
i = Durchschnittszinssatz
ZP = Zertifikatspreis
AK = Anpflanzungskosten
LBK = Landbewirtschaftungskosten

Die Gesamtkosten je Tonne Ertrag ergeben sich aus Gleichung (1.6), wenn man zunächst *e* = 15 t/ha ansetzt, bei einer Nutzungsdauer von 15 Jahren wie folgt:

$$(1.15)\quad GKZ_{ND} = \frac{AK + LBK + VwK}{e} = \frac{(3.500 + 5.700 + 1.275)\ EUR/ha}{15\ t/ha} \approx 698\ \frac{EUR}{t}$$

GKZ = Gesamtkosten des Anbaus je Zertifikatseinheit
ND = Nutzungsdauer

auf Jahresebene ergibt sich ein Anhaltswert von:

$$(1.16)\ \text{bei 15 t/ha:}\quad GKZ_n = \frac{698\ EUR/t}{15\ Jahre} \approx 46{,}5\ \frac{EUR/t}{Jahr}$$

$$\text{bei 20 t/ha:}\quad GKZ_n \approx 34{,}9\ \frac{EUR/t}{Jahr}$$

GKZ = Gesamtkosten des Anbaus je Zertifikatseinheit
n = Jahr

Aufgrund der vorgenannten Informationen ergibt sich ein Kostenkorridor von 33 €/t bis zu 73 €/t. Auf die Spannweite der Werte und deren Auswirkung auf die Sensitivität der angedachten Lösung wird nach der genaueren Betrachtung der Ertragsaspekte eingegangen.

Erträge (e)

Die mittleren ha-Erträge im Erntezeitraum Ende Februar/Anfang März von Miscanthus betragen ca. 15 - 20 t (FNR 2000, S. 78; Schweiger, 2000a, S. 2). Die volle Leistungsfähigkeit wird ab dem 3. Jahr erreicht (Stolzenburg, 2001, S. 1). Die Nutzungsdauer liegt bei 15 – 20 Jahren. Die Biomasseerträge sind auch unter sehr differenzierten Standortbedingungen hoch (Boelcke et al., 2003, S. 1): Mit 4 – 6-jährigen Beständen wurden in einem 3-jährigen Projekt auf 4 Prüfstandorten

(Mecklenburger Grundmoräne, Lüneburger Heide, Mainfränkische Platte) mit stark variierenden Boden- und Klimaverhältnissen zwischen 17,0 und 30,3 t/ha Trockenmasse (oberirdisch) gebildet[12].

Limitierender Wachstumsfaktor ist i. d. R. nur bei sandigen, grundwasserfernen Standorten das Wasser. Der Verdunstungsfaktor von Miscanthus (100 %) liegt deutlich über dem von Winterweizen (50 - 76 %) und Kartoffeln (66 - 84 %)[13]. Der jährliche Transpirationsverlauf lag zwischen 360 und 50 mm. Daraus ergibt sich ein Wasserbedarf je 10 t/ha Trockenmasse von 250 mm[14].

Die zugehörigen Erntemengen erreichten bei einer durchschnittlichen Spanne zw. 10 und 15 t/ha maximal 19,8 t/ha. Ursache hierfür sind

- Vorernteverluste an Blattspreiten und Triebspitzen (4 - 5 t/ha),
- Ernterückstände durch Stoppeln (1,3 - 3,1 t/ha) und
- Stengelverluste bei der Ernte (verfahrensabhängig: ca. 1,7 - 2,4 t/ha).

Bezogen auf die zuvor bestimmten Gesamtkosten ergeben sich basierend auf dem Werte- und Mengengerüst von Münzer folgende jährliche Gesamtkosten in Abhängigkeit des Trockenmasse-Ertrags (Münzer, 2000, Tabelle) – alle Angaben beziehen sich auf 1 ha:

Pflanzen (Kauf):	bei 15 t/ha = 74 €/t	bei 17,5 t/ha = 64 €/t	bei 20 t/ha = 57 €/t
Rhizome (Kauf):	bei 15 t/ha = 56 €/t	bei 17,5 t/ha = 48 €/t	bei 20 t/ha = 42 €/t
Rhizome (Eigen):	bei 15 /ha = 49 €/t	bei 17,5 t/ha = 42 €/t	bei 20 t/ha = 38 €/t

Gesamtkosten versus Gesamterlöse

Damit der Anbau überhaupt eine tragfähige Alternative darstellt, muss der Erlös folglich über diesen Werten liegen. Die Obergrenze deckt sich mit der zuvor ermittelten Obergrenze. Die Untergrenze reduziert sich bei guten Erträgen (20 t/ha anstatt der angenommenen 15 t/ha) um weitere 25 %, auf 34,9 €/t gegenüber der obigen Berechnung in Gleichung (1.16).

Problematisch ist die Kalkulation der Kosten auf Jahresbasis, wenn die Nutzungszeit verkürzt wird. In den oben aufgeführten Gesamtkostenanteilen ist das Pflanzmaterialbeim Kauf der Pflanzen die dominante Kostengröße. Nach dem 1. Jahr

---

12 Die Wurzelmasse kann mit 6 – 8 t/ha Trockenmasse kalkuliert werden.

13 PAN-Faktor des LEACHM-Modells

14 Als Folge konnte keine Grundwasserneubildungsmenge ermittelt werden. Das verhindert zwar Stoffausträge durch Dränwasser oder ins Grundwasser, kann aber bei großflächigem Anbau bei übermäßiger Ausschöpfung des Bodenwasserspeichers auch Grundwasserabsenkungen mit sich bringen.

mit dem Zusatzbedarf an Düngung usw. fallen nur noch geringe Landbewirtschaftungskosten an, weswegen die Landwirte grundsätzlich an einer möglichst langen Laufzeit des „Anbaus aus Zertifikaten" interessiert sein müssen.

Abb. 43: Kosten des Miscanthus-Anbaus in Abhängigkeit der Nutzungsdauer

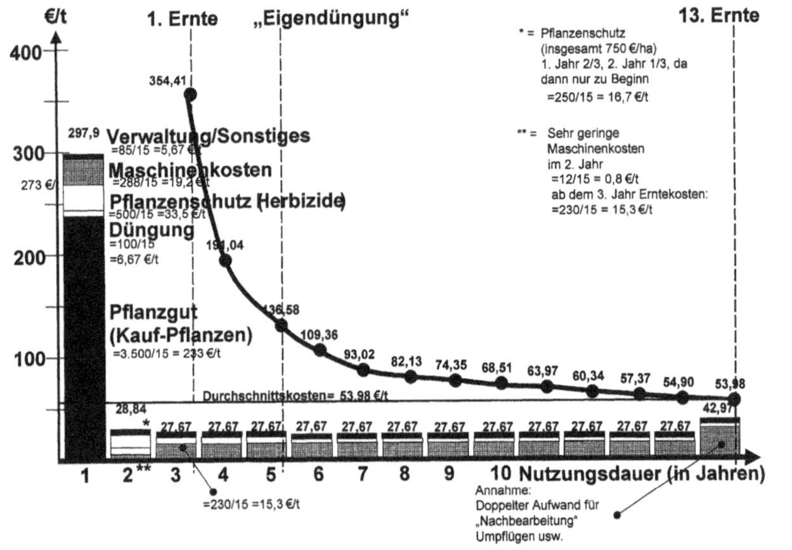

Quelle: eigene Darstellung

Die oben aufgeführten Kostenanteile sollen daher ein letztes Mal bezüglich ihrer zeitlichen Komponente betrachtet werden. Dieser Zusammenhang ist in Abbildung 43 festgehalten.

Zur Verdeutlichung wurden die zur Berechnung herangezogenen Werte in die Abbildung eingefügt. Unberücksichtigt sind etwaige Einsparungen aus dem reduzierten Düngerbedarf in etablierten Beständen (zu erkennen an der gestrichelten Linie mit der Bezeichnung „Eigendüngung"). Des weiteren wurden keine Zinskosten berücksichtigt. Dazu müssten die Minderkosten jeder Anbaualternative und die günstigsten Finanzierungsmöglichkeiten erfasst werden. Ersteres alleine erscheint schon wenig sinnvoll, bedenkt man die große Spannweite im Anfangsinvestitionsbedarf je nach Pflanzgutform. Bei der Eigenvermehrung reduziert sich dieser Block auf 45,5 €/t, was alle anderen Kosten bei weitem übertrifft. Der Kostenverlauf ab der ersten Ernte startet dann bei 97,3 €/t im 3. Jahr und reduziert sich entsprechend der in der Graphik gezeigten Kurve auf 39,6 €/t im 13. Jahr.

Auch Bodennutzungskosten bleiben unberücksichtigt, da diese für alle Anbaualternativen ebenfalls angesetzt werden müssen. Sie stellen keinen Kalkulationsbestandteil für die Vor- oder Nachteilhaftigkeit des Miscanthus-Anbaus dar.

Unterstellt man die Möglichkeit, eigene Rhizome zu verwenden, ergeben sich durchaus realistische, minimale Gesamtkosten bei einer restriktiven Ertragsschätzung zu:

$$GKZ_{MIN} = 39{,}6 \ \frac{EUR}{t}$$

GKZ = Gesamtkosten des Anbaus je Zertifikatseinheit

Unterstellt man einen erreichbaren Ertrag von 20 t/ha, was einer Steigerung um 25 % gegenüber der angewendeten Kalkulationsbasis entspricht, dann bleiben lediglich Gesamtkosten von knapp unter 30 €/t.

Gesamterlöse (GEZ)

Die Erlösspreizung bei Miscanthus ist durch die vielfältigen Nutzungsmöglichkeiten immens. Die Pflanze eignet sich in verschiedenen Branchen zu teilweise diversen Verwendungen und wird bereits eingesetzt (bzw. im Test) in folgenden Bereichen (Pude, Bliesner, 2002, S. 1f.):

- Bauindustrie: Leichtbeton und Putz, Estrich, Dämmplatten/Schüttdämmung, Dachdeckung, Innen- u. Aussenputz, Windschutzmatten (Höhn, 2002, S. 2f.)
- Automobilindustrie: Lenkräder, Ölbinder, LKW-Leichtbau (im Test)
- Zellstoffindustrie: Verpackungsmaterial, Papier und Pappe
- Gartenbau: Torfersatz/Kultursubstrate, Blumentöpfe
- Energieerzeugung: Verbrennung, Vergasung, Verflüssigung (im Test)

Wie hoch die Nachfrage bei einer Optimierung des Einsatzes und einer besseren Marktdurchdringung in den einzelnen Bereichen sein wird, ist zur Zeit hypothetisch. Für die vorliegende Arbeit ist lediglich relevant, ob es eine realistische Chance gibt, einen Marktpreis zu erzielen, der ohne Subvention die Tragfähigkeit eines Zertifikatmodells sicherstellt.

Miscanthus zeichnet sich gegenüber anderen Pflanzen durch das besonders hohe Heizöläquivalent (t/ha) aus (siehe Kapitel 2). Da jedoch noch Aufwendungen für alle vorgelagerten (Transport, Lagerung usw.) und nachgelagerten Prozesse (Entsorgung der Asche usw.) zur energetischen Nutzung der Biomasse erforderlich sind, muss ein Kostenaufschlag berücksichtigt werden (Schweiger, 2000b, S. 2).

Abb. 44: Preisentwicklung Heizöl

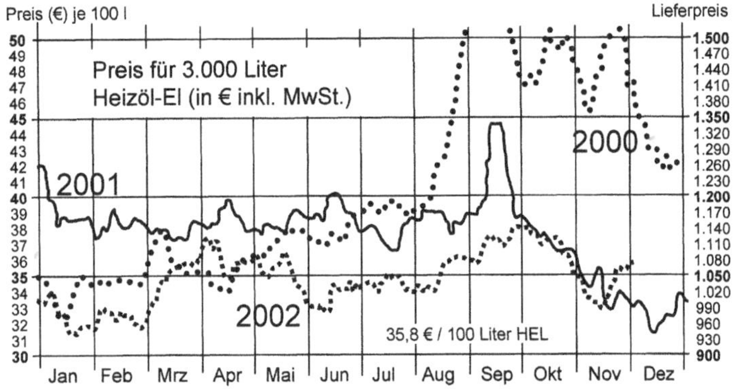

Quelle: Tecson 2002, http://home.t-online.de/home/tecson/pheizoel.htm, Stand: 02.12.02

Bei einem Heizöl-Marktpreis von ca. 35 €/100l (siehe Abbildung 44) ergibt sich aufgrund der Umrechnung der 6.000 kg/ha Heizöläquivalent[15] ein Energiewert von 7.140 l Heizöl EL[16]. Das entspricht einem Gesamterlös von rund 2.500 €/ha. Diese Berechnung basiert auf einem Ernteertrag von 15 t/p.a., was einem Tonnenerlös von 167 € im Jahr entspricht.

(1.17) $$GEZ = 167\frac{EUR}{t} * 15\frac{t}{ha} \approx 2500\frac{EUR}{ha}$$

GEZ = Gesamterlös aus der Vermarktung

Rechnet man für die oben genannten, zusätzlichen Kosten einen Abschlag von 50 % (Schweiger, 2000b, S. 2), so verbleiben immer noch Einnahmen von 1.250 €/ha bzw. 83 €/t. Voraussetzung für diese Berechnung ist die entsprechende energetische Verwertung der Erntemengen – diese muss sichergestellt werden. Wahrscheinlich eignet sich dafür die Zertifikats-Institution am besten, da diese auch die räumliche Mengenverteilung besser steuern kann.

Der Mindestpreis eines Zertifikates, der den Anbau von Miscanthus für die Landwirte attraktiv macht, liegt so, dass die Differenz aus Gesamtkosten des Anbaus je Zertifikatseinheit (GKZ) und Gesamterlös aus dessen Vermarktung (GEZ) zuzüglich des Zertifikatpreises (ZP) größer null ist.

---

[15] Eine Tonne Miscanthus entspricht dabei bei einer Erntemenge von 15 t = 6.000 kg Heizöl. Vgl. Schweiger, 2000b, S. 1f.

[16] 11,9 kWh/kg = 10 kWh/l Umrechnung für Heizöl EL. Angaben von BP, 2003, S. 1f.

(1.18) $\sum_{t=1}^{n} GEZ_t + ZP \geq \sum_{t=1}^{n} GKZ_t$

GKZ = Gesamtkosten des Anbaus je Zertifikatseinheit
GEZ = Gesamterlös aus der Vermarktung
ZP = Zertifikatspreis für eine t CO_2 (für 40 Zertifikate als ha-Äquivalent = 40 Z_{einzel})

Hierbei ist die Laufzeit der Miscanthus-Nutzung ausschlaggebend. Der Wert eines Zertifikats muss also zwingend zwischen den beiden Extrema (Laufzeit von einem Jahr und Laufzeit von 15 Jahren) liegen. Bei einer Laufzeit von unter drei Jahren ergibt sich weder eine sinnvolle Kostenzuordnung pro Tonne noch sind Erlöse zu realisieren.

Der zu kalkulierende Zeithorizont, bei dem die Kosten des Miscanthusanbaus ohne Zertifikatsmodell größer als die möglichen Erlöse sind, reicht vom 3. bis ins 10. Jahr (siehe Abbildung 47). Im 10. Jahr wird der break-even ohne Anreizsystem des Zertifikatspreises erreicht. Das letzte voll abzudeckende Jahr ist daher das 9. Jahr:

t=3: $83 \frac{EUR}{t} + ZP \geq 354 \frac{EUR}{t} \quad ZP \geq 271\,EUR$

t=9: $83 \frac{EUR}{t} + ZP \geq 74{,}35 \frac{EUR}{t} \quad ZP = nicht\ relevant$

t = Zeit (Nutzungsdauer)
ZP = Zertifikatspreis

Abb. 45: Wirtschaftlichkeitsbetrachtung Miscanthus-Anbau

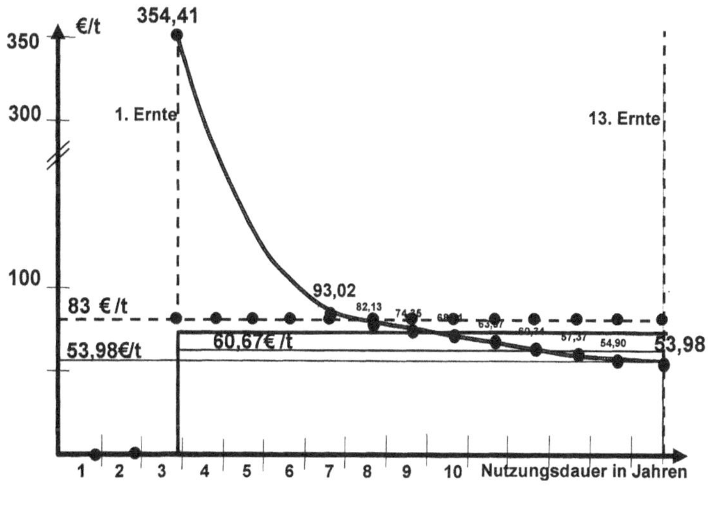

Quelle: eigene Berechnungen

Die übrigen Konstellationen zeigt Abbildung 45. Außer den hier betrachteten Kostenblöcken fließen in die Gesamtentscheidung der Landwirte noch Opportunitätskosten in Form verlorener Stillegungsprämien oder durchschnittlicher Erlöse von anderen Pflanzenarten mit ein, mit denen der Miscanthus-Anbau konkurriert. Die Prämie im Ackerbau beträgt ca. 350 €/ha, der Standarddeckungsbeitrag rund 700 €/ha.

Für die Akzeptanz durch den Landwirt sind diese Opportunitätskosten ebenfalls zu berücksichtigen. Bezogen auf einen Hektar ergibt sich daher die kritische Größe wie nachfolgend berechnet. Dabei wurden wiederum die um 50 % reduzierten möglichen Tonnenerlöse (1.250 €/ha) angesetzt. Die Gesamtkosten ergeben sich aus den aufgelaufenen Kosten je Tonne auf Hektar umgerechnet (1 ha ⇔ 15 t) wie folgt:

Berücksichtigung der durchschnittlichen Ackerbauprämie von 350 €/ha:

t=3: $1.250\frac{EUR}{ha} + 40 * Z_{Einzel} \geq 5.310\frac{EUR}{ha} + 350\frac{EUR}{ha} \quad Z_{Einzel} \geq 110{,}25\ EUR$

t=9: $1.250\frac{EUR}{ha} + 40 * Z_{Einzel} \geq 1.115\frac{EUR}{ha} + 350\frac{EUR}{ha} \quad Z_{Einzel} \geq 5{,}38\ EUR$

t = Zeit (Nutzungsdauer)

Z_{Einzel} = Zertifikatspreis für eine t CO_2. Ein Zertifikat setzt sich aus 40 Einzelzertifikaten zusammen: ZP = 40 Z_{Einzel}

Berücksichtigung des durchschnittlichen Deckungsbeitrags von 700 €/ha:

t=3: $1.250\frac{EUR}{ha} + 40 * Z_{Einzel} \geq 5.310\frac{EUR}{ha} + 700\frac{EUR}{ha} \quad Z_{Einzel} \geq 119{,}00\ EUR$

t=9: $1.250\frac{EUR}{ha} + 40 * Z_{Einzel} \geq 1.115\frac{EUR}{ha} + 700\frac{EUR}{ha} \quad Z_{Einzel} \geq 14{,}13\ EUR$

t = Zeit (Nutzungsdauer)

Z_{Einzel} = Zertifikatspreis für eine t CO_2. Ein Zertifikat setzt sich aus 40 Einzelzertifikaten zusammen: ZP = 40 Z_{Einzel}

Ein positiver Zertifikatspreis stellt somit keine notwendige Bedingung für die prinzipielle Eignung der Alternative „Anbau CO_2-bindender Pflanzen" dar. Vielmehr stellt sich die Frage, inwieweit die letzte Ernte durch die Institution sichergestellt werden muss, um die Unternehmen an die Einsparmassnahmen zu binden.
Daher wird ein Landwirt bestrebt sein, die Initial-Investition in die Setzlinge durch eine möglichst lange Einnahmenreihe zu überkompensieren, unabhängig von den Überlegungen der Institution.

Das Zusammenspiel der einzelnen Kosteneinflüsse auf die Kosten-Erlös-Schere, die für die Anbauüberlegung von Miscanthus beachtet werden muss, ist in Abbildung 46 für einen optimistischen und einen pessimistischen Fall zusammengestellt. Dafür wurde ein weites Spektrum an Literatur erfasst, in der sehr unterschiedliche Werte angegeben sind. Die Extreme bilden die Grenzwerte.

Abb. 46: Kosten-Erlös-Schere Miscanthus

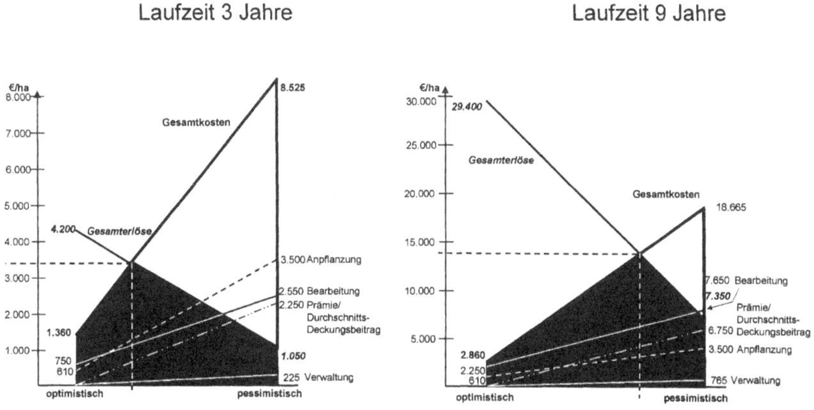

Quelle: eigene Darstellung, basierend auf div. Quellen

Aus Abbildung 46 ist zu erkennen, dass sich der Schnittpunkt zwischen einer kurzen und einer langen Nutzungsdauer weiter in Richtung pessimistischer Annahmen verschiebt. Das bedeutet, dass bei einer Laufzeit von 9 Jahren nur noch bei sehr pessimistischer Schätzung der Erlöse und einhergehender Schätzung der Kosten ein Anbau per se – aus landwirtschaftlicher Sicht – nicht sinnvoll erscheint. Kritisch für die Akzeptanz dieser Alternative für die Zertifikatslösungen ist lediglich der Bereich rechts des Schnittpunktes von Gesamterlös- und Gesamtkostenkurve.

Sollten die Gesamterlöse je Hektar unterhalb der zugehörigen Gesamtkosten liegen, so muss der zu erwartende Zertifikatspreis diese Lücke kompensieren.
In Bezug auf die Preisentwicklung der US-amerikanischen Modelle sind Verweise an dieser Stelle nicht sinnvoll:

- Die Modelle haben sich auf andere, mengenmäßige weniger emittierte Schadstoffe bezogen.
- Bei dem Acid Rain Programm kam es aufgrund der zwei Phasen zu Zeitverzögerungen.
- Bei dem Reclaim-Programm war die Bemessungsgrundlage des Grandfatherings zu hoch, so dass es erst zu einer verspäteten Preisbildung kam, bei der die Preise den Vermeidungskosten entsprachen.

Verwertung von Miscanthus

Ziel dieses Kapitels war die Anwendung des zuvor entwickelten 5-Stufen-Modells. Der Vollständigkeit halber werden nun die möglichen Verwertungsalternativen kurz betrachtet. Dazu gehört neben einer energetischen Nutzung die Produktion von:

- Baustoffen, Dämmstoffen, Zusätze für zementöse Stoffe:
  Versuche haben ergeben, dass die Eigenschaften von Miscanthus zur Wärmeisolation ähnlich zu Styropor sind.
- Granulat für Formteile:
  Denkbar sind hier vor allem Schutzhüllen und Verpackungen für stoßempfindliche Geräte.
- Torfersatz, Mulchproduktion:
  Miscanthus kann durch eine entsprechende Verarbeitung als Torfersatz dienen, wodurch Moore nicht im jetzigen Umfang abgebaut werden müssen.
- Fasern für technische Anwendungen (Schweiger, Stolzenburg, 1994, S. 8f).

Grundsätzlich ist darauf zu achten, dass die Verwertung raumnah zur Produktion erfolgt. Die Organisation und die Durchführung des Zertifikatesystems erfolgt durch die Umweltbehörde. Diese muss bei der Vergabe der Anbau-Aufträge auf die räumliche Nähe zwischen Produktion und Verarbeitung/Verwertung von Miscanthus achten. Denn durch längere Transporte reduzieren sich die Bindungseffekte von Kohlendioxid, da die Transportmittel für weitere Emissionen verantwortlich sind. Außerdem erhöhen sich durch größere Entfernungen die Kosten für den Transport.

Zusammenfassung

Es zeigt sich, dass die angestrebte erweiterte Lösung erreichbar ist und eine wesentliche Flexibilisierung unter Einhaltung aller 9 Bewertungskriterien darstellt. Darüber hinaus entstehen weitere positive Effekte, die volkswirtschaftlich interessant, aber nicht Bestandteil der Zertifikatsüberlegungen sind. Diese werden in Kapitel 6 aufgegriffen.

Nachdem die Zertifikatslösung unter Einbeziehung der Landwirtschaft als vorteilhaft für die Zielerreichung zur Reduzierung von CO_2 in der Atmosphäre angesehen werden kann, ist abschließend festzuhalten, welche positiven Effekte sich ergeben:

- Die Miscanthus-Alternative eignet sich gut für Unternehmen, die eine recht kurze Restlaufzeit haben bzw. deren Nutzungsdauer nach Einführung des Zertifikatmarktes verkürzt wird. Sie erhalten die Möglichkeit der Zwischenfinanzierung der höheren Emissionen durch den Anbau.
- Bei dem Anbau von Miscanthus wird Kohlendioxid aus der Atmosphäre gebunden und – im Fall von energetischer Nutzung – einem geschlossenem Kreislauf zugeführt, d. h. es entsteht kein Neueintrag von CO_2 aus gebundenen fossilen Quellen (Schweiger, Stolzenburg, 1994, S. 11).

- Die CO_2-Ausbringung durch den Einsatz von landwirtschaftlichen Maschinen kann in der Betrachtung vernachlässigt werden. Versuche haben gezeigt, dass z. B. der Unkrautwuchs für Miscanthus ab dem 2. Wuchsjahr keine Bedeutung hat (Schweiger, Stolzenburg, 1994, S. 17). Somit entfällt ab diesem Zeitpunkt die Behandlung mit Herbiziden – und die damit verbundene CO2-Emissionen durch die Fahrzeuge.
- Volkswirtschaftlich reduzierte Abhängigkeit von Rohöl-Importen. Dieser wichtige Aspekt kann in der Arbeit nur gestreift werden. Es gibt Berechnungen, die Gesamteinsparungen in den Rohöl-Importen von bis zu 5 % sehen.
- Größere Einspareffekte werden zwar durch einige isolierte Reduktionsprojekte erreicht, diese betreffen aber Einzelunternehmen und rufen Subventionen hervor; beispielsweise beim – langfristig gesehen – Ersetzen eines Braunkohlekraftwerks durch ein Gas- oder Dampfturbinenkraftwerk. Hier werden mit einer Umstellung 600.000 t CO_2 gespart (Ulreich, 2002, S. 7).

Die Zertifikatslösung erfüllt damit alle relevanten Kriterien und es kann zur Ausgestaltung der Details in Stufe 5 des Modells übergegangen werden.

5.2.6 Stufe 5: Darstellung einer Zertifikatslösung

Für die Ausgestaltung der Zertifikatslösung in Stufe 5 werden somit alle bisher aufgeführten Bausteine verwendet. Das Zusammenspiel der einzelnen Elemente zeigt Abbildung 47 schematisch. Die „klassische“ Lösung eines Zertifikatmodells sieht bei Mehremissionen entweder den Zukauf von Zertifikaten vor oder die Vermeidung von Emissionen. Die praktikable Ausgestaltung des Zertifikatmodells erfolgt dann durch die Anwendung des 8-Phasen-Modells. Das Modell wird durch die Möglichkeit einer Einbeziehung der Landwirtschaft erweitert, indem Landwirte für den Anbau CO_2-bindender Pflanzen bezahlt werden. Zur Sicherstellung der Praktikabilität und zur Analyse der Wirkungsweise wurden die relevanten Kostengrößen ermittelt. Ein Lösungsvorschlag wird unter Einbeziehung eines institutionellen Steuerungsprozesses erarbeitet. Dabei hilft das Emissionskonto dem Unternehmen bei der Planung.

Abb. 47: Ausgestaltung der Zertifikatslösung unter Anwendung des 8-Phasen-Modells und Einbeziehung der Landwirtschaft

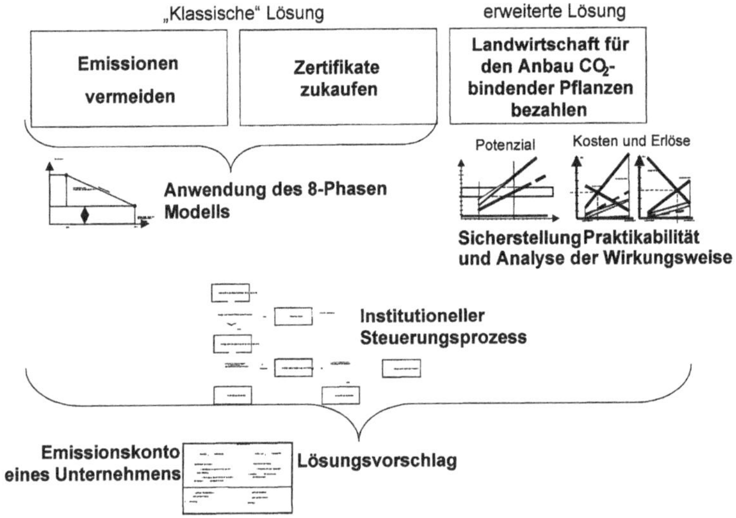

Quelle: eigene Darstellung

Nachdem die Stufen 1 bis 4 erfolgreich durchlaufen wurden, erfolgt nun die zusammengefasste Ausgestaltung des Anwendung von Umweltzertifikaten für CO_2 als umweltpolitisches Instrument in Deutschland. Abbildung 48 zeigt abschließend die wesentlichen Bestandteile des Modells in tabellarischer Form. Dabei wurden lediglich die wichtigsten Fakten berücksichtigt. Die eigentliche Arbeit, die sich im Lösungsaufbau widerspiegelt, kann diese Übersicht nicht liefern.

Abb. 48: Modellaufbau für CO_2

Schadstoff	Kohlendioxid (CO_2)
Einheit der Zertifikate	1 t CO_2
Baseline (Zielwert)	684 Mio. t CO_2
Laufzeit Zertifikatesystem	9 Jahre
Kreis der Beteiligten	Großemittenten (Energieversorger), Landwirtschaft
Zielerreichung	Lineare Reduktion
Laufzeit der Zertifikate (temporäre Ausgestaltung)	1 Jahr
Nutzung der Zertifikate (intertemporäre Ausgestaltung)	Banking für 1 Jahr möglich
Erstausgabemenge	Status quo (Grandfathering)
Ermittlungszeitraum	Letzte 3 Jahre
Neuemittenten	Durch Einbindung der Landwirtschaft unproblematisch
Opt in	Einbeziehung Dritter ab 2006
Besonderheiten	Einbeziehung der Landwirtschaft als CO_2-Senke durch Anbau (Miscanthus)

Quelle: eigene Darstellung

5.3 Modellanwendung für Methan

Analog zur im vorangegangenen Abschnitt 5.2 angewandten CO_2-Modellierung auf Basis des 5-stufigen methodischen Ansatzes, wird nun die gleiche Vorgehensweise auf Methan (CH_4) angewandt. Daher wird in Abschnitt 5.3.1 zunächst die Einbeziehung der Landwirtschaft in das Modell erläutert. Die folgenden Abschnitte 5.3.2 bis 5.3.6 beschreiben dann das 5-Stufen-Modell.

5.3.1 Einbeziehung der Landwirtschaft

Um die Landwirtschaft in das Zertifikatesystem einzubeziehen, sind in einem ersten Schritt die Hauptemittenten in Deutschland zu ermitteln, um eine geeignete Abgrenzung der Beteiligten für das Zertifikatesystem vornehmen zu können. Aus den Ausführungen in Abschnitt 2.2.4 *Relevante Aspekte des Treibhauspotenzials*

(Abbildung 5) ergibt sich ein Anteil von Methan am Treibhauseffekt von 13 %. Daran hat die Landwirtschaft weltweit einen Anteil von 45 % (siehe Abbildung 49), was einem direkten Einfluss der Landwirtschaft von 6,4 % am Treibhauseffekt entspricht.

Abb. 49: Anteil der Landwirtschaft an den Methanemissionen

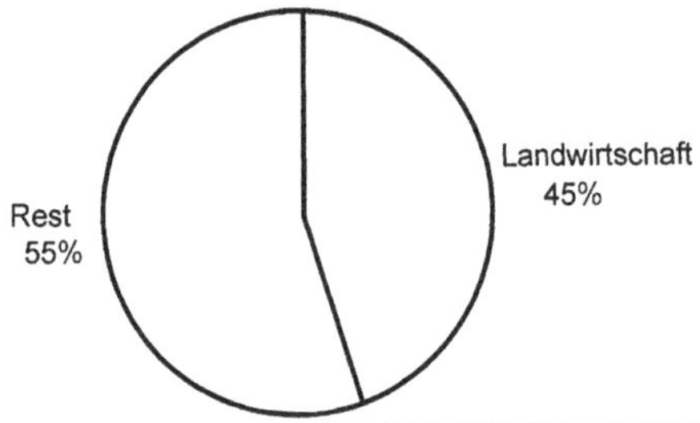

Quelle: Ernährungs- und agrarpolitischer Bericht der Bundesregierung 2002, S. 27

Dadurch bedingt, dass ein Großteil der anthropogenen Ursachen, wie Reisanbau und Brandrodungen, nicht in Deutschland vorkommen, ist der Anteil der Methanemissionen relativ gering. Der Anteil der Landwirtschaft an allen Methanemissionen in Deutschland liegt bei circa 32 % (vgl. Abschnitt 2.4.2), das entspricht einer Emissionsmenge von 1,5 Mio. t, wobei Landnutzungsänderungen und Forstwirtschaft keine Rolle spielen (Europäische Union, 1999). Wie auch beim CO_2-Modell stellt die Landwirtschaft bei Methan sowohl eine Quelle als auch eine Senke dar. Der Landwirtschaft kommt als Senke eine wichtige Rolle zu: 10 % der globalen CH_4-Senken werden der Oxidation von atmosphärischem Methan durch gut entwässerte Böden zugerechnet (Europäische Kommission, 2003, S. 6).

Bei der Überprüfung des Kreises der Beteiligten zeigen sich erste Probleme. Zum einen wird ein großer Teil der Emissionen durch Brandrodungen, Mülldeponien und Reisanbau hervorgerufen, zum anderen basieren die Emissionen der deutschen bzw. europäischen Landwirtschaft auf der Tierhaltung. Dadurch ergeben sich Probleme, die Voraussetzungen für den Einsatz von Zertifikaten sinnvoll zu erfüllen. Zum einen müssten alle Beteiligten berücksichtigt werden, was letztlich der Anzahl der Tiere bzw. bei Stallhaltung der Summe aller Stallungen gleichkommt. Durch die im Lebensmittelrecht vorgeschriebene Transparenz in der Fleischproduktion ist die Kontrolle der Tierzahlen, deren Fleisch weiter verwendet wird, leicht zu kontrollieren. Problematisch könnte es hingegen für Schafe, Ziegen, Geflügel und teilweise für Milchkühe werden – wobei letztere mengenmäßig durch die Milchquote erfasst sind. Ähnlich wie bei der ersten Phase des US-amerikanischen Acid Rain Programms könnten – je nach Anteilen – prozentual die größten Emittenten beteiligt werden. Dieser Aspekt wird im weiteren Verlauf des 5-Stufen-Modells für Methan untersucht.

Im Rahmen der Erfüllung der Aufgaben der Landwirtschaft (vgl. Abschnitt 2.4.1) tritt die Landwirtschaft nur als Verursacher der Emissionen auf und bietet keinerlei Möglichkeiten, als Senke genutzt zu werden. Die 1,5 Mio. t setzen sich bei vergleichbaren Verhältnissen der Emissionsbereiche zu den übrigen EU-Ländern wie folgt zusammen (Abbildung 50). Dabei deckt sich die Angabe der ca. 1,5 Mio. t auch mit neueren Angaben aus 2001, wo 1,47 Mio. t genannt werden (UBA 2001, unveröffentlicht, entnommen aus Verbraucherministerium, 2003, S. 150).

Abb. 50: Anteile der landwirtschaftlichen Emissionsquellen für Methan (CH_4) in Deutschland

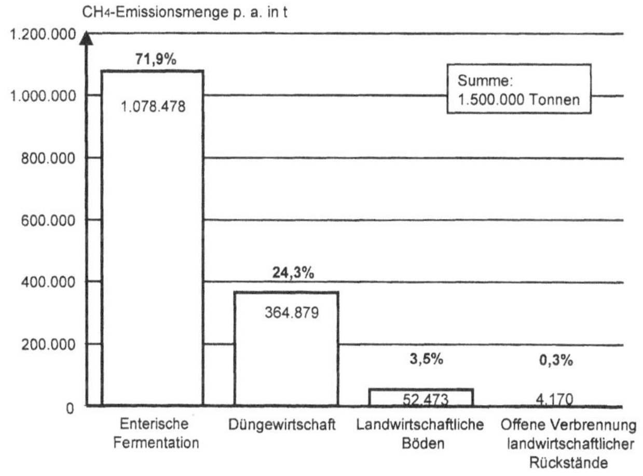

Quelle: eigene Darstellung aus Daten der EU-Kommission, 2003, Tabelle 4

Da die Landwirtschaft die zweitgrößte Emmitentengruppe ist, muss im folgenden auch getestet werden, ob eine Zertifikatslösung für die Landwirtschaft alleine sinnvoll ist. Betrachtet man die landwirtschaftlichen Emissionsquellen genauer, so wird deutlich, dass sich Reduktionen vor allem im Bereich der enterischen Fermentation direkter und in größerem Umfang auf die Gesamtemissionen auswirken. Auch die Düngewirtschaft erscheint zunächst ein guter Ansatzpunkt.

Weniger relevant vom Einsparpotenzial her erscheint die landwirtschaftliche Nutzung von Böden mit 3,5 % und die Verbrennung landwirtschaftlicher Abfälle mit 0,3 % der gesamten Methanemissionen in Deutschland. Die Möglichkeiten und Effekte der Emissionsreduzierung sollen vor diesem Hintergrund zunächst geprüft werden. Dabei wird auch immer festgehalten, wie im Falle einer Zertifikatslösung verfahren werden kann. Abschließend werden die Schlussfolgerungen aus den erzielten Erkenntnissen zusammengetragen.

Enterische Fermentation
Hierunter fallen alle von Nutztieren abgegeben Methanmengen durch den tierischen Stoffwechsel. In Deutschland sind von einer Emissionsreduzierung somit all diejenigen betroffen, die Kühe, Schweine, Geflügel, Schafe und Ziegen halten. Ein Zertifikatesystem wäre nur praktikabel, wenn Nebenerwerbslandwirte, mit sehr geringer Anzahl gehaltenen Tiere vernachlässigt werden. Der Fall der Nebenerwerbslandwirte ist ähnlich zu dem persönlichen Individualverkehr im CO_2-Modell, denn die Einbeziehung aller Tierhalter der aufgeführten Arten kann aus Effizienzgründen nicht berücksichtigt werden.

Die Hauptemittenten sind Wiederkäuer, bei denen beim Vergären der Kohlenhydrate im Pansen CH_4 entsteht (anaerobe Zellulosevergärung). Andere Nutztiere (Monogastiden) produzieren wesentlich weniger Methan. Das Verhältnis der CH_4-Emissionen in kg/Tier und Jahr ist auszugsweise in Abb. 51 dargestellt. Bezogen auf die Anzahl Tiere und deren durchschnittliche Lebendmasse ergibt sich die Relevanz der Beteiligung der einzelnen Tierarten. Dadurch lässt sich die Anzahl der für ein Zertifikatsmodell relevanten Grundgesamtheit beschränken. Rinder machen 90 % der stoffwechselbezogenen Emissionen aus.

Abb. 51: Verhältnis der Methanemissionen von Tieren

Tierart	**CH4-Emission in kg/Tier (p. a.)**
Rinder	
Kälber (bis zu 6 Monate)	21
Jungrinder (6 - 12 Monate)	50
Jungrinder (13- 24 Monate)	57
Färsen	61
Milchkühe	100
Sonstige	61
Schweine	1
Geflügel	0,1

Quelle: VM, 2003, S. 150. Angaben basierend auf Ahlgrimm, Gädeken, 1990 und Heyer, 1994

Die Methanemissionen werden durch die Lebendmasse und bei Kühen durch die Milchleistung beeinflusst. Bei vergleichbarer Lebendmasse kann durch eine Steigerung der Milchleistung eine Methanreduktion bezogen auf die Milchleistung von 10 % (bei 500 kg Lebendmasse und einer Steigerung der Milchleistung um 2000 kg p. a.) bis zu 27 % (bei 700 kg Lebendmasse und einer Steigerung der Milchleistung um 2000 kg p. a.) erreicht werden (VM, 2003, S. 151). Neben einer reinen „Kopfzahl" als Bemessungsgrundlage für die Vergabe von Zertifikaten muss somit dieses Kriterium mitberücksichtigt werden.

In der Summe gibt es weitere Faktoren, die auf die Höhe der CH_4-Produktion der Tiere einwirkten. Hierzu zählen:

- der Energieverbrauch (70 % der Freisetzungen sind Grundumsatz, vgl. Institut für Landwirtschaft und Umwelt, 2001, S. 1),
- die Haltungsarten (z. B. Laufställe führen zu größerer CH_4-Freisetzung als Anbindeställe),
- das Mistsystem (Flüssigmist führt zu höheren CH_4-Freisetzungen als Trockenmist),
- die Futterzusammensetzung und die Futtermenge,
- die Umgebungstemperaturen,
- die Verdauungsgeschwindigkeiten sowie
- der Zusatz von Enzymen, Inhibitoren und Antibiotika.

All diese neben den zuvor angesprochenen Faktoren Art, Alter und Gewicht zu berücksichtigen, ist nicht praktikabel. Als Lösung wäre eine allgemein akzeptable „Umrechnungsformel" in Emissionsäquivalente denkbar. Dabei müssen die relevanten Faktoren, die sich zu einer Emissionsminderung in größerem Umfang nutzen lassen, Berücksichtigung finden. Gelingt dies nicht, besteht kein Anreiz, die pro Kopf-Emission zu reduzieren, solange die Kopf-Zahl die wesentliche Bemessungsgrundlage ist[1]. Ein Handicap für die Berücksichtigung aller Faktoren für die Äquivalenzrechnung stellt die unzureichende Erforschung der einzelnen Einflussfaktoren dar. Diese muss zumindest soweit angeschlossen sein, das es eine hinreichend akzeptable Bemessungsgrundlage gibt.

Düngewirtschaft - Exkremente der Nutztiere

Der zweitgrößte Block an Methanemissionen der Landwirtschaft ergibt sich aus den Exkrementen der Nutztiere. Bei anaerober Lagerung des Viehdungs kommt es zur mikrobiellen Umwandlung und dem Abbau der organischen Substanz. Einige Grundlagen hierzu wurden bereits in Abschnitt 2.4.2 beschrieben. Bei einer Berücksichtigung dieser Quelle ergibt sich ein identischer Kreis der Teilnehmer zum vorangegangenen Punkt. Landwirte, die für eine aerobe Lagerung des Viehdungs sorgen und somit die Methanbildung vermeiden, könnten unter Umständen mit Sonderzuteilungen belohnt werden. Auch Landwirte, die eine anaerobe Lagerung des Viehdungs betreiben, könnten in den Genuss von Sonderzuteilungen kommen, wenn sie das entstehende Methan zu Heizzwecken nutzen.

[1] Es wäre sonst mit Verhaltensweisen analog zum Road-Pricing auf Basis einer Einmalzahlung p. a. zu rechnen.

Auch für diese Quelle muss eine differenzierte Beurteilung der relevanten Tiere vorgenommen werden. Dabei ergibt sich eine grobe Relation der CH_4-Bildung in kg/Tier p. a. zwischen Rind : Schwein : Geflügel von 67 : 13 : 1 (VM, 2003, S. 151). Dabei schwankt der Wert bei Rindern je nach Alter des Tieres, die Werte liegen zwischen 25 (Kälber) und 144 (Milchkühe).

Probleme werden sich vermutlich im Bereich der Akzeptanz der betroffenen Landwirte ergeben. Diese sind allerdings zum einen von der Art der Ausgestaltung in Phase 3 abhängig, zum anderen von dem zusätzlichen Arbeitsumfang, den die Einführung eines Zertifikatesystems für den Landwirt mit sich bringt. Durch die Abwicklungserfahrung mit der Milchquote dürften aber gerade die benötigten Daten schon vorliegen und somit ist der Mehraufwand sehr gering.

Vorteile ergeben sich bei dieser Emissionsquelle durch die Haltung größerer Tierbestände auf relativ kleiner Fläche, wie bei Mastbetrieben und Milchviehbetrieben. Deren Dung wird meist auf großen Misthaufen oder in Gärgruben gelagert. Hier fällt es leichter, eine aerobe Lagerung mit signifikanten Effekten zu erzielen. Nachteilig ist in nicht geschlossenen Räumen die starke Geruchs- und Ammoniakfreisetzung. Daher bietet sich als praktikablere Alternative die geschlossene Lagerung und die damit verbundene Methangewinnung an, bei der das CH_4 in Biogasanlagen energetisch genutzt wird. Durch diese kontrollierte CH_4-Emission sind die Treibhausgas-Emissionsfaktoren im Vergleich zum Referenznutzen (Lagerung der Gülle) negativ, wobei alternativ die gelagerte, vergorene wie auch die unvergorene Gülle landwirtschaftlich genutzt wird.

Landwirtschaftliche Böden – Landwirtschaft als Senke?
Die Fähigkeit der Böden, CH_4 zu produzieren und zu verbrauchen, hängt von der Bodennutzung und den Bodentypen ab. Als signifikante Senken kommen gegebenenfalls trockene, nicht bewässerte Böden und Wiesen in Frage (Europäische Kommission, 2003, S. 6). Demnach sind bewirtschaftete Böden als solche „keine wesentliche CH_4-Quelle oder -Senke, obwohl in zahlreichen Studien nachgewiesen wurde, dass das Aufbringen von Stickstoffdüngungsmitteln auf Böden die Oxidation von CH_4 vielfach hemmt, d. h. dass Ammoniak möglicherweise als Hemmstoff für das Enzym wirkt, durch welches CH_4 zu CO_2 oxidiert" (Europäische Kommission, 2003, S. 6).

Versuche mit bewachsenen und unbewachsenen Flächen zeigte sich bisher kein einheitlicher Trend für die Flussraten von CH_4. Sowohl Laborversuche (Kamp et al., 1998) und Freilandergebnisse (Kamp et al., 1999) belegen, dass die Umwandlung degradierter Niedermoorflächen in wieder vernäßte Standorte einen Wechsel von einer leichten CH_4-Senke in eine starke CH_4-Quelle mit sich bringt. Eine abschließende Bewertung des relevanten Potenzials, um dieses in eine Zertifikatslösung einzubringen kann an dieser Stelle nicht erfolgen.

Offene Verbrennung landwirtschaftlicher Rückstände
Beim Verbrennen von Ernteabfällen auf den Feldern wird, wie bei allen Verbrennungsvorgängen CH_4 frei. Die dadurch entstehenden Emissionen kommen aus zwei wesentlichen Gründen für eine Zertifikatslösung nicht in Betracht. Zum einen stellen die Emissionen mit 0,3 % der landwirtschaftlichen Gesamtemissionen eine unerhebliche Menge dar. Zum anderen kommt jeder landwirtschaftliche Betrieb als Beteiligter in Frage. Hier sind ggf. ordnungsrechtliche Maßnahmen sinnvoller. Allerdings sollte man zuvor die Hauptemissionsquellen umweltpolitisch abgedeckt haben.

Für die beiden hauptsächlich relevanten CH_4-Emissionsblöcke, die zusammen mehr als 96 % aller landwirtschaftlich verursachten Emissionen verantworten, gibt es zusammenfassend folgende Möglichkeiten zur Emissionsreduzierung, die insbesondere bei den Hauptverursachern (Rinder) eingesetzt werden können und im Zertifikatesystem berücksichtigt / gefördert werden sollen:

- Alternative Fütterung zur Förderung der Futterverwertung:
  (siehe Forschungsversuch in Neuseeland, in Abschnitt 2.3.2) bis zu 11,5 % Netto-Potenzial,
- Erhöhung der Leistung pro Tier:
  bis zu 44,6 % Netto-Potenzial (Institut für Landwirtschaft und Umwelt, 2001, S. 1),
- Injektionen zur Reduzierung der Emissionen
  (siehe Forschungsversuch in Australien, in Abschnitt 2.3.2) bis zu 14,5 % Netto-Potenzial,
- Biogas-Anlagen für die gezielte Umwandlung organischen Materials in Methan und dessen energetische Nutzung bis zu 20,0 % Netto-Potenzial bei weitgehendem Verzicht auf die Gülledüngung und kompletter Vergasung.

Geht man von administrativen Kosten des Staates und Unternehmens spezifischen Einführungskosten analog für den bereits existierenden Zertifikat Modellen aus, so liefert die aktuelle Forschung Alternativen, deren Kosten-Nutzen-Verhältnis vorteilhafter erscheint. So laufen zur Zeit Studien in Australien, wo ein Minderungspotenzial von 20 Prozent des Methan-Ausstoßes der Tiere durch Injektionen erzielt wurde. Parallel dazu führen neuseeländische Untersuchungen mit alternativen Futterzusammensetzungen zu einem Minderausstoß von 16 % Methan. Es sollten daher weitere Ergebnisse aus diesen Forschungsprojekten abgewartet werden, bei denen dann auch detaillierte Angaben über die Kosten und Leistungsaspekte dieser Alternativen genannt werden, bevor die komplette Infrastruktur eines Zertifikatesystems für Methan aufgebaut wird. Aus heutiger Sicht ist eine Zertifikatslösung für die Enterische Fermentation daher zu verwerfen.

Würden alle vorgenannten Optionen gemeinsam zu realisieren sein, dann könnten – zumindest theoretisch – über 90 % der gesamten Methan-Emissionen vermieden werden. Wobei sich die Potenziale auf den aktuellen Stand der Forschung beziehen und bei entsprechendem Handlungsbedarf zur Reduzierung evtl. wesentlich verbesserte Alternativen mittelfristig zur Verfügung stehen. So arbeiten beispielsweise inzwischen die meisten Biogas-Anlagen mit mehreren Kotvergärungen, wodurch sich die Wirtschaftlichkeit wesentlich verbessert hat.

Schlussfolgerungen

Die Systeme für die Abfallwirtschaft (38 % Emissionsanteil) und die Landwirtschaft (32 % Emissionsanteil) können unabhängig voneinander betrieben werden. Daher beziehen sich die folgenden Ausführungen nur auf die Landwirtschaft. Eine Einbeziehung der Deponiegasemissionen ist aber auf jeden Fall sinnvoll, um eine größere Gesamtemissionsmenge umweltpolitisch abzudecken (70 % gemeinsamer Emissionsanteil).

Für andere Emissionsquellen, wie Grubengase im Steinkohlebergbau und Verluste der Erdgas-Pipelines (BMU, 1999, S. 17), können entsprechende ordnungsrechtliche Maßnahmen ergriffen werden. Diese Quellen bieten keinen Ansatz für handelbare Verschmutzungsrechte.

Eine Anwendung von Zertifikaten auf die enterische Fermentation ist zum einen prinzipiell schwierig, da die genannten Einsparpotenziale sehr verschiedene Ursprünge haben, die das Zertifikatesystem mit dem Tier als heterogener Quelle nur durch starke Vereinfachung abdecken kann. Eine Akzeptanz sowie die Sicherstellung der Erhaltung dieser Faktoren ist mit extrem hohem Aufwand verbunden. Außerdem stellen die bestehenden Milchquoten letztlich eine Zertifikatslösung dar.

Ein zweiter, paralleler Zertifikatsmarkt ist grundsätzlich abzulehnen. Gründe dafür sind vor allem der dadurch bedingte drastische Anstieg der Transaktionskosten, steigende Komplexität, eine Doppelbelastung der Milchviehhalter und damit verbunden eine fehlende Akzeptanz. Eine Integration des Ziels der Emissionsreduktion in das Milchquotensystem ist möglich, sofern man die erlaubte Emissionsmenge nicht allein auf der Milchleistung basieren lässt. Allerdings scheitert diese Lösung, da für alle anderen tierhaltenden Landwirte die Milchquote irrelevant ist.

Es verbleibt daher nur die Düngewirtschaft als mögliche Zertifikatslösung. Dafür kommen alle landwirtschaftlichen Betriebe als Beteiligte in Betracht, die Tiere in größerem Umfang halten. In Abhängigkeit des Durchschnittsbesatzes ist eine Untergrenze für die Teilnahme zu definieren. Diese bestimmt sich auch aus wirtschaftlichen Überlegungen für die Nutzung der Biogasmengen. Es muss sichergestellt werden, dass die Verwertung auch praktikabel ist. Das hängt direkt vom Volumen der zu transportierenden Mengen zur Biogasanlage ab.

5.3.2 Stufe 1: Überprüfung der Relevanz der Schadstoffe

Es wird nun wiederum auf die in Abschnitt 4.1 vorgestellten Kriterien zur Überprüfung der Relevanz zurückgegriffen. Da diese Kriterien bereits in Abschnitt 2.3 *Relevante Gase* angewendet wurden, wird nur kurz darauf eingegangen. Die folgende Abbildung 52 zeigt die Ergebnisse der Untersuchung in einer Zusammenfassung.

Abb. 52: Stufe 1: Ergebnisse der Überprüfung der Relevanz des Schadstoffes CH_4

1. Vorkommen in der Natur	natürliche und anthropogene Quelle
2. Verweildauer in der Natur	7 bis 10 Jahre
3. Historische Entwicklung	Neben der Ausweitung der Tierhaltung insbesondere verstärkte Emissionen durch Brandrodungen und Reisanbau
4. Ursachen / Quellen	Abfallwirtschaft, Landwirtschaft, Gewinnung und Verteilung Von Brennstoffen
5. Anteile der einzelnen Quellen	Top 2 Emittentengruppen verursachen 70 % der Emissionen (europaweit noch höher), allerdings bei sehr hoher heterogener Quellen-Anzahl in Gruppe 2
6. Entwicklungsprognose	Durch das zwischenzeitlich gewonnene Bewusstsein und die guten Einsparmöglichkeiten durch entsprechenden Einsatz sind Gute Emissionsreduzierungen zu erreichen Kritische Größe: Brandrodungen

Quelle: eigene Darstellung

Die Relevanz von Methan wurde zum einen hinreichend bewiesen, zum anderen dient – wie auch schon bei Kohlendioxid – die Berücksichtigung im Kyoto-Vertrag als ein weiterer Beweis. Deshalb wird an dieser Stelle nicht näher auf die erste Stufe des Modells eingegangen, sondern direkt mit Stufe 2 begonnen.

5.3.3 Stufe 2: Überprüfung der prinzipiellen Eignung

Auch bei der Überprüfung der Voraussetzungen für den Einsatz von einem Zertifikatsmodell wird auf die in Kapitel 4 erstellten Kriterien zurückgegriffen. Das Ergebnis der Untersuchung wird zusammenfassend in Abbildung 53 dargestellt.

Abb. 53: Stufe 2: Ergebnisse der Überprüfung der prinzipiellen Eignung von Zertifikaten für CH_4

1. Begrenzte Anzahl der Beteiligten	Biogas-Nutzung der Methan-Emissionen aus der Düngewirtschaft
2. Begrenzte Anzahl der Schadstoffe	Einsatz zunächst nur für CH_4
3. Hinreichende Messbarkeit der(s) Schadstoffe(s)	Messbarkeit auf Quellenebene (Landwirtschaftliche Betriebe Über Mengenerfassung bei der Abgabe und Plausibilitätsprüfung
4. Möglichkeit zur Kontrolle muss gegeben sein	Eindeutigkeit der Quelle (Betrieb) und Dokumentationspflicht der Biogasanlagen gegeben – Strafen bei Aufzeichnungsfehlern/ Fehlender Dokumentation
5. Dient nicht der akuten Gefahrenabwehr	Verzögerungen zu Beginn des Zertifikatseinsatzes führen nicht Zu kritischen Umweltbelastungen

Quelle: eigene Darstellung

Aus den Überlegungen in Abschnitt 5.3.1 ist nur die Düngewirtschaft für ein Zertifikatesystem verblieben. Für die Abfallwirtschaft wird eine unabhängige Lösung verfolgt, da die Kreise der Beteiligten zu heterogen sind und keine Synergien, sondern eher die Ausnutzung der finanziellen Schlagkraft von Großentsorgern zu befürchten ist. Damit ist der Kreis für die weiterzuverfolgende mögliche Zertifikatslösung festgelegt: In Deutschland werden insgesamt 14,6 Mio. Rinder gehalten, der Durchschnitt der gehaltenen Rinder pro Betrieb liegt bei ca. 63 (Statistisches Bundesamt, 2002, S. 154). Aus Gründen der Praktikabilität werden bei dieser Betrachtung die Kleinstbestände bis 9 Tiere außen vorgelassen. Eine Beteiligung dieser Betriebe würde unnötige Transaktionskosten hervorrufen und ihr Anteil an dem gesamten Rinderbestand macht nur 4,4 % aus (Statistisches Bundesamt, 2002, S. 154).

An dieser Stelle erfolgt der Modellaufbau eines Zertifikatemodells rein für Methan. Damit ist das zweite Kriterium einer Begrenzung der Anzahl der Schadstoffe erfüllt. Die Entwicklung des Modells für Kohlendioxid im vorherigen Abschnitt ist unabhängig von der Untersuchung für Methan. Aus diesem Grund ist die Anzahl der Schadstoffe auf einen begrenzt.

Eine hinreichende Messbarkeit der Methanemissionen ist auf Betriebsebene gegeben, d. h. jeder landwirtschaftliche Betrieb meldet die Anzahl der von ihm gehaltenen Tiere. Für den unwahrscheinlichen Fall, dass strategische Verhaltensweisen erwartet werden, können im Einzelfall Stichproben angedroht bzw. gemacht werden.

Da auch bei Methan nicht von einer akuten Gefahr ausgegangen wird, ist an dieser Stelle der Einsatz von Zertifikaten durchaus zu vertreten. Somit ist auch das fünfte Kriterium der zweiten Stufe erfüllt und es kann nun zur Stufe 3 übergegangen werden.

5.3.4 Stufe 3: Anwendung des 8-Phasen-Modells

Nach dem erfolgreichen Durchlaufen der zweiten Stufe erfolgt nun für die Landwirtschaft die Anwendung des 8-Phasen-Modells. Durch die grundsätzlichen Ausgestaltungshinweise in Abschnitt 5.1 kann an dieser Stelle der Schwerpunkt auf die besonderen, methanspezifischen Ausprägungen gelegt werden. Die bereits festgelegten Kriterien werden deshalb nur mit Stichworten abgehandelt. Abbildung 54 zeigt eine Übersicht der wesentlichen Ausgestaltungsmerkmale.

Abb. 54: Stufe 3: Ergebnisse aus der Prüfung der Kriterien des 8-Phasen-Modells für CH_4

1. Institutionelle Rahmenbedingungen	Angliederung an Umweltbehörde
2. Gewünschter Umweltzustand	Sinnvoller durch andere Instrumente zu erreichen
3. Erstausgabemechanismen	Grandfathering; Ermittlungszeitraum: Vorjahr
4. Sonderzuteilungen	–
5. Temporäre Ausgestaltung	1-jährig
6. Intertemporäre Ausgestaltung	–
7. Kontroll- und Sanktionssysteme	Meldepflicht der Anliefermengen, Permanente Dokumentation durch Biogasanlagen
8. Spezifische Besonderheiten	–

Quelle: eigene Darstellung

(1) Institutionelle Rahmenbedingungen

An dieser Stelle ist auch wieder eine Angliederung an eine öffentliche Stelle – aus den bereits erläuterten Gründen – sinnvoll. Allerdings ist es in diesem Fall einfacher die Implementierung und Durchführung des Zertifikatesystems dem Ministerium für Verbraucherschutz und Landwirtschaft zu übertragen, da hier bereits wesentliche Informationen der Landwirtschaft zur Verfügung stehen. Außerdem könnten branchenspezifische Probleme bei der Ausgestaltung besser berücksichtigt werden, da entsprechende Fachkompetenz vorhanden ist.

(2) Gewünschter Umweltzustand

Ziel des Zertifikatesystems für Exkremente ist nicht die Reduzierung der Emissionsgrundlage, die einer eingeschränkten Produktion gleich kommen würde. Es geht vielmehr um eine Alternative: die umweltschonende Nutzung der anfallenden Güllemengen. Dadurch kann der Treibhauseffekt durch die Methanbildung vermindert werden. Hier ist der Knackpunkt für eine vermeintliche Zertifikatslösung: es gibt keinen direkten Bezug zwischen dem Umweltziel und dem Zertifikatseinsatz. Der Einsatz der Zertifikate dient im Normalfall der langfristigen Emissionsreduzierung, es handelt sich um eine Mengenlösung und keine

Preislösung. Hier soll jedoch keine Reduktion stattfinden, sondern eine alternative Nutzung. Dadurch wird die Menge an sich nicht reduziert. Es wird kein Markt zustande kommen, da kein Beteiligter zusätzliche Zertifikate benötigt, sobald die Infrastruktur der Biogasanlagen aufgebaut ist. Aus diesem Grund können ordnungsrechtliche Maßnahmen für die anaerobe Lagerung des Viehdungs besser sorgen. Anreize können den Landwirten durch die Einspeisung ins Stromnetz zu bestimmten Preisen gegeben werden. Eine solche umweltpolitische Maßnahme (Ordnungsrecht kombiniert mit Preislösung) ist sinnvoller. Ziel ist hier nicht das Erreichen einer Reduktionsmenge, sondern vielmehr eine möglichst hohe Einspeisung über Biogasanlagen.

In der Anfangsphase könnte ein Markt zustande kommen: Beteiligte, die ihre Güllemengen nicht der gewünschten Verwertung zukommen lassen, müssten entsprechend Zertifikate zukaufen. Verkäufer wären die Landwirte, die frühzeitig Biogas-Anlagen nutzen. Durch die Reduzierung der Zertifikatsmenge würde man die Beteiligten zunehmend in die gewünschte Richtung drängen.
Eine sinnvolle Erreichung des gewünschten Umweltzustandes durch Zertifikate ist somit nicht grundsätzlich auszuschließen. Es ist aber zu prüfen, ob andere Instrumente dafür nicht besser geeignet sind. An dieser Stelle bleibt festzuhalten, dass Zertifikate bedingt geeignet sind. Eine genauere Prüfung dieses Sachverhaltes wird in Stufe 4 erfolgen, sofern die anderen Kriterien der Stufe 3 erfüllt werden.

(3) Erstausgabemechanismus
Grandfathering

(4) Sonderzuteilung
Wie bereits in Abschnitt 5.3.1 beschrieben, können Landwirte entweder bei der aeroben Lagerung des Viehdungs Sonderzuteilungen bekommen, oder bei der Nutzung des bei anaerober Lagerung entstehenden Methans zu Heizzwecken. Aus diesem Grund müssen zu Beginn des Systems Rücklagen gebildet werden. Da als Erstausgabemechanismus das Grandfathering gewählt wurde, wird es im ersten Jahr des Zertifikatesystems zu einer Beibehaltung des Status Quo kommen. Deshalb muss die Ausgangsmenge zu Beginn des Systems um diese Rücklagen erhöht werden, um den Landwirten den Status Quo zu sichern. Das wirkt sich nicht negativ auf die zu erreichende Zielgröße aus, die Vermeidungskurve (Anwendung der linearen Reduktionsminderung – in Abschnitt 4.3.2) wird dadurch lediglich etwas steiler verlaufen.

(5) Temporäre Ausgestaltung
Das Zertifikatesystems ist auf 9 Jahre angelegt, von 2004 bis 2012. Die Gültigkeit eines Zertifikats ist auf ein Jahr beschränkt.

(6) Intertemporäre Ausgestaltung

Banking ist auf ein Jahr beschränkt zugelassen. Dadurch wird zum einen die Flexibilität der Landwirte erhöht und zum anderen können Schwankungen in der Produktion ausgeglichen werden.

(7) Kontroll- und Sanktionssystem

Die Bemessungsgrundlage wird auf Basis der vorhandenen Tierbestände ermittelt. Diese sind an die Meldestelle zu berichten. Eine Möglichkeit zum Zertifikatsverkauf besteht nur nachdem für die Biogas-Anlage die entsprechenden Lieferanten und Mengen dokumentiert wurden. Die Kontrolle der Gesamtrechnung der Biogas-Anlage erfolgt durch die permanente Erfassung des Outputs. Alle drei Zahlenwerke fließen in die ganzheitliche Kontrollrechnung ein. Bei Ungereimtheiten erfolgen zunächst Stichprobenkontrollen.

(8) Spezifische Besonderheiten

keine

Aus den oben genannte Gründen ist eine Zertifikatslösung aufgrund der Ergebnisse in Stufe 3 unter Umständen nicht das geeignetste Instrument. Allerdings kann die Lösung noch nicht endgültig verworfen werden. Eine genaue Untersuchung der Stufe 4 wird endgültigen Aufschluß darüber geben, ob der Einsatz von Umweltzertifikaten zur Reduzierung der Methanemissionen sinnvoll ist. Abbildung 55 zeigt den in Frage gestellten Übergang zur Stufe 4.

Abb. 55: Anwendung des Modells auf Methan – Erfüllung der 3. Stufe

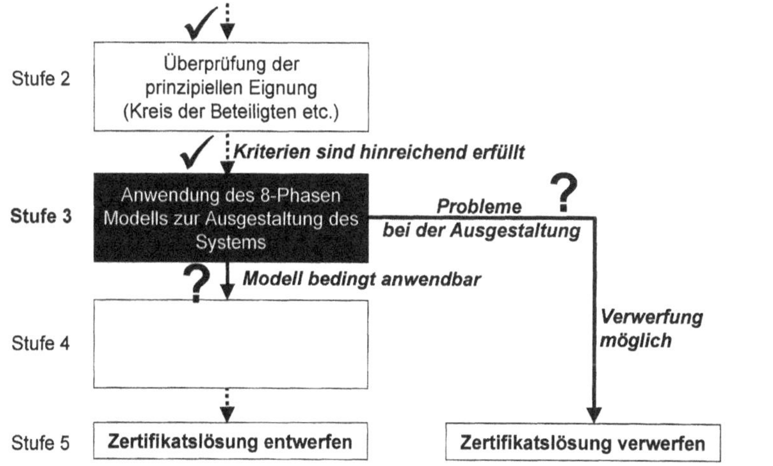

Quelle: eigene Darstellung

5.3.5 Stufe 4: Überprüfung der spezifischen Anwendbarkeit

Letztlich scheitern wird eine Zertifikatslösungen für Methan daran, dass bei der Überprüfung der spezifischen Anwendbarkeit (Kosten/Nutzen-Analyse) in Stufe 4 die ökonomische und ökologische Effizienz des Zertifikateinsatzes nicht gegeben ist.

Die Investitionen für eine landwirtschaftliche Biogas-Anlage bewegen sich zwischen 750 € und 1.500 € je Großvieheinheit (BBJ, 2002, S. 203). Das Potenzial bei einem flächigen Einsatz der Anlagen für die Vergärung von Gülle wird auf einer Untersuchung des DIW auf bis 1,9 % des gesamten Primärenergieverbrauchs geschätzt.

Schon jetzt gibt es über 1.600 landwirtschaftliche Biogasanlagen; mit deutlich steigender Tendenz (Jäger, 2002, S. 1). Das Gesetz über erneuerbare Energien (EEG, 2000) bietet zudem eine sichere Planungs- und Entscheidungsgrundlage für Investitionen, unabhängig vom Emissionsaspekt.

Mit zunehmender Anlagengröße fallen die Investitionen relativ zur installierten elektrischen Leistung der Blockheizkraftwerke günstiger aus (Abbildung 56).

Abb. 56: Kosten der Stromerzeugung mit landwirtschaftlichen Biogasanlagen (Vergärung von Gülle ohne Kotferment)

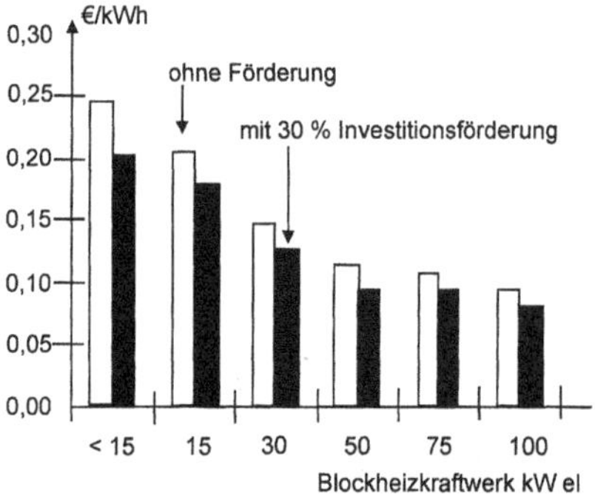

Quelle: KTBL, 2002, S. 3

Die Höhe der Gesamtinvestition für die betrachteten Anlagentypen hängt von der Leistung des angeschlossenen Blockheizkraftwerks (BHKW) ab. Die Kosten im Bezug auf die als BHKW installierte Leistung liegen bei einer kleinen Anlage (15 kW) über 7.000 €/kW und reduzieren sich bei zehnfacher Leistung auf knapp unter

3.000 €/kW[2], da rund 75 % der Stromerzeugungskosten direkt oder indirekt von der Investitionshöhe abhängen (Jäger, 2002, S. 2). Daher ist ein kostendeckender Betrieb erst mit größeren Anlagen möglich. Jäger nennt dafür eine Untergrenze von 100 kW Leistung. Rund $^{2}/_{3}$ der im Biogas enthaltenen Energie wird in Wärme umgewandelt. Die Wirtschaftlichkeit der Biogasverwertung kann daher verbessert werden, indem die erzeugte Wärme genutzt wird.

Bei alleiniger Vergärung von Rindergülle beträgt das Verhältnis von Tierbestand zu Anlagengröße etwa 10 GV zu 1 kW[3] installierte elektrische Leistung des BHKWs. Um auf die 100 kW Leistung zu kommen muss ein Gülleanfall von rund 1000 GV bereitgestellt werden können. Bei einem GV-Durchschnitt von 67 kommen daher vornehmlich Gemeinschaftsanlagen in Frage. Es müssen dann zusätzliche Kosten für den 2-fachen Transport berücksichtigt werden. Andere Berechnungen verweisen auf eine kritische GV-Größe von 80 bis 100 (Energieagentur, 2002, S. 6)

Eine hohe Akzeptanz wird durch die folgenden Zusatzeffekte erzielt:

- Ersparnis bei den Energiekosten.
- Möglichkeit neben Gülle und Mist auch Grünabfälle von Gemeinden und Großverteilern, aus Restaurants und Gärtnereien zu verwerten - gegen Vergütung einer Entsorgungsgebühren.
- Die Düngewertverbesserung: Die ausgefaulte Gülle hat eine gleichmäßigere Zusammensetzung und nicht mehr die Ätzwirkung frischer Gülle, womit sie auch während der Wachstumsphase auf die Felder ausgebracht werden kann. Die Pflanzen können so die Nährstoffe besser aufnehmen, was zu einer geringeren Belastung des Grundwassers durch Nitrat führt.
- Die Vermeidung von unangenehmen Gerüchen bei der Gülleausbringung. Bei der Vergärung in einer Biogasanlage werden diese Komponenten abgebaut respektive entstehen erst gar nicht, wodurch das vergorene Material bei richtiger Ausbringung praktisch geruchsneutral wird. Viele überflüssige Konflikte zwischen Landwirten und ihrer Nachbarschaft können so entfallen.

Die Wirtschaftlichkeit solcher Anlagen muss im Gegensatz zu konventionellen Anlagen, wie z. B. einer Erdgas-Anlagen gesehen werden. Gegenüber der Erdgasverbrennung wird eine positive CO_2-Äquivalenz/kWh von 934 g erreicht. Da bei der Erdgas-Verbrennung auch CH_4 frei wird, ergibt sich ein Gesamtvorteil für die Biogas-Nutzung zusammen mit der vermiedenen Lagerung der unvergorenen Gülle von 660 g CO_2-Äq./kWh (Jungmeier et al., 1999, S. K-17). Eine Biogas-Anlage ist aus ökologischer Sicht daher als vorteilhaft anzusehen. Auch wenn die Betrachtung

---

[2] Andere Quellen nennen allerdings wesentlich niedrigere Werte für die reine Investition, so geht die schweizerische Informationsstelle Biomasse von bei einer 55 kW Anlage von unter 2.800 €/kW aus (Informationsstelle Biomasse, 2002, S. 1)

[3] Bei einem Gülleanfall von 1,5 m^3/GV und einem spezifischen Methangasertrag von 12,75 m^3/m^3 Gülle (Jäger, 2002, S. 2).

auf die gesamte Prozesskette erweitert wird, ändert sich an dieser Vorzüglichkeit nichts.

Es wird bei der bestehenden Kostenstruktur der Biogas-Anlagen zu vielen dezentralen Lösungen kommen. Eine zentrale Überwachung und gleichzeitige Verbindung mit der exponentiellen Anzahl an Beteiligten erscheint wenig sinnvoll, vor allem wenn sich der gleiche Effekt durch ordnungsrechtliche Maßnahmen ebensogut erreichen lässt. Kommt es zu einer weiteren Kostensenkung bzw. Leistungserhöhung der Biogasanlagen, so ist bei einer Gesamtheit von über 238.000 Betrieben mit Rindviehhaltung[4] keine sinnvolle Emittentengruppe für einen Zertifikatemarkt darstellbar[5]. Die Überprüfung der spezifischen Anwendbarkeit liefert ein negatives Ergebnis: selbst wenn sich das Manko aus Stufe 3 noch als handhabbar erweist, so übersteigen die Kosten der Abwicklung für ein Zertifikatsmodell bei weitem die Kosten einer ordnungsrechtlichen Alternative. Das Zertifikatsmodell muss daher verworfen werden (Abbildung 57).

Abb. 57: Anwendung des Modells auf Methan – Nicht-Erfüllung der 4. Stufe

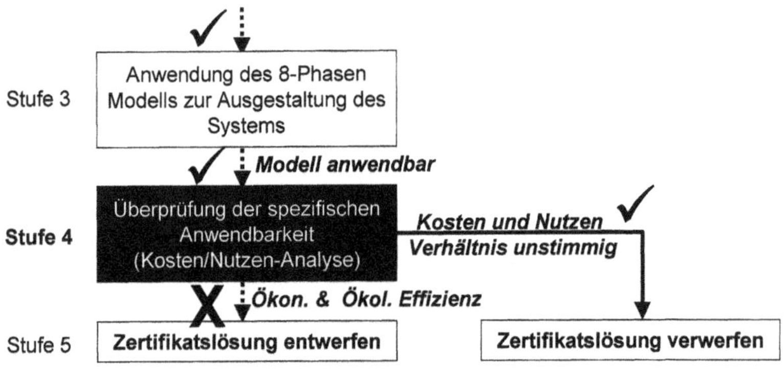

Quelle: eigene Darstellung

5.3.6 Stufe 5: Darstellung einer Zertifikatslösung

Die Entwicklung eines Zertifikatemodells zur Reduzierung der Methanemissionen ist anhand der vorgenommenen Untersuchungen nicht sinnvoll. Wie bereits erwähnt, ist das Ziel einer Reduktion der Emissionen effektiver und auch effizienter durch andere umweltpolitische Instrumente zu erreichen. Aus diesem Grund entfällt an dieser Stelle,

---

4 Selbst wenn Betriebe mit weniger als 20 Tieren unberücksichtigt bleiben, sind immer noch über 160.000 Betriebe in die Lösung zu integrieren (Statistisches Bundesamt, 2002, S. 154)

5 Dabei sind Schweinemastbetriebe (6 Mastscheine = 1 GV) und Hühnerfarmen (250 Hühner = 1 GV) sogar noch unberücksichtigt (Zahlen entnommen aus Energieagentur NRW, o. J., S. 6).

die bereits entwickelten Elemente in einer Abbildung zusammenzufassen. Es zeigt sich, wie sinnvoll die gewählte Abarbeitung des 5-Stufen-Modells ist, um unnötigen Arbeitsaufwand zu sparen, die Praktikabilität der Lösung sicherzustellen und stufenweise detaillierter auf die Ausgestaltungsmöglichkeiten einzugehen. Die Grundsatzfrage der Eignung des Zertifikatesystems gegenüber den anderen Instrumenten wird dabei in jeder Stufe erneut gestellt.

5.4 Modellanwendung für Stickstoff

Als letztes der in dieser Arbeit betrachteten Gase, erfolgt nun die Anwendung des 5-Stufen-Modells für Lachgas, einem Stickstoff-Produkt. Stickstoff an sich birgt keine Gefahr für die Umwelt, es ist sogar zu 78,08 % an der Zusammensetzung der Luft beteiligt. Außerdem handelt es sich bei reinem Stickstoff nicht um ein klimarelevantes Gas. Deshalb bezieht sich die folgende Anwendung auf Distickstoffoxid (N_2O), also Lachgas. Wie auch schon der Vergleich zwischen Kohlendioxid und Methan zeigt, wird der Ansatz für Lachgas sehr unterschiedlich im Vergleich mit den anderen Gasen sein. Deshalb sei an dieser Stelle noch einmal die Allgemeingültigkeit des in dieser Arbeit entwickelten 5-Stufen-Modells betont.

In Abschnitt 5.4.1 wird zunächst die Einbeziehung der Landwirtschaft in das Modell erläutert. Die folgenden Abschnitte 5.4.2 bis 5.4.6 beschreiben dann die Anwendung des 5-Stufen-Modells.

5.4.1 Einbeziehung der Landwirtschaft

Die anthropogenen Emission von Distickstoffoxid in Deutschland stammen vorwiegend aus zwei Quellen, der Landwirtschaft und der Produktion von Adipinsäure. Der deutliche Rückgang der N_2O-Emissionen (Umweltbundesamt, 2000) in der letzten Dekade von 214.000 t (1990) auf 141.000 t (1999) ist vor allem eine Folge der Verbesserung in der Produktionstechnik aufgrund der freiwilligen Selbstverpflichtung zwischen der deutschen Regierung und den Herstellern von Adipinsäure (Seidel, 2002, S. 16). Hiermit ist die Möglichkeit zur Reduktion der Emissionen im Industriesektor weitgehend ausgeschöpft. Wichtigster Emittent bleibt die Landwirtschaft. Auch hier sind erste Fortschritte bei der Emissionsreduzierung erreicht worden. Positive Effekte wurden erzielt durch:

- Ein geringerer Einsatz von N-Dünger,
- reduzierte Viehbestände[1] (vornehmlich in Ostdeutschland),

[1] Und die dadurch reduzierten Mengen an Wirtschaftsdünger.

- Flächenstilllegungen
- Düngeverordnung[2]

Dadurch konnten im vergleichbaren Zeitraum die landwirtschaftlichen Emissionsmengen signifikant reduziert werden. Angaben bezüglich der relativen Veränderung nennen beispielsweise Einsparungen von 5 % beim Einsatz der N-Dünger und 8 % Flächenstilllegungen (Europäische Kommission, 2002, S. 17).

Die Untersuchungen im vorderen Teil der Arbeit haben ergeben, dass die Landwirtschaft eine der Hauptquellen für Lachgas darstellt. Sowohl aufgrund der Unsicherheiten in den Ursache-Wirkungs-Zusammenhängen als auch aufgrund der Geringfügigkeit wird die Landwirtschaft als Senke im Rahmen dieser Arbeit nicht weiter berücksichtigt[3].

Die Relevanz der Landwirtschaft ist bei einem Anteil an der Gesamtemission in Deutschland von 52 % durchaus gegeben. Den weit größten Anteil haben dabei die

- aus landwirtschaftlich genutzten Böden entstehenden Emissionen (ca. 93,5 %);
- die Düngewirtschaft als einzig weitere relevante Quelle (ca. 6.4 %)[4].

Die Wirkungsweise und Hinweise auf den Einsatz einer möglichen Ausgestaltung des Zertifikatesystems soll daher für diese beiden Quellen näher beleuchtet werden.

Emissionen aus landwirtschaftlichen Böden

Als Quellen für Direktemissionen aus landwirtschaftlichen Böden kommen 5 Ursachen in Frage (Europäische Kommission, 2003, Box 2):

- N_2O-Emissionen aus mineralischen Düngern, es wird von einem Entweichen von ca. 1% des gedüngten Stickstoffs ausgegangen (VM, 2003, S. 153).
- N_2O-Emissionen aus Dung, bei starken Schwankungen bedingt durch Tierarten, Tierhaltung[5] und Tierfütterung sowie der Mistbehandlung. So

[2] Ziel der 1996 in Kraft getretenen Düngemittelverordnung ist es, durch einen schonenden Einsatz von Düngemitteln und durch Vermeidung von Nährstoffverlusten langfristig die Nährstoffeinträge in die Gewässer und andere Ökosysteme zu verringern.

[3] „Theoretisch verfügen anaerobe Böden über ein großes Potenzial zur Reduzierung von N_2O zu N_2, da das Hauptprodukt der Denitrifikation in Böden in der Regel N_2 und nicht N_2O ist. Jedoch wurde über keine umfangreiche und dauerhafte N_2O-Aufnahme berichtet" (Europäische Kommission, 2003, S. 6).

[4] Zu den einzelnen Angaben vergleiche auch Abb. 11 in Abschnitt 2.4.2.

[5] Die Datengrundlage zu den direkten N_2O-Emissionen aus der Tierhaltung ist allerdings noch zu unsicher, um sie als Basis für Zertifikatsberechnungen zu nutzen. Vgl. auch VM, 2003, S. 154.

wurden nennenswerte Emissionen insbesondere in Tiefstreusystemen festgestellt, aber auch bei der anaeroben Exkrementlagerung.

- N_2O-Emissionen von Leguminosen,
- N_2O-Emissionen aus Moorböden,
- Verrottung von Ernterückständen auf den Feldern.

Indirekte N_2O-Emissionen aus Stickstoffquellen in der Landwirtschaft, bspw. durch die Verflüchtigung von NH_3 und NO_X aus Stickstoffdüngern und atmosphärischem Eintrag in andere Ökosysteme, können bei einer Zertifikatslösung mitberücksichtigt werden. Für den dezidierten Fall sind dann zusätzlich noch Auswaschungen und Oberflächenabflüsse einzubeziehen, die zu weiteren N_2O-Emissionen führen können.

Bezüglich der N_2O-Emissionen aus Wirtschaftsdünger ist auf die Anwendung umweltpolitischer Instrumente für den Methan-Fall (Abschnitt 5.3) zu verweisen. Die dort favorisierte Lösung über den Einsatz von Biogasanlagen hat einen positiven Effekt für den N_2O-Fall: durch das Biogas-Verfahren steigt die Düngewirkung der behandelten Gülle. Es wird weniger Handelsdünger benötigt, die Nitratbelastung reduziert sich und es kommt zur N_2O-Reduktion.

Positive Effekte werden auch durch eine weitere Ausweitung der „biologischen" Landwirtschaft erreicht. Durch intensivere Grünlandbewirtschaftung werden die N_2O-Emissionen gesenkt. Bei der Berechnung des Düngereinsatzes in Deutschland pro Flächeneinheit wurde bislang immer die gesamte landwirtschaftliche Nutzfläche als Berechnungsgrundlage verwendet. In den letzten Jahren hat der Flächenanteil, der ökologisch bewirtschaftet wird, zugenommen. Im ökologischen Landbau dürfen keine mineralischen Düngemittel eingesetzt werden, so dass im Jahre 1999 375.715 ha (= 2,2 % der LF) ökologisch bewirtschaftete Fläche aus der Berechnung des Düngemitteleinsatzes/ha herausgenommen wurde.

Die mittelfristige Entwicklung des Absatzes von Handelsdüngern wird jedoch auch von den ökonomischen Rahmenbedingungen sowie agrar- und umweltpolitischen Vorgaben, wie z.B. dem Umfang der Flächenstilllegung und der Ausgestaltung von Extensivierungsprogrammen, beeinflusst. Vor diesem Hintergrund wird in Niederösterreich wird ein Minderungspotenzial für Lachgas in der Landwirtschaft von rund 33 % gesehen (NÖ Klimaschutzprogramm, 2000, S. 87).

Düngewirtschaft

N_2O-Emissionen aus der Lagerung und Behandlung von Dung hängen von der Lagerungsart und -dauer ab. Ein Grundproblem des Stickstoffüberschusses auf Betriebsebene liegt in der Trennung von intensiver Tierhaltung und intensiver Pflanzenproduktion. Eine einfache räumliche Lösung drängt sich aus reiner N_2O-Sicht daher auf: eine Bindung der Tierproduktion an die Fläche.

Die Stickstoffaufnahmekapazität der Pflanzen ist jahreszeitlich unterschiedlich. Um zu verhindern, dass die Gülle zum falschen Zeitpunkt ausgebracht wird, ist eine Lagerung unverzichtbar. Eine Reduktion der dadurch entstehenden N_2O-Emissionen können durch diverse Abdeckungen des Güllelagers verringert werden. Hier besteht jedoch je nach Wahl eine Zielkonkurrenz zur Methan-Reduktion: so wird durch Abdeckung von Granulat zwar die N_2O-Emission gesenkt, gleichzeitig steigen aber die CH_4- und Ammoniak-Emissionen (NH_3)[6]. Da aber die Betrachtung der einzelnen Gase (Kohlendioxid, Methan, Stickstoff) unabhängig voneinander erfolgt, bleibt dieser Aspekt weitgehend unberücksichtigt.

5.4.2 Stufe 1: Überprüfung der Relevanz der Schadstoffe

Es wird nun auf die in Kapitel 4.1 vorgestellten Kriterien zur Überprüfung der Relevanz zurückgegriffen. Da diese Kriterien bereits in Kapitel 2.3 *Relevante Gase* angewendet wurden, wird nur kurz darauf eingegangen. Die folgende Abbildung 58 zeigt die Ergebnisse der Untersuchung in einer Zusammenfassung.

Abb. 58: Stufe 1: Ergebnisse der Überprüfung der Relevanz des Schadstoffes N_2O

1. Vorkommen in der Natur	Entstehung durch Denitrifikation und Nitrifikation
2. Verweildauer in der Natur	150 Jahre
3. Historische Entwicklung	Ursprünglich hoher Anteil der Landwirtschaft, Zunehmende Bedeutung der Emissionen durch den Verkehr
4. Ursachen / Quellen	Industrie, Landwirtschaft, Produktverwertung, Haushalte Verkehr und Industriefeuerung
5. Anteile der einzelnen Quellen	Top 2 Emittentengruppen verursachen 77 % der Emissionen (weltweit: Anteil der Landwirtschaft 52 %, Industrie 27 %
6. Entwicklungsprognose	Um eine Stabilisierung des Anteils von Lachgas in der Atmosphäre zu erreichen, ist eine Reduktion der Emissionen Um bis zu 80 % erforderlich Weltweit ansteigender Anteil der Landwirtschaft

Quelle: Eigene Darstellung

Die Relevanz von Lachgas wurde zum einen hinreichend bewiesen, zum anderen dient – wie auch schon bei Kohlendioxid und Methan – die Berücksichtigung im Kyoto-Vertrag als ein weiterer Beweis. Führt die Intensivierung der Landwirtschaft zu einer erhöhten Nettomenge des N-Düngereinsatzes, so ist auch in Deutschland mit einem Zuwachs der Landwirtschaft an den N_2O-Emissionen zu rechnen. Aus globaler

[6] Ammoniak-Emissionen bleiben in dieser Arbeit unberücksichtigt, spielen aber gleichwohl in der Ausrichtung der Agrarpolitik eine wichtige Rolle. Auch hier sind Emissionsreduktionen gegenüber 1990 von 28 % bis zum Jahr 2010 vorgesehen (BMU, 2001, S. 47).

Sicht steigt der Anteil der Landwirtschaft. Die Emissionen aus dem Verkehr steigen auf niedrigem Niveau stark an[7]

Die Überprüfung der Relevanz des Schadstoffs (Stufe 1), wie sie in Abschnitt 2.3.3 vorgenommen wurde, zeigt auch die Relevanz der Stickstoffverbindungen auf regionaler Ebene (saurer Regen durch Ammoniak und Nitratbelastung des Grundwassers durch die N-Düngung). Diese Effekte sind bei einer Gestaltung der Zertifikatslösung logischerweise zu berücksichtigen. Eine Möglichkeit zur regionalen Begrenzung und Steuerung der Schadstoffkonzentration muss gegeben sein. Somit verfolgt die angestrebte Lösung andere Ziele als die langfristige CO_2-Schadstoffreduktion. Jedoch ist die Relevanz hinreichend bewiesen worden und es erfolgt somit der Übergang zu Stufe 2.

5.4.3 Stufe 2: Überprüfung der prinzipiellen Eignung

Auch bei der Überprüfung der Voraussetzungen für den Einsatz von einem Zertifikatsmodell wird auf die in Kapitel 4 erstellten Kriterien zurückgegriffen. Das Ergebnis der Untersuchung wird zusammenfassend in Abbildung 59 dargestellt.

Abb. 59: Stufe 2: Ergebnisse der Überprüfung der prinzipiellen Eignung von Zertifikaten für N_2O

1. Begrenzte Anzahl der Beteiligten	Stickstoff-Dünger-Einsatz (n-Dünger-Einsatz) In großem Umfang durch Internet-Lösung
2. Begrenzte Anzahl der Schadstoffe	Einsatz zunächst nur für N_2O
3. Hinreichende Messbarkeit der(s) Schadstoffe(s)	Beschränkung auf N-Dünger, dadurch leicht praktikables System Durch Registrierung der Düngemengen bei Produzenten und Zwischenhändlern
4. Möglichkeit zur Kontrolle muss gegeben sein	Ausgabe nach Betriebsflächenschlüssel, Dokumentationspflicht Handel, Dokumentationspflicht N-Dünger_kauf Strafen bei Aufzeichnungsfehlern/fehlender Dokumentation
5. Dient nicht der akuten Gefahrenabwehr	Keine akuten gefahren durch N_2O, auch Effekte durch Sauren Regen Und Nitratbelastung Grundwasser über Zertifikate steuerbar

Quelle: Eigene Darstellung

Durch die Besonderheiten des landwirtschaftlichen Systems mit seinen Auswirkungen auf die Grundwasserversorgung und das Waldsterben ist eine Trennung von der Industrielösung u. U. unumgänglich. Für den Fall das man ein Zertifikatesystem auf die Landwirtschaft beschränkt hätte man zudem einen weiteren, wesentlichen Vorteil: Eine Marktverdrängung landwirtschaftlicher Erzeugung gegenüber finanzkräftiger Industriebetriebe wird durch die Trennung der Märkte

[7] Katalysatoren verringern die Luftverschmutzung, erzeugen jedoch als Nebenprodukt N2O-Emissionen(durch chemische Wechselwirkung von Schwefel und Benzin).

vermieden. Außerdem ist anzunehmen, dass die Einheiten, für die ein Zertifikat gültig ist, unterschiedlich sein müssten. Einzelne Landwirte werden nur schwerlich auf die gleiche Emissionshöhe kommen, wie ein großes Unternehmen.

In einem weiteren Schritt sind die Hauptemittenten in Deutschland zu ermitteln, um eine geeignete Abgrenzung der Beteiligten für das Zertifikatesystem vornehmen zu können.

Im Fall von Lachgas ist nicht von einer akuten Gefahr auszugehen, womit der Einsatz von ordnungsrechtlichen Instrumenten nicht zwingend vorgegeben ist. Sollte es trotz einer guten Planung zu – kurzen – zeitlichen Verzögerungen kommen, bevor der Marktmechanismus wirkt, dann hat das keine gefährdenden Auswirkungen auf die Umwelt. Somit wird auch dem fünften Kriterium Rechnung getragen und die Überprüfung der prinzipiellen Eignung von Zertifikaten ist abgeschlossen. Es erfolgt der Übergang zu Stufe 3.

5.4.4 Stufe 3: Anwendung des 8-Phasen Modells

Nach dem erfolgreichen Durchlaufen der zweiten Stufe erfolgt nun für den verbliebenen Emittentenkreis die Anwendung des 8-Phasen-Modells. Durch die allgemeine Ausgestaltung in Kapitel 5.1 muß an dieser Stelle nicht wieder jede Phase detailliert durchlaufen werden. Die bereits festgelegten Kriterien werden deshalb nur mit Stichworten abgehandelt. Die Ergebnisse des 8-Phasen-Modells sind in Abbildung 60 festgehalten.

Abb. 60: Stufe 3: Ergebnisse aus der Prüfung der Kriterien des 8-Phasen Modells für N_2O

1. Institutionelle Rahmenbedingungen	Angliederung an Umweltbehörde
2. Gewünschter Umweltzustand	Besser erreichbar als bisher, Synergieeffekte
3. Erstausgabemechanismen	Grandfathering; Ermittlungszeitraum: Vorjahr
4. Sonderzuteilungen	–
5. Temporäre Ausgestaltung	1-jährig
6. Intertemporäre Ausgestaltung	–
7. Kontroll- und Sanktionssysteme	Meldepflicht des Handels, Permanente Dokumentation Der Produzenten und Zwischenhändler
8. Spezifische Besonderheiten	–

Quelle: eigene Darstellung

(1) Institutionelle Rahmenbedingungen

Angliederung an die Umweltbehörde – vergleiche hierzu Abschnitt 5.1.1

Allerdings ist hier – ähnlich zu dem Lösungsaufbau bei Methan – ebenfalls eine Anbindung an das Ministerium für Verbraucherschutz und Landwirtschaft sinnvoll. Zum einen ist von der Einführung des Zertifikatmodells nur die Landwirtschaft betroffen und zum anderen können dadurch branchenspezifische Probleme bei der Ausgestaltung besser berücksichtigt werden.

(2) Gewünschter Umweltzustand

Ziel einer Zertifikatslösung ist es, eine ausgeglichene Bilanz zwischen der Stickstoffzufuhr und dem Entzug durch die Pflanzen zu erreichen. Zur Zeit übersteigt die Stickstoffdüngung die Stickstoffaufnahme um fast das Doppelte (Bartling, Hippchen, 1996, S. 6). Diese Zielgröße ist im Einklang mit den Vereinbarungen im Kyoto-Vertrag.

(3) Erstausgabemechanismus

Als Erstausgabemechanismus wurde das Grandfathering bestimmt – vergleiche hierzu Abschnitt 5.1.3. Allerdings wird die Bemessungsgrundlage auf das letzte Jahr beschränkt, da nicht von einer Veränderung der Produktion ausgegangen werden muss.

(4) Sonderzuteilung

Um das System so einfach wie möglich zu halten, ist es sinnvoll auf Sonderzuteilungen zu verzichten. Von einer Belohnung für ökologisch bewirtschaftete Flächen ist abzusehen, da diese Landwirte gänzlich auf Stickstoffdünger verzichten und deshalb nicht am eigentlichen Handel beteiligt sind. Problematisch ist diese Lösung allerdings in dem Fall, wenn ein Landwirt von herkömmlichen Anbaumethoden auf ökologischen Anbau wechselt. Dieser Effekt ist dadurch zu vermeiden, dass bei einem Wechsel der Anbaumethode die Zertifikate ihre Gültigkeit verlieren. Durch diese Lösung würde keinem ein Nachteil entstehen.

(5) Temporäre Ausgestaltung

Das Zertifikatesystems ist auf acht Jahre angelegt, von 2004 bis 2012. Die Gültigkeit eines Zertifikats ist auf ein Jahr beschränkt. Vergleiche hierzu Abschnitt 5.1.5.

(6) Intertemporäre Ausgestaltung

In diesem Fall ist es sinnvoll sowohl auf Banking als auch auf Borrowing zu verzichten. Die Beschaffenheit der Böden ist relativ konstant, so dass ein Landwirt nicht mit einem akuten Mehrverbrauch an Dünger rechnen muss.

(7) Kontroll- und Sanktionssystem

Die genaue Darstellung des Kontroll- und Sanktionssystems ist in Abschnitt 5.1.7 erläutert worden. Verstärkt wird die Möglichkeit der Kontrolle zum einen durch die

Führung eines Emissionskontos (Abbildung 33) und zum anderen durch die Informationen, die die Behörde durch die Kontrollnummer erhält. Problematisch in Bezug auf die Kontrollen ist der Kauf von Dünger im Internet oder im Ausland. Letzteres bietet sich vor allem in Grenzregionen an. Um diese strategischen Verhaltensweisen zu vermeiden, müssen zumindest Stichproben durchgeführt werden.

(8) Spezifische Besonderheiten
Die Möglichkeit einer freiwilligen, verbindlichen Teilnahme bzw. der Aufkauf von Zertifikaten wird ab 2006 gegeben sein – vergleiche hierzu Abschnitt 5.1.8. Interessant kann dieser Aspekt vor allem für Gemeinden sein, die in den sogenannten hot spots liegen. Denn durch den Aufkauf jeder innerhalb der Gemeinde an der direkten Verbesserung der Umwelt mitarbeiten.

Die Ausgestaltung des 8-Phasen-Modells hat gezeigt, dass eine Anwendung eines Zertifikatmodells zur Reduzierung der N_2O-Emissionen möglich und auch sinnvoll ist. Deshalb erfolgt der Übergang zur Stufe 4.

5.4.5 Stufe 4: Überprüfung der spezifischen Anwendbarkeit

Es besteht ein eindeutiger Zusammenhang zwischen der Höhe der Stickstoff-Düngung und der bewirkten Ausgasung von N_2O. Mit der Höhe der Überdüngung steigen die Ausgasungen exponentiell an (Bartling, Hippchen, 1996, S. 5). Eine Zertifikatslösung muss daher die Minderung des N-Überschusses als Zielgröße haben.
Mittelwerte der Stickstoffbilanzgrößen weisen auf einen Stickstoffüberschuss von rund 100 % gegenüber den durch die Pflanzen entziehbaren Mengen hin (Deutscher Bundestag, 1994, S. 85). Demnach liegt der Überschuss bei mehr als 100 kg N/ha. Eine Verringerung der Stickstoffdüngung um die Hälfte würde durch den exponentiellen Zusammenhang einer Reduzierung der Ausgasung von weit mehr als 50 % entsprechen.

Da die Überdüngung mit direkten Kosten für den nicht erfolgswirksamen Dünger für die Landwirte verbunden ist, herrscht prinzipiell Zielkonformität zwischen der Umweltpolitik und den wirtschaftlichen Interessen der Landwirte. Daher sollte es eigentlich keinen Bedarf für den Einsatz umweltpolitischer Instrumente geben. Wenn die landwirtschaftlichen Beratungsdienste durch entsprechende Maßnahmen (aussagekräftige Informationsunterlagen und -veranstaltungen sowie längerfristige Bodenverprobungen zum Nachweis der Vorteile alternativer Düngemengen-verwendung) die Landwirte von traditionellen Düngegewohnheiten abbringen können, ergibt sich somit kein Handlungsbedarf. Ein bestehendes Netzwerk würde genutzt. Gegebenenfalls kann die Leistungsfähigkeit durch weiter verbesserte

Informations- und Veranschaulichungsmaßnahmen finanziell unterstützt werden. Die entstehenden Kosten sind variabel und einmalig (bzw. für wenige Perioden) – langfristige Kapitalbindungen durch die Fixkosten von Verwaltungsstellen, Messinstrumenten usw. würden entfallen.

Sollte man im Entscheidungsprozess feststellen, dass diese Variante allein nicht erfolgsversprechend ist, muss ein umweltpolitisches Instrument hinzu genommen werden. Als Bemessungsgrundlage kann eine Hoftorbilanz, als einzelbetriebliche Stickstoff-Bilanz, dienen. Vorteilhaft ist der direkte Ansatz an der Ursache der Emissionsquelle für Lachgas. Allerdings wirken auf die Gesamtbilanz weitere Faktoren ein, die den Entzug durch die Pflanzen bestimmen:

- Unterschiedlicher Bedarf der einzelnen Pflanzenarten bei jährlichen Schwankungen der Gesamtanbauflächen einzelner Arten und Sorten (Fruchtfolgen usw.),
- Unterschiedlicher Bedarf p. a. bei mehrjährigen Pflanzen,
- Unterschiedlicher Bedarf auf einzelnen Standorten (unterschiedliche Stickstoffhaltekraft der Böden).

Ohne diese Zusatzinformationen erscheint eine Festlegung rein auf Basis der Input-Menge zu undifferenziert und wenig akzeptabel in der Gruppe der Beteiligten. Will man allerdings all diesen Faktoren Rechnung tragen um darauf aufbauend ein geeignetes Sanktionssystem zu entwerfen, dann ergibt sich ein extrem dezidierter Erhebungsaufwand auf Seiten der Landwirte. Dem stehen äquivalente Verwaltungskosten seitens der durchführenden Institution gegenüber. Angefangen vom Aufbau eines standardisierten Erhebungssystem über die Zusammenführung, Prüfung, Auswertung und Kontrolle der Gesamtmengen. Als Alternative zu diesen Erfordernissen für ein Zertifikatmodell müssen daher leicht praktikabel erscheinende Alternativen kurz betrachtet werden, bevor die spezifische Anwendbarkeit abschließend beurteilt werden kann:

- Subventionierung eines verringerten N-Dünger-Einsatzes,
- Abgabe auf den Einsatz mineralischer Dünger,
- Vorschrift von Höchstmengen für den Einsatz von N-Dünger.

Subventionierung eines verringerten N-Dünger-Einsatzes

Das umweltpolitische Ziel lässt sich auch durch die Subventionierung eines verringerten Stickstoffeinsatzes erreichen. Bei der Subventionslösung muss als Grundgesamtheit von allen Landwirten ausgegangen werden. Die Gewährung einer Subventionen erfordert ein hinreichendes Mess- und Kontrollsystem auf einzelbetrieblicher Ebene. Die entsprechenden administrativen Kosten sind unverhältnismäßig hoch. Das ökologische Ziel wird ohne Kostenschub für die

Landwirte erreicht. Diese Alternative scheint aber eine geringer gesellschaftliche Akzeptanz zu erreichen.

Abgabe auf den Einsatz mineralischer Dünger
Eine Abgabe lässt sich am einfachsten durch die Anwendung auf die Produzenten und Importeure von im Inland in Verkehr gebrachten mineralischen Stickstoffdünger anwenden. Dadurch wird die Zahl der zu Beteiligten wesentlich verkleinert, entsprechend reduzieren sich die Erhebungs- und Kontrollkosten einer solchen umweltpolitischen Lösung. Durch die zu erwartende Überwälzung der Abgabenlast auf die Landwirte wird die vorhandene Überdüngung reduziert. Fraglich ist, wie die Abgabe festzusetzen ist, um genau die gewünschte Reduktionsmenge von ca. 50 % zu erreichen. Da eine Überdüngung wirtschaftlich z. Z. wenig ins Gewicht fällt, müsste genau die Kostenbelastung erreicht werden, die zum optimalen Düngereinsatz führt – eine sehr anspruchsvolle Aufgabe. Einkommensnachteile lasen sich durch „pro-Hektar-Rückerstattungen“ abdämpfen[8].

Höchstmengenvorschriften für den Einsatz von N-Düngern
Höchstmengenvorschriften für die Stickstoffdüngung erscheinen ungünstiger als Subventionen. Es ergeben und sich große Probleme bei der Einstufung und Kontrolle der vielen landwirtschaftlichen Betriebe. Die zuvor genannten Kriterien, die eine Zertifikatsanwendung erschweren, führen auch zu den vermeidbaren Beeinträchtigungen der Wirtschaftlichkeit durch Höchstmengenvorschriften.

Demnach verbleibt als interessante Alternative zu den Zertifikaten vornehmlich die Variante der Abgabenlösung. Gelingt es nicht eine guten Näherungswert für die Grundausstattung mit Zertifikaten zu ermitteln, oder lassen sich evtl. verbesserte Zusammenhänge durch Sonderzuteilungen regeln (auf der mittelfristigen Zeitachse), dann ist die Zertifikatslösung zu verwerfen. Es ist im Folgenden zu klären, welche Anforderungen an die Ausgestaltung der Zertifikatslösung zu stellen sind, damit sie die vorteilhafte Lösung darstellt

(1) Durchschnittswert aus den bisherigen Emissionen pro Betrieb muss ermittelbar sein.
(2) Baseline wird auf 50 % des bisherigen Düngereinsatzes festgelegt.
(3) Erstausgabe: Grandfathering vermeidet Kostenbelastung.

Eine Zertifikatslösung erscheint dann nicht nur praktikabel, sondern vorteilhaft gegenüber den anderen Instrumenten. Gelingt es über eine mittlere Bodenzahl je Betrieb bezogen auf die landwirtschaftliche, düngerelevante Nutzfläche die Bemessungsgrundlage zu generieren, so erscheint die Akzeptanz hoch zu sein.

[8] Die Mineraldüngerabgabe könnte mit pro-Hektar-Rückerstattungen auf das Aufkommen durch diese Abgabe gekoppelt werden. Dadurch werden Einkommensnachteile vermeiden und die positive Wirkung des verringerten N-Dünger-Einsatzes erhalten (Bartling, Hippchen, 1996, S. 9)

Durch die langfristige Ausrichtung braucht kein Beteiligter mit einer Erlösminderung in den ersten Jahren zu rechnen. Langfristig werden weniger geeignete Böden wahrscheinlich seltener für bestimmte Pflanzen / Fruchtfolgen genutzt. Ziel ist nicht, den Verbrauch von Stickstoffdünger auf ein übermäßig zu senken. Das System soll lediglich zu einem Ausgleich zwischen der Stickstoffzufuhr und der -aufnahme führen. Dadurch bleiben die Erträge der Landwirtschaft weitestgehend unberührt. Eine Einsparung der Kosten durch den verminderten Düngemitteleinsatz stellt dabei einen positiven Nebeneffekt für die Landwirte dar.

Die zu verteilende Jahresausstattung mit Zertifikaten erfolgt nach der aktualisierten Meldung der Betriebsflächen. Diese werden an zentraler Stelle erfasst und Mengenänderungen abgeglichen. Produzenten und Zwischenhändler registrieren die Verkaufsmengen an Dünger auf Betriebsbasis (Kundennummer). Diese Daten fließen am Jahresende in die Abrechnung der Verwaltungsstelle in elektronischer Form ein. Ein Datenabgleich ist schnell möglich. Der Zertifikatshandel erfolgt elektronisch im Internet in anonymisierter Form. Sollten sich im Laufe der Zeit *hot spots* des Verbrauchs herausstellen kann neben verstärkter Aufklärung die Zukaufsmenge im elektronischen Handel für bestimmte Regionen begrenzt werden.

Bewertung: Wird erwartet, dass die Zielerreichung über den landwirtschaftlichen Beratungsdienst nicht möglich ist, erscheint das Zertifikatesystem als beste Lösung. Durch den Zeitraum bis zum Erreichen der Baseline sind entsprechende Anpassungen der Landwirte einfach und weitgehend kostenneutral zu erreichen. Der Verwaltungsaufwand ist verhältnismäßig niedrig. All diese Argumente führen zu einer erfolgreichen Anwendung der Stufe 4 . Aus diesem Grund kann nun in Stufe 5 mit der Darstellung einer Zertifikatslösung begonnen werden.

5.4.6 Stufe 5: Darstellung einer Zertifikatslösung

Nach dem erfolgreichen durchlaufen der Stufen 1 – 4 erfolgt nun in der letzten Stufe 5 die Darstellung einer Zertifikatslösung. Wie auch bei Kohlendioxid werden die relevanten Bausteine in der folgenden Abbildung 61 zusammengefasst. Es ist an dieser Stelle noch einmal anzumerken, dass der Aufbau bzw. der Ansatzpunkt der Zertifikatssysteme bei den behandelten Gasen völlig unterschiedlich ist. Während es bei Kohlendioxid zu einer Erweiterung des herkömmlichen Modells kam, findet im Fall von Stickstoff das klassischen Modell Anwendung. Ziel bei Kohlendioxid ist die Vermeidung von Emissionen, während es bei Stickstoff langfristig zu Verhaltensänderungen kommt.

Abb. 61: Modellaufbau für N_2O

Schadstoff	Lachgas (N_2O)
Einheit der Zertifikate	50 kg N_2O
Baseline (Zielwert)	Rückführung der N-Düngung auf Erfordernis = ca. 40 % Reduktion
Laufzeit Zertifikatesystem	9 Jahre
Kreis der Beteiligten	Landwirtschaft
Zielerreichung	Lineare Reduktion
Laufzeit der Zertifikate (temporäre Ausgestaltung)	1 Jahr
Nutzung der Zertifikate (intertemporäre Ausgestaltung)	Zertifikate verfallen mit dem Ende des Erntejahres
Erstausgabemenge	Status quo (Grandfathering)
Ermittlungszeitraum	Grundsätzliche Erfordernis nach Bemessungsgrundlage
Neuemittenten	Über Sonderzuteilungen
Opt in	Nicht zulässig
Besonderheiten	-

Quelle: Eigene Darstellung

6. Abschließende Beurteilung der Zertifikatslösungen

Durch den Einsatz von umweltpolitischen Instrumenten sollen vor allem negative externe Effekte internalisiert werden. Eines der größten Probleme der Umweltökonomie ist die fehlende Monetarisierbarkeit von Umweltgütern bzw. Umweltschäden. Durch den Einsatz von Umweltzertifikaten erfolgt eine „Korrektur und Ergänzung des Preismechanismus" (Bartmann, Busch, 1998, S. 4f), denn die Verursacher von externen Effekten werden gezwungen, die sozialen Kosten in ihre Kostenkalkulation einzubeziehen.

Vor diesem Hintergrund erfolgt in diesem Kapitel die abschließende Beurteilung der Ergebnisse dieser Arbeit. Grundlage bildet das in Kapitel 4 entwickelte 5-Stufen-Modell, das in Kapitel 5 zum Einsatz kommt. In diesen einzelnen Modell-Anwendungen wurde versucht, die Erfahrungen aus den bereits bestehenden Zertifikatsystemen zu nutzen und die Ausgestaltung dementsprechend zu gestalten. Unabhängig davon, ob die Entwicklung des Zertifikatemodells der einzelnen klimarelevanten Gase geeignet ist oder nicht, erfolgt nun die Beurteilung anhand der in Abschnitt 3.2 entwickelten Kriterien eines Bewertungskataloges (Abbildung 62).

Abb. 62: Bewertungskatalog für umweltpolitische Instrumente

I	Ökologische Effektivität
II	Ökonomische Effizienz
III	Fehlerfreundlichkeit
IV	Flexibilität
V	Praktikabilität
VI	Marktkonformität
VII	Zielkonformität
VIII	Politische / Gesellschaftliche Akzeptanz
IX	Ökonomische Auswirkungen

Quelle: eigene Darstellung

Grundsätzlich lassen sich die von einem Zertifikatesystem betroffenen in vier Gruppen einteilen: Staat, Unternehmen, Landwirte und Gesellschaft – wobei in der letzten Gruppe alle subsummiert sind, die nicht zu den ersten drei Gruppen gehören, unter anderem auch Unternehmen deren Emissionen unterhalb der Beteiligungsgrenze liegen. Dementsprechend werden die Vorteile für die einzelnen Beteiligten im Folgenden in Stichworten erläutert, ohne die dazu erarbeiteten Details aus den vorangegangenen Kapiteln zu wiederholen.

Staat

- Geringe Transaktionskosten
- Geringer Regelungsbedarf
- Förderung regenerativer Energien
- Hohe ökologische Effektivität
- Marktkonforme Lösung

Unternehmen

- Planungssicherheit in Bezug auf die Höhe der Reduzierung
- Planungssicherheit in Bezug auf die Dauer des Modells
- Transparenz
- Erhöhung der Handlungsalternative durch die Landwirtschaft
- Kostenlose Erstausgabe (Grandfathering)
- Vermeidung erfolgt anhand der internen Kostenstruktur

Landwirte

- Zusätzliche Einnahmequelle
- Aktiver Beitrag an der Verbesserung des Klimas
- Förderung regenerativer Energien
- Langfristiges Eigeninteresse an Vermeidung einer Klimaänderung
- Transparenz

Gesellschaft

- Möglichkeit zur Beteiligung
- Transparenz
- Weitgehend gerechter Sanktionsmechanismus
- Marktkonformität
- Keine Benachteiligung von Neuemittenten
- Geringe Kosten
- Konzentration auf die wesentlichen Emittenten
- Signifikante Emissionsminderungen

Einen kurzen Überblick über die allgemeine Bewertung einer Zertifikatslösung gab es in Abschnitt 3.3.5. Die Allgemeingültigkeit wird nun spezifiziert und auf die im vorherigen Kapitel entworfenen Modelle angewendet. Dabei werden entsprechend des Bewertungskatalogs die einzelnen Kriterien für die drei klimarelevanten Gase nacheinander beleuchtet. Aufgrund der Übertragbarkeit einiger Ausgestaltungsmerkmale werden die Vorteile nicht für jedes Gas einzeln erläutert, sondern im vorderen Bereich des jeweiligen Abschnitts.

6.1 Ökologische Effektivität

Im Rahmen dieses Kriteriums werden die folgenden zwei Aspekte untersucht: Zum einen die Zielerreichung, d. h. inwieweit und in welchem Zeitrahmen der festgelegte Umweltstandard erreicht werden kann. Der zweite Aspekt ist die Frage nach den langfristigen – ökologischen – Auswirkungen, die die Implementierung eines der vorgestellten Modelle mit sich bringen würde. Dazu gehören vor allem Innovationsanreize, die über den Rahmen der Modelle hinausgehen.

Eine der Schwächen von Zertifikatsystemen liegt in der Festlegung der gewünschten Umweltqualität. Grundsätzlich ist der Einsatz dieses Instruments auf solche Bereiche zu beschränken, für die Qualitätsziele formulierbar sind und dem einzelnen Verursacher Emissionsmengen eindeutig zugeordnet werden können (Huckestein, 1993, S. 3). Bei der Festlegung der Schadstoffe ist darauf zu achten, dass es sich um sogenannte Massenschadstoffe handelt und nicht um Gefahrenstoffe, die „bereits in kleinen Dosen zu schweren, insbesondere gesundheitlichen Schäden führen" (Welsch, 1994, S. 184). Durch die Berücksichtigung dieser Aspekte und die Festlegung der Reduktionsmenge im Rahmen des Kyoto-Vertrages sind die Voraussetzungen für eine hohe ökologische Effektivität gegeben. Selbst wenn die Anzahl der zu Beginn ausgegebenen Zertifikate zu hoch sein sollte, dann kommt es durch den Marktmechanismus zu Anpassungen. Diese werden an dem Gesamtziel der Reduktionsmenge nichts ändern, es kann lediglich zu zeitlichen Verzögerungen kommen.

Vor allem im direkten Vergleich zu ordnungsrechtlichen Instrumenten fördern Zertifikate umweltfreundliche Technologien. Denn je weniger ein Unternehmen emittiert, desto mehr Zertifikate kann es auf dem Markt verkaufen. Außerdem führt das Ordnungsrecht nur dazu, dass der vorgeschriebene Standard gerade erreicht wird – eine weitergehende Unterschreitung dieses Wertes wird nicht honoriert. Die Wirkung umweltfreundlicher Technologien wird unter dem Kriterium ökonomische Auswirkungen (Abschnitt 6.9) diskutiert.

Der Erfolg eines Zertifikatesystems steht und fällt mit einem funktionierenden Kontroll- und Sanktionsmechanismus. Andernfalls wird die festgelegte Baseline überschritten und die ökologische Effektivität geht verloren. Das Risiko bei Überschreitung der zulässigen Emissionsmenge muss den Beteiligten klar sein, da sie sich sonst auf die Hilfe bzw. das Eingreifen des Staates verlassen. Durch die allgemeine Ausgestaltung der Systeme in Abschnitt 5.1 kann bei beiden in der Zertifikats-Lösung verbleibenden Gasen (CO_2 und N_2O) davon ausgegangen werden, dass ausreichend Maßnahmen vorhanden sind, um die Umweltziele zu erreichen.

Ein weiterer Aspekt der die ökologische Effektivität der Modell-Ergebnisse erhöht, ist die Möglichkeit, dass sich an der Umwelt interessierte Personen oder Gruppen an dem System beteiligen können. Denn dadurch kann der zu erreichende Umweltstandard, also die Baseline, unter Umständen vorzeitig erreicht werden.

6.1.1 Kohlendioxid

Für die Landwirtschaft kann die Einbeziehung eine Honorierung von ökologischen Leistungen bedeuten. Denn durch den Anbau von Miscanthus können positive externe Effekte gefördert und erzielt werden:

- Sicherung von Arbeitsplätzen in der Landwirtschaft,
- Förderung regenerativer Energien,
- Erhaltung bzw. Bereicherung der Kulturlandschaft,
- Erhaltung einer biologischen Artenvielfalt.

Die Bezahlung der Landwirtschaft entspricht einer finanziellen Entlohnung von umwelt- und naturverträglichen Aktivitäten, außerdem „werden marktwirtschaftliche Anreize zur Erbringung von Umweltleistungen gesetzt“ (Bauer, Trötschler, 2000, S. 159). Durch den Anbau einer Energiepflanze wie Miscanthus wird nicht nur der Anbau regenerativer Energien gefördert, sondern sie kann auch dazu beitragen, nicht erneuerbare Ressourcen zumindest teilweise zu ersetzen. Des weiteren können in dem vorgestellten Modell die „aus der Nahrungsmittelproduktion ausscheidenden Flächen einer sinnvollen Verwendung“ zugeführt werden (DBJ-Unternehmensgruppe, 2002, S. 191). Die Einbeziehung der Landwirtschaft führt mittelfristig zu einer Erhöhung der Bindungsmenge von Kohlendioxid, was positive Effekte der Klimaverbesserung mit sich bringt.

Die ökologische Effektivität wird durch eine mögliche Beteiligung von Privaten bzw. Firmen, die nicht zu dem Kreis der am System Beteiligten gehören erhöht. Denn diese können sich zwei Jahre nach Anlaufen des Zertifikatehandels an dem Handel beteiligen und ebenfalls Zertifikate kaufen.

Grundsätzlich ist die ökologische Effektivität durch die Einbeziehung der Landwirtschaft höher als in einem herkömmlichen Zertifikatesystem, da es einer zusätzlichen Reduzierung von Kohlendioxid entspricht. Dies gilt vor allem dann, wenn eine langfristige Bindung nach der Ernte erfolgt. Beispiele hierfür sind die unterschiedlichen Verwendungen in den Bereichen Bauindustrie, Automobilindustrie, Zellstoffindustrie und im Gartenbau (Pude, Bliesner, 2003, S. 1).

Es ist festzuhalten, dass die Landwirtschaft ein großes Potenzial zur langfristigen Senkung der CO_2-Emissionen birgt. Die beschriebenen Auswirkungen einer Einbeziehung der Landwirtschaft fallen zusätzlich zu der CO_2-Bindung an und bilden positive externe Effekte. Gerade durch das vergleichsweise hohe Bindungspotenzial ist der Anbau von Miscanthus empfehlenswert. Sollten sich bei dem Anbau von Miscanthus unerwartete Probleme ergeben, so kann unter Umständen auf den Anbau von Getreide zur Bindung von Kohlendioxid und zur anschließenden energetischen Nutzung ausgewichen werden.

6.1.2 Methan

Grundsätzlich sind die Emissionsangaben durch Unsicherheiten in den Kreisläufen der Natur mit großen Unsicherheiten behaftet. Dazu gehören auch Emissionen „mit teilweise sehr komplexen Entstehungsprozessen" (BMU, 1999, S. 7), wie es z. B. bei der Entstehung von Methan der Fall ist. Auf die Vielfältigkeit der Bestimmungsgrößen wurde in Abschnitt 5.3.1 eingegangen. Dort werden die Faktoren benannt, die auf die Höhe der Methanemissionen einwirken.

Problematisch bei der Anwendung umweltpolitischer Instrumente ist bei diversen Maßnahmen der Einklang mit weiteren Anforderungen. So ist bei der Minderung von Methanemissionen aus enterischer Fermentation zu Berücksichtigung, dass z. B. eine Freilandhaltung einige technisch einfache Reduktionslösungen verhindert. So lassen sich bestimmte Möglichkeiten des Emissionsschutzes mit technischen Mitteln (z. B. Luftfilter an Ställen) nur bei der Vorgabe von Haltungsformen beschränken. Hierbei können Tierschutzanforderungen restriktiv auf die Möglichkeiten zum Erreichen des Emissionsziels wirken.

Die Minderung der Methanemissionen aus der Düngewirtschaft ist nur schwerlich durch eine Zertifikatslösung zu erzielen. Bei Zertifikaten handelt es sich um eine Mengenlösung. Die Menge an Gülle soll jedoch nicht vermindert werde, sondern sie soll einer alternativen Verwendung zugeführt werden. Wenn es um eine mengenmäßige Reduzierung der Emissionen geht, dann sind ordnungsrechtliche Instrumente aus ökologischer Sicht wesentlich effektiver.

6.1.3 Stickstoff

Die Zielerreichung durch eine Zertifikatslösung ist bei Stickstoff möglich, sofern verhindert werden kann, dass sich die Landwirte über andere, nicht-kontrollierte

Kanäle mit N-Dünger versorgen. Gerade im Grenzgebiet und durch das Internet besteht die Möglichkeit des Einkaufs über Händler und Hersteller, die nicht der Kontrollpflicht unterliegen. Das hätte einen dreifach negativen Effekt:

- Die so agierenden Landwirte unterlaufen das Umweltziel durch den nicht-dokumentierten Kauf des N-Düngers.
- Die nicht genutzten Zertifikate können verkauft werden. Dadurch reduziert sich der Kaufpreis der fremdbezogenen Mengen und macht diese Alternative um so attraktiver.
- Die gewünschte regionale Steuerung aufgrund der Nebeneffekte der Düngung in Form von Saurem Regen durch Ammoniak (NH_3) und Grundwasserbelastung durch Nitrat (NO_3) ist unzureichend.

Lässt sich opportunistisches Verhalten verhindern bzw. ausschließen, so ist die vorgeschlagene Lösung ökologisch effektiv. Die Anpassungsmöglichkeit durch die längerfristige Umstellung gewohnter Verhaltensmuster ist gegenüber alternativen Instrumenten wesentlich effizienter, da jeder Landwirt frühzeitig versuchen wird seine Überdüngung zu reduzieren, um den Zeitraum eines größeren Handels von Zertifikaten nutzen zu können.

6.2 Ökonomische Effizienz

Die ökonomische Effizienz besteht aus einer dynamischen und einer statischen Komponente. Um diese für die untersuchten Anwendungsfälle beurteilen zu können, werden vorab die grundsätzlich erzielten Effekte durch die Zertifikatsanwendungen betrachtet. Abschließend folgen Aussagen zu den Zertifikatspreisen.

Grundsätzliche Effekte der Zertifikatslösungen

Das Ziel eines Emissionshandels mit Zertifikaten ist die Schaffung eines transparenten Marktes ohne Wettbewerbsbarrieren (Schafhausen, 2001, S. 19). Die Erreichung dieses Ziels wird im Folgenden beschrieben.

Grundsätzlich bildet sich durch den Handel mit Emissionsrechten ein Preis – der Angebot und Nachfrage in Einklang bringt. Die Betroffenen beobachten die Entwicklung des Preises und vergleichen diesen mit ihren Grenzvermeidungskosten. Liegen diese Kosten unterhalb des Preises, so wird das Unternehmen Emissionen vermeiden. Im umgekehrten Fall müssen Zertifikate zugekauft werden. Das Ergebnis ist eine Erreichung der Klimaschutzziele zu minimalen einzelwirtschaftlichen – und auch gesamtwirtschaftlichen Kosten.

Im folgenden werden die beiden handelsrelevanten Fälle, in denen sich ein Unternehmen befinden kann, vorgestellt:

- „mehr Zertifikate vorhanden als benötigt“
- „Emissionsmenge größer als die vorhandene Zertifikatsmenge“

Der Fall, dass ein Unternehmen genau so viele Zertifikate besitzt wie es benötigt, wird nicht betrachtet. Denn durch die lineare Vermeidungsfunktion wird das Unternehmen, entweder im Folgejahr Zertifikate zukaufen oder es verfügt dann über eine neue Vermeidungstechnologie, so dass es mehr Zertifikate hat als es benötigt.

Im ersten Fall ist die geplante Emissionsmenge des Unternehmens geringer als die zur Verfügung stehende Zertifikatsmenge. Als „Belohnung“ für umweltgerechtes Verhalten verkauft das Unternehmen die überschüssige Menge an Zertifikaten und erzielt einen entsprechenden Erlös. Die Gesamtkosten der Emissionsvermeidung ergeben sich aus der Differenz zwischen den Kosten für die Umweltinvestitionen und den Verkaufserlösen durch überschüssige Zertifikate.

Im zweiten Fall müssen Zertifikate zugekauft werden, da die vorhandene Zertifikatsmenge nicht ausreicht, um die geplante Emissionsmenge zu decken.

Dynamische Effizienz
Es hat sich gezeigt, dass durch Zertifikate vor allem im Vergleich zu ordnungsrechtlichen Instrumenten sowohl eine einzelwirtschaftliche als auch eine gesamtwirtschaftliche Optimierung erreicht werden kann. Dadurch, dass die Kostendifferenzen zwischen

- den einzelnen Emittenten,
- den innerbetrieblichen Standorten (führt zu innerbetrieblichen Transfer und zur Verlagerung),
- den Quellen und Senken (im CO_2-Anwendungsfall)

durch den Markt für Zertifikate genutzt werden, kommt es zu einer ökonomisch effizienten Allokation der Ressourcen.

Der Emissionshandel fördert effiziente Entscheidungen, die aufgrund einzelwirtschaftlicher Kostenüberlegungen getroffen werden müssen. So können einzelne Unternehmen entsprechend ihrer Kostenstruktur Emissionen vermeiden bzw. Zertifikate zukaufen. Auch können sie den Zeitpunkt einer Anschaffung für neue klimafreundliche Innovationen gemäß ihrer gesamtwirtschaftlichen Lage selbst bestimmen (Bals, 2001, S. 48). Aus diesem Grunde ist es auch sinnvoller, ein Zertifikatesystem nicht in unterschiedliche Phasen[1] aufzuteilen, denn dadurch könnten unter Umständen Markttransaktionen nicht stattfinden und Kosteneinsparpotenziale verschenkt werden (Hansjürgens, 2000, S. 45).

[1] Vergleiche hierzu die zwei Phasen des US-amerikanischen Acid Rain Programm in Abschnitt 3.4.1.

Durch den Emissionshandel wird die Grundlage für weitere notwendige Investitionen gelegt – unter Berücksichtigung ökonomischer Effizienzkriterien (Meyerinck, 2001, S. 78). Trotz des Grandfatherings gibt es Anreize, Möglichkeiten zur Emissionsreduktion zu suchen und in die Forschung und Entwicklung neuer, sauberer Technologien zu investieren (Koutstaal, 1997, S. 9). Durch die lange Laufzeit stellt das System eine Planungssicherheit für die Beteiligten dar. Dementsprechend kann man von einer hohen dynamischen Effizienz ausgehen.

Statische Effizienz

Mit der statischen Effizienz sind vor allem die Transaktionskosten gemeint, die durch das Zertifikatesystem hervor gerufen werden. Die dem Staat entstehenden Kosten dürften nicht höher sein, als bei dem Einsatz anderer Instrumente. Des weiteren führt eine Anbindung des Systems an eine bestehende Behörde zu weiteren Kostensenkungen. Die einem Unternehmen entstehenden Kosten sind ebenfalls nicht zusätzlich, sondern entstehen lediglich an Stelle anderer Kosten (Meyer, Kruska, Schubert, 2001, S. 102). Beispiele hierfür wäre eine zusätzliche Ökosteuer oder die Vermeidungskosten bei einer ordnungsrechtlichen Lösung.

In diesem Zusammenhang wird wiederum auf die im Kyoto-Vertrag festgelegten Reduktionsziele verwiesen. „Die absoluten Gesamtemissionswerte (...) müssen nicht (...) im politischen Prozess mühsam erstritten werden, sondern liegen bereits vor und können dem Zertifikatemarkt als Gesamtziel zugrunde gelegt werden" (Hansjürgens, 2000, S. 45). Aus diesem Grund werden ein Großteil der Kosten eingespart, die bei der Implementierung eines Zertifikatesystems im Normalfall anfallen würden.

Entwicklung von Zertifikatspreisen

Es ist sehr schwierig eine Aussage zu der Entwicklung von Zertifikatspreisen zu machen, wofür mehrere Gründe verantwortlich sind. Zum einen sind die Grenzvermeidungskosten der Unternehmen nicht bekannt. Das führt in der Praxis dazu, dass diese Kosten ex ante gewöhnlich weit überschätzt wurden. Zum anderen führen im Zeitablauf economies of scale zu einer Senkung der Vermeidungskosten. Erfahrungen aus bestehenden Systemen haben gezeigt, dass die tatsächlichen Vermeidungskosten weit unterhalb der erwarteten liegen.[2] Ein letztes Argument gegen eine Schätzung über die Preise von Zertifikaten ist die Art der Erstausgabe. Denn wenn es wie beim US-amerikanischen Reclaim Programm zu einer „großzügigen" Anfangsausstattung kommt, dann liegt ein Überschussangebot an Zertifikaten vor und der sich einstellende Preis ist zu niedrig. „Insgesamt scheint die Gefahr gegeben, dass Marktpreise vor Beginn des Handels zu hoch geschätzt und folglich falsche Preissignale gegeben werden" (Mez, Piening, 2000, S. 11).

[2] Vergleiche hierzu die Analyse der ökonomischen Effizienz der einzelnen bestehenden Zertifikatesysteme von Mez und Piening.

6.2.1 Kohlendioxid

Um die ökonomische Effizienz des vorgestellten Modells darstellen zu können, werden in Abbildung 63 zunächst die möglichen Handlungsalternativen und die Einflussfaktoren auf diese Alternativen gezeigt.

Abb. 63: Ökonomische Effizienz: Handlungsalternativen und Einflussfaktoren für die Zertifikatslösung

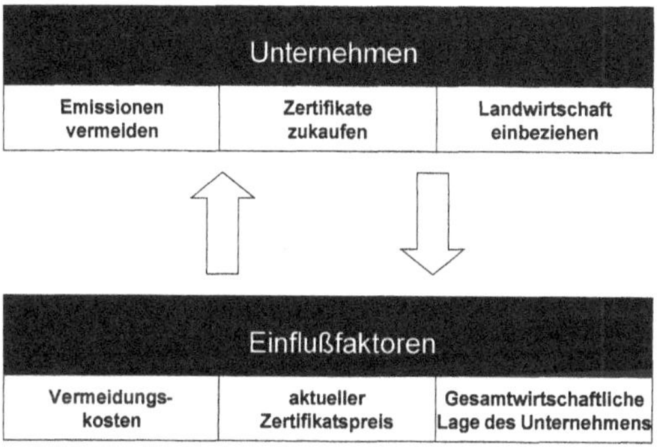

Quelle: Eigene Darstellung

Unter der gesamtwirtschaftliche Lage eines Unternehmens ist z. B. dessen verhältnismäßig kurze Restlaufzeit zu berücksichtigen (vgl. Abschnitt 5.2.5, Gesamterlöse). Für ein solches Unternehmen ist es u. U. aus ökonomischer Sicht sinnvoller, die Alternative der Einbeziehung der Landwirtschaft zu wählen, statt in Vermeidungstechnologie zu investieren, die sich nicht mehr amortisiert.

In Abhängigkeit von der zugeteilten Zertifikatsmenge (Anfangsausstattung) und den eigentlichen – erwarteten – Emissionen stellen sich dem Unternehmen die drei dargestellten Handlungsalternativen: Emissionen vermeiden, Zertifikate zukaufen oder der Anbau CO_2-bindender Pflanzen mit Hilfe der Landwirtschaft. Die Entscheidung des Unternehmens wird durch die Einflussfaktoren Vermeidungskosten, aktueller Zertifikatspreis und gesamtwirtschaftliche Lage des Unternehmens beeinflusst. Nicht berücksichtigt in der Abbildung ist die Bereitschaft des Unternehmens zu strategischen Verhaltensweisen – deren Anwendung unter anderem von der Höhe der Sanktionen abhängig ist.

Eine Einbeziehung der Landwirtschaft erhöht die ökonomische Effizienz des Systems. Das Unternehmen hat dadurch, wie in Abbildung 68 dargestellt, eine weitere Handlungsmöglichkeit. Aus diesen Möglichkeiten kann dann die für das

Unternehmen unter Berücksichtigung der Vermeidungskosten die kostengünstigste Alternative gewählt werden.

Durch die Berücksichtigung einer hinreichend großen Anzahl von Beteiligten ist die Wahrscheinlichkeit groß, dass sich eine hinreichende Zahl von Unternehmen in der Ausgangsverteilung außerhalb des Gleichgewichts befinden. Diese treten dann auf dem Markt als Nachfrager oder Anbieter von Emissionsrechten auf (Weber, 2001, S. 87).

Durch Zertifikatesysteme werden die Transaktionskosten möglichst niedrig gehalten. Je einfacher die Ausgestaltung eines Systems ist, desto geringer sind auch die Kosten. Ein wichtiger Aspekt in Bezug auf die Transaktionskosten ist die Abwicklung des Handels und der Einbeziehung der Landwirtschaft durch die ausführende Behörde. Dort melden sich interessierte Landwirte und Unternehmen. Die Nachfragen werden dann gebündelt und der Anbau in Auftrag gegeben. Durch die Einbeziehung der Landwirtschaft kann auf die Bildung von Rücklagen verzichtet werden. So wird das Modell vereinfacht und die zu erwartenden Transaktionskosten gesenkt.

6.2.2 Methan

Im Rahmen der Ausgestaltung gilt, je weniger Ausnahmeregelungen berücksichtigt sind, desto günstiger lässt sich das System letztendlich durchführen. Aufgrund der Schwierigkeiten sowohl bei der exakten Messung der Methanemissionen als auch bei der Reduktion ohne Bestandsverminderung, ist es sinnvoll, auf andere Instrumente zurückzugreifen.

Ein weiterer nicht zu vernachlässigender Aspekt ist das bereits existierende Zertifikatesystem in Form von Milchquoten. Die Reduzierung der Emissionen durch ein weiteres Zertifikatesystem würde nicht nur zu einer Doppelbelastung einiger Landwirte führen sondern auch erhebliche ökonomische Ineffizienzen aufweisen. Auch der Anstieg der Transaktionskosten ist ein Argument gegen die Implementierung von zwei Zertifikatesystemen.

Die grundsätzliche Komplexität der Steuerung einer Zertifikatslösung für Methan führt auch bei der ökonomischen Effizienz zu schwerwiegenden Problemen beim Anwendungsfall der enterischen Fermentation. Praktikable Alternativen, die schwerlich in einem Zertifikatesystem abgebildet werden können, liefern die Forschungsergebnisse aus Neuseeland und Australien. Es ist unter Umständen wesentlich effizienter, diese anzuwenden. Das bedeutet eine gezielte Fütterung der Tiere und – sofern die Forschung mit den Injektionen abgeschlossen ist – die Injektionen zur Reduktion von Methanemissionen anzuwenden. Ein wirtschaftlicher

Aspekt der im Eigeninteresse der Landwirte liegt ist die Steigerung der Milchleistung je Tier, mit Netto-Potenzialen bis über 40 %. Unter Berücksichtigung der unterschiedlichen Einsparpotenziale lassen sich auch aus Kostengründen effizientere Alternativen zu einer Zertifikatslösung finden.

Für den präferierten Anwendungsfall der Düngwirtschaft hat sich ein Nachteil der ökonomischen Effizienz gegenüber ordnungsrechtlichen Maßnahmen gezeigt. Die erforderliche Infrastruktur, die Überwachungserfordernisse, die Kosten der Verwaltung und Kontrolle und nicht zuletzt der fragwürdige Marktpreis für Gülle sprechen gegen die wirtschaftliche Effizienz einer Zertifikatslösung für Methan.

6.2.3 Stickstoff

Die Lösung für Stickstoff ist ökonomisch effizient, da für die Unternehmen bei zielkonformen Verhalten praktisch keine Kosten anfallen, sondern sogar noch Kosten gespart werden. Durch die Etablierung eines elektronischen Handels können die Kosten für den Staat und damit die Gesellschaft gering gehalten werden. Gleichzeitig erlaubt die datenbankbasierte Abwicklung der Transaktionen eine Sicherung von Emissionshöchstwerten auf regionaler Ebene. Damit wird den Zusatzanforderungen für die Stickstoffanwendung Rechnung getragen (Saurer Regen und Nitratbelastung des Grundwasser).

Das angestrebte Kontrollsystem auf der Ebene der Verkäufer (Hersteller und Zwischenhändler) erfolgt durch elektronische Meldung der Verkaufsmengen je Beteiligten (ggf. standortbezogen) und Verbuchung vorhandener Zertifikatsmengen. Das erforderliche System ist einfach und aus den klassischen Anwendungsfällen im Handel bekannt. Gegenüber anderen umweltpolitischen Maßnahmen, beispielsweise der Auflage (siehe hierzu die Diskussion in Abschnitt 5.4.4) ist die Zertifikatslösung effizienter. Die Berechnung der Input-Outputmengen erfolgt letztlich auf Einzelbetriebsebene (Hoftorbilanz). Messkosten fallen für die Landwirte nicht an. Die damit zusammenhängenden, die Gesamtwirtschaftlichkeit der Lösung beeinflussenden Effekte, entfallen somit vollständig.

Für den Zertifikatshandel ist lediglich ein Internetanschluss und die Identifikations-Nummer der zugeteilten Zertifikate sowie die Kennung zur Handelsberechtigung erforderlich. All diese Daten können automatisiert erstellt und abgewickelt werden.

6.3 Fehlerfreundlichkeit

In Abschnitt 3.3.5 wurden die Gefahren bezüglich der Erwartung von Rationalverhalten der Beteiligten erläutert. Dazu gehören vor allem:

- Gefahren der Marktmacht,
- Hortung,
- Verdrängungswettbewerb.

Aus diesem Grund lag bei der Ausgestaltung ein besonderer Schwerpunkt auf der Vermeidung dieser möglichen Gefahren. Aufgrund der jährlichen Gratisvergabe der Zertifikate durch das Grandfathering und durch die kurze Laufzeit kann es kaum zur Entstehung von Marktmacht einzelner Unternehmen kommen (Gick, 1996, S. 30). Gegen die Entstehung bzw. Ausübung von Marktmacht spricht noch ein weiteres Argument: Da es sich für die Unternehmen um einen Beschaffungsmarkt handelt, wäre es für ein Unternehmen sehr aufwendig, kostspielig und zugleich wenig erfolgversprechend, Marktmacht ausüben zu wollen (Weber, 2001, S. 88).

Durch die kurze Gültigkeit der Zertifikate wird auch die Gefahr der Hortung umgangen, denn so wird für einen flexiblen und auch liquiden Markt gesorgt (Simonis, 1995, S. 13). Dennoch bleibt die Planungssicherheit für die Unternehmen bestehen, da die vorgeschlagenen Lösungen an sich eine lange Laufzeit aufweisen. Strategische Verhaltensweisen wie z. B. Spekulationen können nicht gänzlich ausgeschlossen werden (Fromm, Hansjürgens, 1994, S. 217). Allerdings wird diese Gefahr dadurch minimiert, dass die Unternehmen dabei das Risiko tragen.

Im direkten Vergleich mit anderen umweltpolitischen Instrumenten ergibt sich bei Umweltzertifikaten ein weiterer Vorteil: Je nach Instrument kann es für den Betroffenen unter Umständen besser sein, die Umsetzung staatlicher Vorgaben durch strategische Verhaltensweisen zu verzögern. Aufgrund eines funktionierenden Kontrollsystems kommt es im Fall von Zertifikaten jedoch zu einer finanziellen Belastung (Schmitt-Rady, 1999, S. 32). Aus diesem Grund lohnen sich auch strategische Verzögerungstaktiken nicht.

6.3.1 Kohlendioxid

Bei der Ausgestaltung des Zertifikatesystems für Kohlendioxid wurde darauf geachtet, die Gefahren von strategischen Verhaltensweisen möglichst gering zu halten.

Durch die Möglichkeit der Unternehmen, vor Ablauf des Jahres Landwirte für den Anbau von CO_2-bindenden Pflanzen zu bezahlen, wird die Flexibilität des Systems wesentlich erhöht. Ein weiterer Vorteil in diesem Zusammenhang ist die Vermeidung strategischer Verhaltensweisen der beteiligten Unternehmen, falls diese einen Mangel an Zertifikaten haben.

6.3.2 Methan

Da eine Zertifikatslösung für Methan verworfen wurde, kann an dieser Stelle keine Aussagen über die Fehlerfreundlichkeit gemacht werden.

6.3.3 Stickstoff

Eine Anpassungsmöglichkeit der Zertifikatslösung kann erforderlich werden, wenn festgestellt wird, dass die ursprüngliche Bemessungsgrundlage gegenüber einer emissionsadäquateren ersetzt werden sollte. Hier bietet ein Zertifikatesystem bessere Möglichkeiten als alternative Instrumente. Gegebenenfalls wird die Zertifikatsmenge durch die Ausgabe weiterer Zertifikate mäßig erhöht, um dem gewonnen Erkenntnissen Rechnung zu tragen. Dann waren die bis dato erbrachten Bemühungen der Beteiligten nicht umsonst. Durch die Lösung von gesetzlichen Bestimmungen kann dieser Fall zu Beginn des Systems vorgesehen werden und bedarf dann keiner weiteren gesetzlichen Neufassung.

Eine Absenkung der Baseline scheint durch die gute Datenbasis im Bezug auf die Gesamtmenge an N-Dünger unwahrscheinlich. Eine Änderung des Gesamtrahmens wäre komplizierter, aber dennoch möglich.

Eine Gefahr der Hortung besteht durch die geringe Laufzeit nicht. Marktmacht wird dadurch verhindert, dass es keinen Zwang zum Zukauf gibt. Kein Marktteilnehmer wird in seiner Wettbewerbsfähigkeit durch die Einführung des Zertifikatesystems eingeschränkt. Damit ist auch ein Verdrängungswettbewerb ausgeschlossen.

6.4 Flexibilität

Der Aspekt der Flexibilität beschreibt die Fähigkeit der Anpassung an veränderte Informationen. Die Anpassung an die Veränderung ökonomischer Größen, wie z. B. Wirtschaftswachstum, erfolgt bei einer Zertifikatslösung automatisch über den Preis. Verändern sich beispielsweise die Vermeidungskosten, so verändert sich auch der Preis der Zertifikate (Bartmann, 1996, S. 153). Auch bei Veränderung der Vermeidungskosten erfolgt eine Anpassung ohne politische Entscheidungen – wie das z. B. bei Abgaben der Fall wäre (Endres, Schwarze, 1998, S. 175). Eine weitere Flexibilisierung des Systems ist durch die kurze Gültigkeit der Zertifikate gegeben.

In Bezug auf die Emissionsminderung besteht ebenfalls eine hohe Flexibilität. Die beteiligten Unternehmen können auf unterschiedliche Weise den Vorgaben Folge leisten: durch technische Innovationen, Modernisierungen, Verbesserungen der Produktionsprozesse und Beteiligung am Handel der Zertifikate – außerdem bleibt es dem Unternehmen „selbst überlassen zu bestimmen, an welcher Stelle des Unternehmens die Emissionen eingespart werden sollen“ (Koschel, 1998, S. 109).

Ein wesentlicher Aspekt im Rahmen der Flexibilität ist die Anpassung einer Strafe an den aktuellen Marktpreis der Zertifikate. Denn bei statischen Strafen verlieren die Sanktionen immer mehr an Abschreckung, je mehr ein Unternehmen das erlaubte Maß überschreitet (Bader, Rahmeyer, 1996, S. 70). Dadurch ist gewährleistet, dass ein Unternehmen in Bezug auf die erlaubten Emissionen keine strategischen Verhaltensweisen aufweist. In diesem Fall ist es für das Unternehmen immer günstiger die erforderlichen Zertifikate zuzukaufen.

6.4.1 Kohlendioxid

In Abschnitt 6.4 wurden die technischen Möglichkeiten einer Reduzierung der Emissionen beschrieben. Die Einbeziehung der Landwirtschaft stellt für die Unternehmen eine weitere Möglichkeit zur Reduktion ihrer Emissionen dar. Bei den an die Landwirtschaft zu zahlenden Beträgen handelt es sich um mehr oder weniger fixe Summen. Stellt ein Unternehmen gegen Ende der Abrechnungsperiode fest, dass es zu wenig Zertifikate besitzt und der Preis der am Markt erhältlichen Zertifikate zu hoch ist, dann kann es auf den Anbau CO_2-bindender Pflanzen ausweichen. Dadurch erhöht sich die Flexibilität des Systems.

Auch in Bezug auf die Einbeziehung von Neuemittenten weist das Modell eine hohe Flexibilität auf. Es müssen keine Rücklagen gebildet werden und trotzdem können Neuemittenten in das System integriert werden. Durch den mehrjährigen Anbau von Miscanthus sind die Emissionen für eine gewisse Zeit gebunden und das neue Unternehmen kann sich in der Zeit an den Markt anpassen. Der Neueinstieg wird ebenfalls erleichtert, da die Einbeziehung der Landwirtschaft zu relativ festen Preisen erfolgt, d. h. es besteht ein hoher Grad der Planbarkeit. Außerdem sehen sich Neuemittenten so den gleichen Bedingungen des Marktes gegenüber, wie alle anderen bereits bestehenden Unternehmen.

Sollten sich wider erwarten Unzulänglichkeiten in der Aufsetzungsphase im Laufe des Gesamtzeitraums zeigen, so kann durch die Anpassung des Reduktionsvolumens durch die Landwirtschaft in beide Richtungen gegengesteuert werden. Beispiele für solche Ursachen sind die Ausgabe zu vieler Zertifikate aufgrund des ungünstigen Bemessungszeitraums (führt zu Zertifikatsüberschuß) oder eine wirtschaftliche Boom-Phase während der Laufzeit (führt zu Mehrbedarf an Zertifikaten).

6.4.2 Methan

Da eine Zertifikatslösung für Methan verworfen wurde, kann an dieser Stelle keine Aussagen über die Flexibilität gemacht werden.

6.4.3 Stickstoff

Die Anforderungen an die Flexibilität für das Stickstoff-Modell sind wesentlich geringer, als für den CO_2-Fall. Da die Bemessungsgrundlage die erforderliche Stickstoffdüngung ist, kann diese bspw. bei durchgängigem Mehrbedarf infolge neuer Züchtungserfolge entsprechend angepasst werden. Dann erweitert sich die verfügbare Zertifikatsmenge entsprechend. Die Vermeidungskosten stellen immer nur entgangene Erlöse bei zu geringer Düngung dar. Diese sollen durch die Wahl der Bemessungsgrundlage im Vorfeld ausgeschlossen werden. Als Emissionsminderung ist vornehmlich der reduzierte Einsatz möglich – ein Verzicht ist nicht das Ziel der Zertifikatslösung. Daher ist hier die Flexibilität gering, allerdings nicht geringer als bei anderen Instrumenten.

Die Strafen bei Zuwiderhandlungen der genannten Abwicklung für den Erwerbsfall sind an den höchsten Düngerkosten zu orientieren. Dadurch wird eine anhaltende Abschreckung erreicht.

6.5 Praktikabilität

Bei der Ausgestaltung eines umweltpolitischen Instruments ist es sehr wichtig die Praktikabilität zu berücksichtigen. Das war einer der Gründe, die entwickelten Modelle einzeln und unabhängig voneinander vorzustellen. Aufgrund der Möglichkeit die vorgestellten Gase in Kohlendioxid-Äquivalente umzurechnen, könnte zwar ein Zertifikatesystem mehrere Gase nebeneinander berücksichtigen, allerdings ist das in diesem Fall unter anderem durch die unterschiedlichen Teilnehmerkreise unvorteilhaft. Außerdem stand die generelle Anwendung des 5-Stufen-Modells im Vordergrund.

Das Problem bei den anderen umweltpolitischen Instrumenten liegt auf Seiten des Staates in der fehlenden Kenntnis über die Vermeidungskosten der einzelnen Unternehmen tritt bei Zertifikaten nicht auf. Denn zum einen ergeben sich die Grenzkosten der Vermeidung – einzelner Unternehmen – aus den erzielten Zertifikatspreisen, zum anderen benötigt der Staat bzw. die durchführende Behörde bei dem Einsatz von Zertifikaten weniger Informationen über die Vermeidungstechniken und die dadurch bedingten Vermeidungskosten (Maier-

Rigaud, 1994, S. 46f.). Folglich weist eine Zertifikatslösung im Vergleich zu anderen Instrumenten eine höhere Praktikabilität auf.

Um sicherzustellen, dass die geforderten Reduktionen eingehalten werden, wird ein Kontrollsystem implementiert. Untersuchungen haben ergeben, dass der Aufwand für die Kontrollen bei den klassischen Instrumenten in etwa gleich ist (Dorn,1996, S. 43).

6.5.1 Kohlendioxid

Für den Fall, dass die Abwicklung der Verhandlungen mit den Landwirten nicht über die durchführende Behörde erfolgen würde, hätte das große Einbußen der Praktikabilität – und auch der ökonomischen Effizienz – zur Folge. Da der Anbau größtenteils auf stillgelegten Flächen erfolgen soll, müsste ein Unternehmen unter Umständen mit sehr vielen Landwirten Kontakt aufnehmen und Verhandlungen führen. Die Bündelung der Anfragen, sowohl von Seiten der Unternehmen als auch von Seiten der Landwirte, erhöht somit die Praktikabilität des Systems.

Gerade im Fall von Miscanthus ist es sinnvoll, den Anbau und die Verwertung der Pflanze in räumlicher Nähe abzuwickeln. Deshalb ist die gezielte Vergabe der Anbauaufträge wichtig. Ansonsten könnte es durch den Transport des Ernteguts wiederum zu negativen externen Effekten kommen.

Auch die Einbeziehung von Neuemittenten wird durch die Erweiterung des Zertifikatemodells erleichtert. Dieser Aspekt bringt mehrere Vorteile in Bezug auf die Praktikabilität mit sich, da keine Rücklagen gebildet werden müssen. Zum einen erleichtert dies die Ausgestaltung, die Transaktionskosten werden nicht unnötig erhöht und eine gewisse Flexibilität bleibt gewahrt.

6.5.2 Methan

Die untersuchten Möglichkeiten einer Methanreduktion weisen sich durch fehlende Praktikabilität aus. Zum einen bestehen erhebliche Schwierigkeiten bei der Messung der Emissionen, zum anderen würde es für einige Landwirte zu einer Doppelbelastung kommen. In der Düngewirtschaft sollen Änderungen in der Form der Nutzung erzielt werden, dafür ist ein Zertifikatesystem nicht die praktikabelste Lösung.

6.5.3 Stickstoff

Die Praktikabilität der Stickstoff-Lösung wurde vor dem Hintergrund einer alternativen Abwicklung mit Auflagen und Subventionen bereits herausgestellt. Durch die Zielkonformität „weniger N-Düngereinsatz“ von Landwirten (aus Kostengründen) und Gesellschaft (aus Umweltgründen) ist die Praktikabilität grundsätzlich gegeben. Gegenüber den anderen denkbaren Alternativen zeichnet sie sich durch das einfache Steuerungssystem und die gleitende Anpassung der Beteiligten an die „gute landwirtschaftliche Praxis“ aus.

6.6 Marktkonformität

Die Eingriffe des Staates sind bei marktkonformen Instrumenten, wie z. B. Zertifikaten, sehr gering. Der Wirtschaft wird durch eine Zertifikatslösung signalisiert, dass niemand Interesse an einer generellen Regulierung hat (Bals, 2001, S. 47). Denn die Funktion der Umweltbehörde bezüglich des Zertifikatehandels ist passiv, Eingriffe der Behörde in den Markt sollen möglichst vermieden werden (Bader, Rahmeyer, 1996, S. 57). Die Aufgaben der Behörde setzen sich aus der Zusammenstellung der Emittenten und deren Emissionen, die Einhaltung dieser Vorgaben und „Weitergabe der Informationen an die Marktteilnehmer“ zusammen (ebenda).

Vor allem im Vergleich zu ordnungsrechtlichen Instrumenten hat das Unternehmen einen größeren Entscheidungsspielraum. Denn die Art der Reduzierung hängt von jedem Unternehmen selbst ab, d. h. es besteht – insbesondere im Vergleich zu anderen Instrumenten – ein großer Handlungsspielraum.

Die Möglichkeit einer freiwilligen Beteiligung von Unternehmen erhöht ebenfalls den Grad der Marktkonformität. Wenn eine Beteiligung an dem Zertifikatesystem erst ab einer festgelegten Menge an Emissionen verpflichtend ist, dann stellt sich die Frage nach den übrigen Emittenten. Denn für diese Gruppe sollten – laut EU-Grünbuch – vergleichbare Umweltziele gelten (Ministerium für Umwelt und Verkehr, 2002, S. 7).

Ein weiterer Baustein zur Marktkonformität ist die Möglichkeit des opt-ins. Der Kauf eines weiteren Zertifikates zur Stilllegung der entsprechenden Emission lohnt sich immer dann, wenn der Grenzschaden höher ist als die Grenzkosten des Kaufs eines weiteren Zertifikats. Ein Wiederverkauf ist zu verbieten, da sonst spekulatives Verhalten möglich ist.

6.6.1 Kohlendioxid

Die gerade beschriebene Marktkonformität des Modells bleibt auch bei der Einbeziehung der Landwirtschaft erhalten. Es kommt für die durchführende Behörde die Aufgabe der Koordinierung dazu, d. h. die Bereitschaft und der mögliche Umfang des Anbaus einzelner Landwirte wird gesammelt. Demgegenüber stehen die Anfragen von den Unternehmen. Lediglich die Preisfestlegung, also die Summe, die die Landwirte von den Unternehmen für den Anbau bekommen erfolgt im Vorfeld. Allerdings wird dadurch die Marktkonformität der Unternehmen nicht beeinträchtigt, da es sich nur um organisatorische Aufgaben handelt. Der Handel an sich und die Preisstruktur der Zertifikate wird nicht direkt beeinflußt.

Auch aus der Sicht von Neuemittenten ist die Marktkonformität hoch. Sie können sich entscheiden, ob sie Zertifikate am Markt kaufen möchten oder aber die Landwirtschaft als Senke für ihre Emissionen bezahlen.

Durch die Möglichkeit, Zertifikate durch das Banking für die nächste Periode aufzubewahren, können die Beteiligten eventuelle Konjunkturschwankungen ausgleichen – ohne dass sich diese auf den Zertifikatspreis auswirken können (Mez, Piening, 2000, S. 34).

6.6.2 Methan

Da eine Zertifikatslösung für Methan verworfen wurde, kann an dieser Stelle keine Aussagen über die Marktkonformität gemacht werden.

6.6.3 Stickstoff

Die Stickstofflösung stellt keinen Eingriff in den Markt dar. Es werden lediglich übermäßige Düngungsmengen schrittweise auf das erforderliche Maß zurückgeführt. Für Landwirte, die diesen Weg nicht gehen wollen besteht die Möglichkeit Zertifikate über den elektronischen Markt zuzukaufen. Da jedoch alternative Möglichkeiten zur Wahl stehen, wird jeder Marktteilnehmer für sich entscheiden, ob die Vermeidung günstiger ist als der Zukauf. Bei anderen Instrumenten gäbe es diese Wahlmöglichkeit nicht.

Eingeschränkt wird die Marktkonformität durch die regionalen Obergrenzen. So kann es sein, dass für bestimmte Gebiete mit hoher Belastung durch NH_3 (Saurer Regen durch Ammoniak) oder NO_3 (Nitratbelastung Grundwasser) keine Mengenverschiebungen in die Region erlaubt sind. Kein anderes Instrument könnte hier Abhilfe schaffen.

6.7 Zielkonformität

Die Beurteilung eines umweltpolitischen Instruments hängt sehr stark von der erzielten Wirkung ab, d. h. inwieweit die vorgegebene Umweltqualität erreicht wird. In der allgemeinen Ausgestaltung wurde die zu erreichende Baseline durch eine lineare Funktion dargestellt. Indem jedes Jahr die ausgegebene Menge an Zertifikaten reduziert wird, wird der gewünschte Degressionseffekt erreicht (Hansjürgens, 2000, S. 47). Für den Fall, dass in einem Jahr die tatsächlichen Emissionen über den geplanten liegen, kann das System entsprechend angepasst werden. Wobei mit der Anpassung keine Erhöhung der Grenzwerte gemeint ist, sondern eine strengere Reduzierung im Folgejahr. Die Zielkonformität wird durch die lange Laufzeit des Systems und der kurzen Gültigkeit der Zertifikate erhöht.

6.7.1 Kohlendioxid

Sofern auf die Einhaltung der Emissionsreduktionen geachtet wird, wird die Zielkonformität durch die Einbeziehung der Landwirtschaft nicht beeinträchtigt. Es muss allerdings sicher gestellt werden, dass die gesetzte Baseline am Ende des Zertifikatesystems nicht überschritten wird. Die zwei Varianten der Einbeziehung wurden in Abbildung 35 dargestellt. Ob eine Verlängerung des Systems gewollt ist, hängt letztlich von den politischen Entscheidungsträgern und von der Menge der Gesamtemissionen ab.

Vor allem die langfristige CO_2-Bindung bei einigen Verwertungsarten von Miscanthus dürfte dabei helfen, die Zielkonformität deutlich zu erhöhen. Denn eine Nutzung z. B. als Baumaterial würde das Kohlendioxid für einen sehr langen Zeitraum aus der Atmosphäre entfernen. Kritisch ist nur der Fall, wenn bei der Verwertung der Erntemengen das gebundene CO_2 wieder in die Atmosphäre entweicht.

Auch für den Fall, dass der Anbau von Miscanthus aus momentan unersichtlichen Gründen schwierig oder gar unmöglich wird, gibt es mit dem Anbau von Getreide eine Alternative. Um die gleiche Menge an CO_2 zu binden, muss zwar mehr Getreide angebaut werden, aber es können trotzdem die gleichen Annahmen zu Grunde gelegt werden – allerdings mit neuen Berechnungen. Die Zielkonformität würde dadurch nicht beeinträchtigt.

6.7.2 Methan

Der Einsatz für ein Zertifikatesystem zur Reduktion der Methanemissionen ist verworfen worden. Ein Hauptgrund dafür ist fehlende Zielkonformität in diesem Zusammenhang. Im Fall der Düngewirtschaft sollen die Landwirte zu einer veränderten Lagerhaltung der Gülle gebracht werden und damit verbunden ist die Nutzung des entstehenden Methans als Biogas. Diese Forderungen sind eher durch einen Instrumentenmix aus Ordnungsrecht und Anreizen durch eine Preislösung zu erreichen. Durch eine Auflage könnten die Landwirte dazu gebracht werden, die Gülle anaerob zu lagern. Das entstehende Methan kann dann in einer Biogasanlage zu Heizzwecken genutzt werden. Für den Landwirt hat das den Vorteil, dass er seine Kosten durch Energieverbrauch senken kann – abgesehen von der Investition in eine Biogasanlage. Entsteht in einer solchen Anlage mehr Energie, als der Landwirt nutzen kann, so kann diese in das Stromnetz eingespeist werden. Dadurch entsteht je nach Größe des Landwirts bzw. nach Anzahl der gehaltenen Tiere eine zusätzliche Einnahmequelle.

6.7.3 Stickstoff

Die vorgegeben Umweltqualität wird durch das Zertifikatesystem erreicht. Durch die lineare Reduktion der Zertifikatsmenge entsteht ein sanfter Druck in Richtung des gewünschten Verhaltens. Durch eine informatorische Unterstützung kann dieser Prozess beschleunigt werden.

6.8 Politische und gesellschaftliche Akzeptanz

Ein wichtiger Aspekt, der die Akzeptanz beeinflusst, ist die von den Beteiligten wahrgenommene Gerechtigkeit. Dabei kann die These, dass Emissionshandel zu Wettbewerbsverzerrungen führt, widerlegt werden. Denn alle Betroffenen sehen sich zu Beginn des Systems vergleichbaren Anforderungen gegenüber (Schafhausen, 2001, S. 36). Auch die kostenlose Erstausgabe der Zertifikate durch das Grandfathering erhöht die wahrgenommene Gerechtigkeit durch die Beibehaltung des Status Quo. Im Vergleich zum Kauf bzw. zur Ersteigerung der Erstausstattung sehen sich die Unternehmen nicht einmaligen Kostenschüben gegenüber. Das gleiche gilt für das – zeitliche eingeschränkte – Banking im CO_2-Fall. Für die beteiligten Unternehmen ist es unter Umständen vorteilhafter, ihr Zertifikate für eine spätere Periode aufzubewahren. Denn durch die lineare Reduktionsfunktion sind in späteren Perioden die zu reduzierenden Mengen höher und damit einher gehend auch die Vermeidungskosten. Durch die lineare Reduktion der Emissionsrechte erhöht sich die Planbarkeit der Unternehmen, da die zu reduzierende Menge bereits zu Beginn des Systems bekannt ist.

Ein weiterer Aspekt, der die politische Akzeptanz von Zertifikaten fördert ist die Entlastung der Regierung – vor allem im Vergleich zu Abgaben (Cansier, 1998, S. 23). Aufgrund der Marktkonformität von Zertifikaten (vgl. Abschnitt 6.6) „wird nicht nur eine hohe Transparenz und Effektivität des Kontroll- und Sanktionssystems gewährleistet, sondern zugleich auch eine Minimierung des bürokratischen Aufwands realisiert" (Fromm, Hansjürgens, 1998, S. 162).

Die gesellschaftliche Akzeptanz wird durch die Möglichkeit einer Beteiligung an dem System positiv beeinflusst. Denn dadurch, dass an der Umwelt interessierte Privatpersonen bzw. Gruppen Zertifikate aufkaufen können, kann jeder an der Verbesserung der Umwelt mitarbeiten. So erfolgt nicht nur eine Abwertung der Zertifikatsmenge über die Zeit, sondern durch die Einbeziehung der Bevölkerung kann der Bestand weiter verringert werden.

Ein Problem von Zertifikaten im Rahmen der politischen Akzeptanz ist die Festlegung des gewünschten Umweltzustands, da es sich hierbei um politische Prozesse handelt. Durch den Kyoto-Vertrag wird dieser Prozess umgangen und damit ein mögliches Problem der politischen Akzeptanz.

6.8.1 Kohlendioxid

Grundsätzlich dürfte die Akzeptanz aller Beteiligten des Zertifikatesystems für Kohlendioxid hoch sein. Durch die Beteiligung der Landwirtschaft wird die Akzeptanz der Unternehmen deutlich erhöht. Denn die Handlungsalternativen werden dadurch vermehrt, es können nun Emissionen vermieden werden, Zertifikate zugekauft werden und die Landwirtschaft kann für den Anbau CO_2-bindender Pflanzen bezahlt werden.

Ein weiterer positiver Aspekt ist der mögliche Markteintritt von Neuemittenten. Diese bekommen nicht durch Rücklagen Zertifikate zugeteilt, sondern sie können zum üblichen Marktpreis Zertifikate kaufen – oder die Alternative „Landwirtschaft" wählen. Diese Regelung beinhaltet eine geringe Komplexität des Systems, senkt die Transaktionskosten und erhöht dadurch ebenfalls die Akzeptanz.
Die gesellschaftliche Akzeptanz dürfte vor allem bei denjenigen hoch sein, die an der Umwelt interessiert sind. Denn durch den Anbau von Energiepflanzen wie z. B. Miscanthus werden, wie bereits beschrieben, regenerative Energien gefördert und damit fossile Ressourcen geschont.

6.8.2 Methan

Weitere Gründe für das Verwerfen einer Zertifikatslösung für Methan ist die vermutlich fehlende politische und gesellschaftliche Akzeptanz. Dabei dürfte der Widerstand der Landwirte am größten sein, vor allem derjenigen, die im Rahmen der Milchquote bereits von einem Zertifikatesystem betroffen sind.

Die Förderung von Biogasanlagen durch andere Instrumente dürfte auf gesellschaftliche Akzeptanz stoßen. Denn die Nachfrage nach „Ökostrom“ ist stark gestiegen.

6.8.3 Stickstoff

Bei der Stickstoff-Lösung gibt es außer bei den meldepflichtigen Herstellern und Zwischenhändlern praktisch keine Gruppe, die einen Nachteil aus dem angestrebten Zertifikatesystem erleidet. Der Aufwand kann durch die elektronische Abwicklungsmöglichkeit sehr gering gehalten werden. Bei kleinen Unternehmen mit schlechter technischer Ausstattung wird die wünschenswerte Anpassung an den Stand der Technik sicherlich wenig positiv aufgenommen.

Aus gesellschaftlicher Sicht hat die Anwendung mit Zertifikaten eine sichere, stetige Entwicklung in Richtung des angestrebten Ziels zur Folge. Für die Landwirte entstehen in der Summe kein Kosten. Vorreiter können ihre Überschussmengen verkaufen, Nachzügler müssen sich auf dem elektronischen Markt mit zusätzlichen Zertifikaten eindecken. Die Kosten für den Staat sind gering, da die Lösung wenig komplex ist und im Regelfall keine Kontrollen vor Ort erforderlich sind.

6.9 Ökonomische Auswirkung

In der Theorie können durch den Einsatz von Zertifikaten die gewünschten Umweltstandards verbessert werden, ohne das wirtschaftliche Wachstum stark zu beeinträchtigen (Schmitt-Rady, 1999, S. 216). Die Erwartungen bezüglich der ökonomischen Impulse können aus den bisherigen Praxisbeispielen und teilweise aus Simulationen gewonnen werden. Eine der bedeutendsten Simulationen wurde in Zusammenarbeit von ParisBourse, Eurelectric und PricewaterhouseCoopers unter dem Namen *Gets2* (Gets = Greenhouse Gas & Electricity Trading Simulation) durchgeführt. Dabei hat sich herausgestellt, dass die erfolgreichsten Teilnehmer schnell lernten, sich dem Markt anzupassen und somit kurzfristige Preissignale unter Umständen als langfristige Trends in die Unternehmensstrategie einzubauen (Wieler, 2000, S. 92). Die von einem Zertifikatesystem ausgehenden Impulse werden ein zum üblichen Entwicklungsprozess der Unternehmen passendes Resultat liefern: Die Innovatoren einer Branche werden sich durchsetzen und auch voraussichtlich erfolgreich bleiben.

Die möglichen volkswirtschaftlichen Impulse einer Erhöhung der Energieeffizienz können sich in Preis- und Kosteneffekten, Nachfrageeffekten und Innovationseffekten zeigen (Walz, 1998, S. 111). Die Auswirkungen in diesen drei Bereichen können jedoch bei der Ausgestaltung eines Zertifikatesystems nur bedingt berücksichtigt werden. Im Folgenden werden deshalb vor allem die Effekte untersucht, die auf möglichen Innovationen beruhen.

Positive ökonomische Auswirkungen eines Zertifikatesystems können sich in folgenden technologische Verbesserungen niederschlagen:

- Reduzierung des Inputs: Zur Produktion werden entweder weniger Umweltgüter bzw. Ressourcen benötigt (Verbesserung der Effizienz) oder es erfolgt eine Substitution – bspw. von fossilen Energien.
- Reduzierung des Outputs: Die in der Produktion entstehenden Schadstoffe (Emissionen, Abwasser, Abfälle, etc.) werden minimiert.
- Effizientere End-of-pipe Technologien.

Inwiefern sich diese positiven Effekte durch die angestrebten Zertifikatslösungen erreichen lassen soll in den einzelnen Unter-Abschnitten geprüft werden.

6.9.1 Kohlendioxid

Ökonomische Auswirkungen ergeben sich durch die indirekte Förderung von Forschung und Entwicklung in allen drei Bereichen der emissionsmindernden Technologie (höhere Effizienz bei der Verwertung des Inputs, höhere Effektivität durch die Verminderung des Outputs und innovative Filterungstechniken). Im Bereich der Entwicklung energieeffizienter Produkte bzw. Technologie bestehen zum einen günstige Perspektiven hinsichtlich der Produktion und des Exports, zum anderen wird dadurch auch die Wettbewerbsfähigkeit energieintensiver Industrien gefördert (Jochem, Kuntze, Patel, 2000, S. 28). Je weniger eines Inputfaktors für die Produktion benötigt wird, um so geringer ist die Anfälligkeit gegenüber Preiserhöhungen Inputfaktors.

Das Grandfathering kann unter Umständen die ökonomischen Impulse, die von Zertifikaten ausgehen, erhöhen. Unternehmen, die ihre Emissionen nicht senken, haben „es nicht mit Kosten zu tun, sondern mit entgangenen Erträgen“ (Bonus, 1981, S. 171). Durch die kostenlose Zuteilung der Zertifikate können innovative Unternehmen demnach mit zusätzlichen Einnahmen rechnen.

Bei den ökonomischen Impulsen, die von einem Zertifikatesystem mit der Einbeziehung der Landwirtschaft ausgehen, stellt sich unter anderem die Frage nach der Verwertung des Miscanthus. Vor allem wenn bei einer energetischen Nutzung die Einspeisung ins Stromnetz zu Festpreisen erfolgt, dann wird diese Verwertungsart interessant. Gleiches gilt für die entsprechende Verbesserung der zugehörigen Technologie. Diese ist auch für alle anderen Länder interessant, da die Abhängigkeit

von Energieimporten oder die landesweiter Verfügbarkeit von Energie ein weitgehend globales Problem darstellt. Je ausgereifter das Gesamtkonzept vom Anbau über die Mengenzusammenführung und die energetische Nutzung mit hohem Wirkungsgrad bis zur Stromeinspeisung, desto größer das Vermarktungspotenzial für die Technologie.
Nicht negative wirtschaftliche Impulse ergeben sich gerade auch durch die Einbeziehung der Landwirtschaft bspw. für Unternehmen mit einer kurzen Restlaufzeit. Beim Einsatz anderer umweltpolitischer Instrumente könnten Altanlagen oder die Umwelt sehr stark belastende Anlagen nicht mehr produzieren. Dies gilt immer dann, wenn die Vermeidungskosten einzelner Anlagen höher sind als der Gewinn, den diese erzielen. Durch die Landwirtschaft kann die Existenz dieser Anlage zumindest mittelfristig sichergestellt sein.

Durch den Anbau regenerativer Energien werden, wie bereits beschrieben, fossile Energieträger eingespart. Daraus ergibt sich dann auch eine reduzierte Abhängigkeit von Rohöl-Importen. Die Vorteile ergeben sich aus der reduzierten wirtschaftlichen Abhängigkeit von diesem Inputfaktor.

6.9.2 Methan

Durch die angestrebte Lösung wird die Technologie zur energetischen Verwertung des Dungs gefördert (Förderung von Ökostrom). Auch hier gelten die im vorherigen Abschnitt aufgeführten Vorteile bezüglich der technologischen Entwicklung und des geringeren Primärenergiebedarfs. Insbesondere eine Steigerung des Wirkungsgrades der Anlagen und eine Senkung der erforderlichen Investitionen durch günstigere Produktion werden im Vordergrund stehen. Auch hier besteht entsprechendes Export-Potenzial. Allerdings lässt sich das für den Methan-Fall ebenso durch alternative umweltpolitische Instrumente erreichen.

6.9.3 Stickstoff

Bei der Stickstofflösung stehen ökonomische Impulse nicht im Vordergrund. Durch den Fokus auf den effizienteren Einsatz des Düngers bei gleichzeitiger Möglichkeit zur Kostenneutralität werden keine wesentlichen ökonomischen Impulse gegeben. Er birgt auf der anderen Seite allerdings auch keinerlei Gefahren für die wirtschaftliche Entwicklung, da im Mehrbedarfsfall die Zertifikatsmenge entsprechend angepasst wird.

7. Fazit

Die Arbeit schließt durch das entwickelte Modell mit seiner 5-stufigen Beurteilungs- und Ausgestaltungspyramide sowie der Checkliste eine Lücke in der bisherigen wissenschaftlichen Forschung im Bereich der umweltpolitischen Instrumente. Zwar gibt es inzwischen eine Fülle von Publikationen, welche die Vorteilhaftigkeit marktkonformer Umweltpolitik preisen und auch diverse Faktoren oder gar Bausteine für einzelne Lösungsaspekte liefern, ein ganzheitliches Instrumentarium zur vergleichenden Prüfung der Eignung gegenüber den übrigen, stärker ordnungsrechtlichen Umweltinstrumenten existiert bis dato jedoch nicht. Dabei erfüllt die Arbeit sechs wesentliche Kriterien:

Erstens wird durch die **strukturierte Vorgehensweise des 5-Stufen-Modells** eine systematische Abarbeitung der Überprüfung der Vorteilhaftigkeit einer Zertifikatslösung gegenüber alternativen umweltpolitischen Instrumenten geliefert. Dabei wird nicht nur auf die formal richtige Zusammenführung aller relevanten Bewertungsaspekte Wert gelegt, sondern neue Aspekte in die ganzheitliche Beurteilung von Zertifikaten eingebracht. Unter der Prämisse, dass Umweltpolitik möglichst marktkonforme Instrumente einsetzen soll, zeigt diese Arbeit, dass wenngleich Zertifikatssysteme die marktkonformste Art der Umweltpolitik darstellen, die aufgezeigten Restriktionen berücksichtigt und hinreichend erfüllt sein müssen, damit die Etablierung handelbarer Zertifikate auch wirtschaftlich sinnvoll ist. Das so entwickelte 5-Stufen-Modell liefert einen transparenten Planungsrahmen, der die Chance einer breiten Akzeptanz erfüllt.

Zweitens münden die Ausführungen in einer **Checkliste**, die es auch ohne große wissenschaftliche Vorkenntnisse erlaubt, anhand der wesentlichen Fragen schnell zu einer fundierten Aussage über die Eignung von Zertifikaten bezüglich der spezifischen Fragestellung zu kommen. Diese Checkliste ist ein Zusatzeffekt der Arbeit, durch den die Praktikabilität in der Vordergrund gestellt wird. Eine Checkliste muss, damit sie handhabbar ist, immer Zugeständnisse an den Umfang machen. Durch die explizite Festlegung und Selektion der enthaltenen Kriterien, wird sie von den meisten Autoren gemieden. Es findet sich keine deutschsprachige Literatur, in der ein Vorstoß in diese Richtung unternommen wird. Daher soll diese Arbeit eine Initiative in Richtung einer transparenten und akzeptablen Umweltpolitik liefern. Die Checkliste bildet eine wohlüberlegte Basis, die durch weitere Forschungsarbeiten gegebenenfalls erweitert bzw. modifiziert werden kann. Idealerweise werden die ersten praktischen Anwendungen entsprechende Hinweise liefern.

Drittens ist eine weitere Prämisse der Arbeit auf eine rein theoretische Abhandlung zu Gunsten eines **praxisrelevanten, theoretisch fundierten Lösungsansatzes** zur

Beurteilung der Vorteilhaftigkeit zu verzichten. Entsprechende Abhandlungen gibt es zuhauf. Die Arbeit liefert eine standardisierte Vorgehensweise, die zum einen alle relevanten Faktoren angemessen berücksichtigt und zum anderen durch leichte Anwendbarkeit und Übersichtlichkeit die Chancen auf hohe Akzeptanz besitzt – ein Kriterium, das häufig schwerer wiegt als extreme Exaktheit. Die Diskussion um den Einsatz marktkonformer umweltpolitischer Instrumente legt es nahe, deren Anwendbarkeit für diese Aufgabenstellung zu prüfen und die Sensitivität einer solchen Lösung herauszustellen.

Vor diesem Hintergrund und durch den Anspruch der Praktikabilität des entwickelten Modells wurden daher **drei Anwendungsfälle durchexerziert**. Dazu sind in dieser Arbeit bewusst mehrere relevante Treibhausgase untersucht worden, bei deren Internalisierung bzw. intertemporaler Emissionsverschiebung (z. B. CO_2-Bindung durch Chinagras) landwirtschaftliche Aspekte eine wichtige Rolle spielen.

Es zeigte sich, dass das Modell durchaus geeignet ist, diese drei unterschiedlichen Fragestellungen zu bearbeiten:

(1) Kohlendioxid als globales Umweltrisiko, eröffnet der Landwirtschaft die Chance als Senke zu fungieren,

(2) Methan als Emissionsproblem mit vielen kleinen, gleichartigen Quellen,

(3) Stickstoff, das in den unterschiedlichsten Formen in der Natur und als Emission durch die Produktion vorkommt, führt zu lokalen hot spots, die zu einer gänzlich anderen Ausprägung eines Zertifikatesystems führen.

Trotz dieser extrem unterschiedlichen Anwendungsfälle konnte jeweils das 5-Stufen-Modell (bei Methan bis zum Abbruchkriterium) erfolgreich angewendet werden. Es hat seine Anwendungsszenarien damit bestanden – was nicht gleichbedeutend damit ist, dass ein Zertifikatsmodell immer die richtige Lösung darstellt. Es hat sich gezeigt, dass unter den gegebenen Rahmenbedingungen ein funktionierender Zertifikatemarkt primär für den Handel mit Verschmutzungsrechten für eine Tonne CO_2 zu erwarten ist. Die Ausführungen in den zugehörigen Kapiteln haben die zu erwartenden Effekte entsprechend herausgestellt. Ein Zertifikatesystem für Methan scheint nicht praktikabel, da wesentliche Kriterien für die Marktlösung nicht erfüllt sind. Sobald die erforderlichen Bedingungen erfüllt werden, ist hier ggf. eine Zertifikatslösung weiter zu verfolgen.

Viertens führen die Resultate aus den vorgenannten Punkten zu einem weiteren wesentlichen Aspekt: der **Übertragbarkeit auf andere Anwendungsfälle**. Es gibt eine Vielzahl von Umweltproblemen, für die prinzipiell eine Zertifikatslösung denkbar ist. Dabei sind insbesondere die Medien Wasser (Hydrosphäre) und Boden (Pedosphäre) von Interesse. Auch hier kann das 5-Stufen-Modell als Grundlage für die Prüfung und Entscheidungsfindung dienen.

Ohne an dieser Stelle die Diskussion über die Möglichkeiten und Grenzen für diese Medien zu vertiefen, sei folgendes Anwendungszenario skizziert: Es sind handelbare Flächenausweisungsrechte zur bundesweiten Steuerung der Baulandnachfrage denkbar. Dadurch lässt sich Zersiedelung, wie im Extremfall im Großraum Los Angeles, ansatzweise steuern. Mit konsequenter Planung kann durch Begrenzung der Zertifikatsmenge die Flächenversiegelung auch in dichtbesiedelten Gebieten gestoppt werden. Der Verlust der nicht erneuerbaren obersten Erdrinde würde begrenzt. Die Folgen des Verlusts unersetzbarer Böden würden dadurch internalisiert. Mögliche Begründung des Handlungsbedarfs sind: die zunehmende Bebauung erschwert die Versorgung mit regional produzierten Lebensmitteln (zusätzliche Kosten und Umweltbelastung durch höhere Transportintensität), hemmt den Luftaustausch zwischen Stadt und Land, erschwert die Grundwasserneubildung und reduziert die Artenvielfalt (Vorholz, 2002)[1].

Fünftens werden nicht nur die Vor- und Nachteile des Einsatzes von Zertifikaten gegenüber den übrigen umweltpolitischen Instrumenten im Standardfall aufgezeigt. Der **erarbeitete Bewertungskatalog erlaubt eine umfassende Bewertung der spezifischen Lösung** aus der vorgelagerten Anwendung des 5-Stufen-Modells. Es zeigt sich, dass Zertifikate nicht immer die beste Lösung darstellen. Die unterschiedlichen Schadensfunktionen der Emissionen haben großen Einfluss auf die Funktionsfähigkeit und Wirkungsweisen von Umweltzertifikaten gegenüber anderen umweltpolitischen Instrumenten. Bei langfristigen Umweltproblemen, die sich aus den kumulierten Emissionen der Vorperioden ergeben, bieten sich Umweltzertifikate besonders an.

Sechstens haben die bisherigen Zertifikatsansätze in der Praxis dazu ein weiteres volkswirtschaftliches Handicap: sie beschränken sich auf einzelne Branchen, Branchen der industriellen Produktion sowie Stromerzeuger. Erstmalig wird in dieser Arbeit eine **Beteiligung der Landwirtschaft an Klimaschutzzielen** geprüft.

Somit erfüllt die Arbeit die zu Beginn gesetzte Zielsetzung, die sich in zwei Hauptzielen niedergeschlagen hat: „Entwicklung eines integrierten methodischen Ansatzes, der eine übertragbare, allgemeingültige Vorgehensweise zur Überprüfung der Anwendbarkeit von Umweltzertifikaten gegenüber alternativen Umweltinstrumenten erlaubt" und darauf basierend „Anwendung des Modells auf die klimarelevanten Gase, die eine Einbeziehung der Landwirtschaft prinzipiell erlauben und Beurteilung der Vorteilhaftigkeit einer solchen Lösung sowie Dokumentation des Lösungspfades für eine etwaige Weiterverfolgung dieser Ergebnisse in der Praxis".

[1] Vgl. Vorholz, Fritz (2002): Ein Land aus Beton, Die Zeit Nr. 46, 07. November 2002, S. 19-20, hier S. 19

Es bleibt zu hoffen, dass die gewonnenen Erkenntnisse und die entwickelten Bausteine 5-Stufen-Modell, Checkliste und Bewertungskatalog eine positive Resonanz hervorrufen und im gesellschaftlichen Entscheidungsprozess Anwendung finden.

1. Introduction

The internalization of externalities of production in the form of exhaust gas pollution, sewage, heat dissipation, noise, etc. make great demands on a complex, practicable ecological policy. All factors should be considered in the choice of an environmental control instrument. While police law instruments were dominant in the past, the conviction grows that internalization can be better achieved (independent of the formulation) via economic market instruments.

One of the major postulations the environmental policy has to face is market conformity. The initial idea of practicing environmental protection efficiently and directly goes back to Thomas D. Crocker and John H. Dales. Through practical applications there should not be any remaining doubts that this approach is realizable. Now the question occurs, are certificates appropriate for different fields of application? Structural and competition policy exceptions lead to continuous discrimination in certificate solutions compared to police law instruments. As a result there is not a single pure certificate solution for an environmental issue in Germany. But there are possible applications that fit the requirements of the certificate instrument – as quotas for milk and sugar bean contracts show for agricultural regulations.

1.1 Initial situation/problem

The free market system leads to an efficient allocation of input factors and goods wherever market relations exist. If rights of disposition and scarcity exist, this is then reflected in market prices. Environmental goods are, in general, public goods characterized by non-rivalry in consumption and absent exclusion from utilization. Under these circumstances market failure and inefficient allocation is the result. The free usage of environmental goods by citizens and legal persons counts as cost savings for them. If ecological damage occurs through excessive consumption of resources, costs would arise to lower emissions or to clean pollution. In other words the over consumption at no charge results in negative external effects, that cause a non-market driven disadvantage of third parties.

The majority of academics see this market failure as at least a part of global warming. This effect results in climate change through human activities (industry, agriculture, combustion of fossil energy and slashing and burning). Hence the Kyoto-agreement from 1997 ascertained the reduction of emissions seen responsible for the greenhouse effect.

The discussion about the application of market conforming environmental policy instruments advises an examination of the practicability according to the requirements and a check on the sensitivity of the possible solution.
A standardized approach is required that first covers all relevant factors adequately and second, to increase the chances for high acceptance, is concise and easy to use. This latter characteristic outweighs excessive accuracy. An integrated instrument that allows examinations compared to policy law instruments doesn't exist to date.

Existing certificate approaches have another economic handicap: they focus on single industries, e.g. industrial production and power generation. An inclusion of agriculture into climate protection goals is ignored.

1.2 Objectives of this research

According to the issues addressed in certificate models as market conforming environmental policy instruments, the following two major objectives result concordant to the title of this book „Application of environmental certificates with involvement of the agricultural sector considering climate relevant gases as an example“:

1. **Development of an integrated methodologically sound approach that allows an assignable, universal modus operandi for reviewing the practicability of tradable permits versus alternative environmental instruments.**

This objective evolved to be essential in the course of this research project. It is required to receive an acceptable overall assessment. Integral to this is the second objective:

2. **Execution of the integrated model on climate relevant gases that allow an integration of agriculture in principal. Judgement of the favorability of such a solution. Documentation of the solutions path for a possible pursuance of the results for practical application.**

1.3 Structure of this research

The research is structured according to the objectives and the resulting tasks into four sections.

Section 1 covers all tasks that deal with the preparation of the „fundamentals". These are acquired and consolidated in the second chapter „climate protection with inclusion of agriculture"

Section 2 deals with environmental policy measures (chapter 3). In addition to a primary introduction to environmental policy, and the according policy instruments, the already mentioned assessment catalogue is developed. It allows a subsequent evaluation of the different instruments. This catalogue will also be used in section 4 for the specific results of the models exertion (section 3).

Section 3 is the focal point of this research. First the methodological framework is developed based on the previous sections. Second the practicability is verified by means of climate relevant gases in three cases. Thus the theoretically substantiated model is subjected to several practical tests. One important aspect covered is the reduction of the many factors of influence down to easy to use parameters that allow a quick run though the model. This is possible by reducing complexity up to the point where additional input is required for a decision. This simplifies the operation of the model and time needed for application.

In addition, this chapter is concerned with the quality of inspection if certificate solutions are rejected in favor of alternative environmental protection instruments. In this respect the efficiency and effectiveness is pointed out and will be evaluated in Section 4. Relevant literature is used to clarify experiences from existing certificate models and to allow an easy adjustment for diverse real cases.

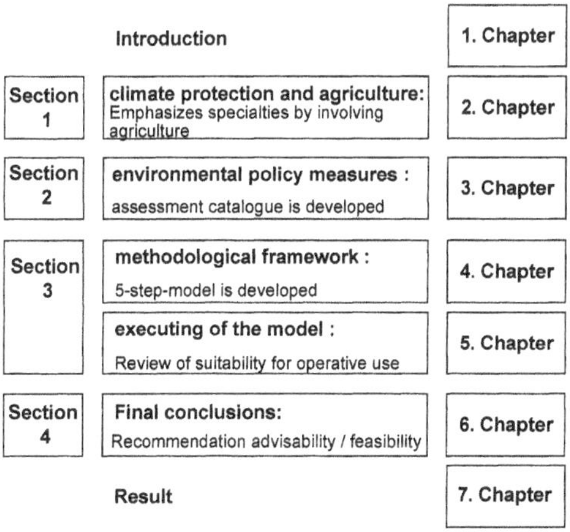

Section 4 completes the rating of the results obtained by the executing of the model (Section 3) using the developed assessment catalogue (Section 2). Thus, all parts of this research coalesce. Within the scope of Section 4 it is reviewed whether and to what extent the potential individual solution for single gases is advisable and feasible.

The structure of the research is summarized in the illustration:

Details of the contents within the four sections of this research, and respectively the seven chapters, can be seen in the agenda.

7. Result

This research closes a gap in the present research by delivering the 5-step-model. A comprehensive assessment and operative form for potential usage of certificate solutions as an environmental policy tool is a new component. A huge variety of publications discuss the benefits of market conforming environmental policy and highlight decision factors or parts or design solutions for the time after making the final decision. An integrated approach to check the feasibility and advise decision makers to make the prior decision within the range of different environmental policy instruments was non-existent. This research contributes six essential results:

First, with the structured approach in developing the **5-step-model** a methodical sequence of workflow is shown. This workflow includes the evaluation of the preference towards/against a certificate solution for environmental issues. Thereby a formal accurate consolidation of the relevant validation aspects is included. Furthermore, additional aspects are supplemented. The illustrated restrictions must be respected to secure economical efficiency of a solution with tradeable environmental certificates. At this juncture the 5-step-model delivers a transparent framework for the planning process and increases the chances for broader acceptance.

Second, the required input leads into an easy to use **checklist**. Allowing people with little scientific precognition in environmental policy to come to a fact-based statement by asking the essential questions. This checklist is additional to the actual intention of this research, covering operational problems in the real world – and favoring manageability over special minutiae that are useful at a later time.

The **third** premise of this research is a **practically relevant and theoretically based** method of resolution. Covering all relevant factors in an appropriate way without losing easy to use structure and integrated transparency. Thus increasing the chance for high acceptance by decision makers and stakeholders. In the political decision process these characteristics might outrank extreme exactitude. The discussion around the use of market conforming environmental policy instruments suggests checking the applicability of the according formulation and pointing out the sensitivity of such a potential solution.

To stress this, three cases of potential application have been passed through the model. In order to do this relevant greenhouse gases have been examined in this research. All of them have in common that agricultural economic aspects play an important role (e. g. CO_2-linkage of Miscanthus). As a result, the model is sufficient to cover the following questions:

(1) CO_2 as a global environmental issue allows agricultural businesses to act as a sink,

(2) Methane as an emission issue with many small, homogeneous sources,

(3) Nitrogen appears in the most different forms by issues in nature and as emission from production, leading to local hot spots. These local concentrations require completely different certificate solutions.

Despite these extremely different application cases the 5-step-model could respectively be used successfully (at methane up to the stop criterion). It has existed in this application scenario with that – what doesn't predict that the certificate model always leads to the best solution. It turns out that, under given restrictions, an effective market for environmental certificates will primary be expected for the trade of pollution certificates for one ton of CO_2.

A certificate system for Methane doesn't seem practicable since essential criteria for the market solution aren't met. As soon as these requirements are met a certificate solution can be reconsidered.

Fourth, the results of the aforementioned criteria lead toward another essential aspect: the **Transferability in other application cases**. There are many environmental issues where certificate solutions are possible in principle. Water (hydrosphere) and solids are of particular interest. Here too the 5-step-model can serve as a basis for examination and decision-making. Without going into details about the possibilities and limits for this media, a short application scenario should be outlined: tradeable permissions of land use rights on a national level are perhaps possible to steer the overall preparation of land for building to achieve superior optimization. Thereby urban sprawl (e. g. in the Greater Los Angeles area) can be partially managed. With consequent planning, a reduction of certificates available can stop urban sprawl and the resulting sealing of land in densely populated areas. Possible grounds for the need for action: increasing housing complicates the supply of regionally produced groceries (additional costs and environmental pollution by increasing transport intensity), reduced possibility of air convection between city and hinterland, complicated ground water regeneration and reduced biological diversity (Vorholz, 2002, p. 19).

Fifth, not only the advantages and disadvantages of certificates versus other environmental instruments are shown for the standard case. The **developed evaluation catalog includes a comprehensive assessment**. This is based on the specific solution of the advanced 5-step-model. As a result, certificates are not always the best solution. The different damage functions for emissions compare importance of the feasibility and effectiveness of environmental certificates versus other environmental policy instruments. For long-term environmental problems, which arise from the accumulated emissions of previous periods, environmental certificates are particularly useful.

Sixth, certificate approaches have to face an additional economic handicap in reality: they are mostly restricted for a single or few industries (heavy industry, power generation etc.). For the first time **agricultural production is included in the climate protection** objectives. Thus this research fulfills the target stated at the beginning which has found its expression in two primary objectives: "Development of an integrated methodical approach which permits a transferable, general procedure for the comparison of the applicability of environmental certificates versus alternative environmental instruments "and based on it "application of the model to the climatic relevant gasses, permitting this inclusion of farming in principle and judgment of the advantageousness of such a solution as well as documentation of the solution path for an eventual further review of these results in the practice ".

It is hoped that the knowledge gained and the components of the developed 5-step model, check list, and assessment catalog, cause a positive response and are applied in the social process of decision for environmental policy.

Literaturverzeichnis:

Adams, R. M., Hurd, B. H., Reilly, J., Impacts on the U.S. Agricultural Sector, in: Pew Center on Global Climate Change, Climate Change: Science, Strategies, & Solutions, Arlington (VA), 2001

Ahlgrimm, H.-J., Gädeken, D., II. Entstehung klimarelevanter Spurengase als Folge der Landbewirtschaftung, 2. Methan, in: Sauerbeck, D., Brunnert, H., Klimaveränderungen und Landbewirtschaftung, Hrsg.: Landbauforschung Völkenrode, Sonderheft 17, S. 28 – 46, 1990

Air Ressource Board (California), entnommen aus: http://arbis.arb.ca.gov/drdb/sc/curhtml/r2007.htm, Ausdruck vom 16.08.2002

Antony, F., Hasselbauer, R., Meyer, B., Beitrag der N-Belastung von landwirtschaftlichen Flächen zur Bewertung und Optimierung des N-Haushaltes von Agrar-Ökotopen in Wasserschutzgebieten, Mitt. Dtsch. Bodenkl. Ges. 72, 1993

Bach, M., Frede, H.-G., Verminderung des Viehbesatzes bei Begrenzung auf 1,5 VE/ha LF – Kreisweise, entnommen aus: http://www.uni-giessen.de/ilr/frede/, Ausdruck vom: 06.05.2003, Veröffentlicht: 2001

Bader, P., Rahmeyer, F., Das RECLAIM-Programm handelbarer Umweltlizenzen, in: Zeitschrift für Umweltpolitik und Umweltrecht, Jg. 19, S.43 – 74, 1996

Baeumer, K., Allgemeiner Pflanzenbau, 3. Aufl., Stuttgart, 1992

Bals, C., Voraussetzungen für die Glaubwürdigkeit und Akzeptanz des Emissionshandels, in: CO_2-Emissionshandel – Sachverständigengespräch 2001 der Arbeitsgemeinschaft für Umweltfragen, S. 47 – 53, 2001

Baron, R., Emission Trading – A Real Time Simulation, COP 6 The Hague, 2000

Bartling, H., Hippchen, J., Stickstoffdüngung als Umweltproblem, in: Aufsätze zur Wirtschaftspolitik Nr. 53, 1996

Bartmann, H., Umweltökonomie – ökologische Ökonomie, Stuttgart, Berlin, Köln, 1996

Bartmann, H., John, K. D. (Hrsg.), Einleitung, in: Präventive Umweltpolitik: Beiträge zum 1. Mainzer Umweltsymposium, Wiesbaden, 1992

Bartmann, H., Busch, A., Ökonomische (monetäre) Bewertung als Basis für umweltpolitische Maßnahmen, in: Beiträge zu Wirtschaftsforschung, Beitrag Nr. 55, 1998

Bauer, S., Trötschler, P., Ökonomische Ansätze für eine nachhaltige Landwirtschaft, in: Härdtlein, M., Kaltschmitt, M., Lewandowski, I., Wurl, H., Nachhaltigkeit in der Landwirtschaft, Berlin, 2000

Baumol, W. J., Oates, W. E., The Theory of Environmental Policy, 2. Aufl., Cambridge, 1988

Bayer, S., Cansier, D., Kyoto-Mechanismen und globaler Klimaschutz: Die Rolle handelbarer Emissionsrechte, Tübinger Diskussionsbeitrag Nr. 163, Tübingen, 1999, auch veröffentlicht in: Hamburger Jahrbuch für Wirtschafts- und Gesellschaftspolitik, 44. Jahr, 1999

BBJ-Unternehmensgruppe, entnommen aus: http://www.bbj-unternehmensgruppe.de/bbj/docs/f+kap45.pdf, Ausdruck vom 16.12.2002

Berz, G., Klimaänderung: mögliche Auswirkungen und Gegenmaßnahmen, in: Energiewirtschaftliche Tagesfragen, 46. Jg., Heft 7, S. 440 – 446, 1996

Beschluß der Bundesregierung zum Klimaschutzprogramm der Bundesrepublik Deutschland auf der Basis des Vierten Berichts der Interministeriellen Arbeitsgruppe „CO_2-Reduktion“ (IMA „CO_2-Reduktion“), 1999

Bliesener, M., Miscanthus Anbauflächen, entnommen aus: http://www.miscanthus/flachen.htm, Ausdruck vom 29.01.2003, S. 1

BMU (Bundesministerium für Umwelt, Naturschutz und Reaktorsicherheit) (Hrsg.), Umwelt, Nr. 1/1991, Bonn, 1991

BMU (Bundesministerium für Umwelt, Naturschutz und Reaktorsicherheit), Umweltpolitik – Bericht 1999 der Bundesrepublik über ein System zur Beobachtung der Emissionen von CO_2 und anderen Treibhausgasen, 1999

BMU (Bundesministerium für Umwelt, Naturschutz und Reaktorsicherheit) (Hrsg.), Sonderteil: Nationales Klimaschutzprogramm, Nr. 11/2000

BMU (Bundesministerium für Umwelt, Naturschutz und Reaktorsicherheit), Bericht über den Zustand des Waldes – Ergebnisse des forstlichen Umweltmonitorings, 2001

BMVEL (Bundesministerium für Verbraucherschutz, Ernährung und Landwirtschaft), Ernährungs- und agrarpolitischer Bericht der Bundesregierung, 2002 entnommen aus: http://www.verbraucherministerium.de/landwirtschaft/ab-2002/ab02.htm, Ausdruck vom 28.01.2002

Boelcke, B., et al., Bewertung der Umweltwirkung des Anbaus von Miscanthus als nachwachsender Rohstoffe, entnommen aus: http://www.landwirtschaft-mv.de/miscanth/mv, Ausdruck vom: 29.01.03

Bonus, H., Instrumente einer ökologieverträglichen Wirtschaftspolitik, in: Binswanger, H.-C., Bonus, H., Timmermann, M. (Hrsg.): Wirtschaft und Umwelt. Möglichkeiten einer ökologischen Wirtschaftspolitik, S. 83 – 163, Stuttgart, 1981

Bonus, H., Häder, M., Zertifikate und neue Institutionenökonomik, in: Zeitschrift für angewandte Umweltforschung, Sonderheft 9, S. 32 – 44, 1998

Borsch, P. / Hake, J.-F. (Hrsg.), Klimaschutz: eine globale Herausforderung, Landsberg am Lech, 1998

Bosselt, H., Umweltwissen, 2. Aufl., Berlin, Heidelberg, 1994

BP Austria, Unsere Produkte, entnommen aus: http://www.bpaustria.at/content/pages/BP_Heizoel_Produkte.php, Ausdruck vom: 16.01.2003

Brüggemann, C., Getreide ist bisher kein „Regelbrennstoff"!, Manuskript zum Vortrag am 08.01.2003, Landwirtschaftliche Woche Nordhessen, Landwirtschaftskammer Hannover, 2003

Cansier, D., Ausgestaltungsformen handelbarer Emissionsrechte und ihre politische Durchsetzbarkeit, in: Zeitschrift für angewandte Umweltforschung, Sonderheft 9, S. 97 – 112, 1998

Clark, C., The conditions of Economic Progress, London, 1957

Coase, R. The Problem of Social Cost, in: The Journal of Law and Economics, S. 1 - 44, 1960

Corsten, H., Produktionswirtschaft: Einführung in das industrielle Produktionsmanagement, München, Wien, Oldenbourg, 1990

Costanza, R., Cumberland, J., Daly, H., Goodland, R., Norgaard, R., Einführung in die Ökologische Ökonomik, Stuttgart, 2001

Dales, J. H., Pollution, Property and Prices, Toronto, 1968

Deutscher Bauernverband (DBV), Situationsbericht 2003 – Trends und Fakten zur Landwirtschaft, Bonn, 2003

Deutscher Bauernverband, Milchquotenbörse – Hintergrundfakten, entnommen aus: http://www.bauernverband.de/konkret_179.html, Ausdruck vom: 12.03.2003

Deutscher Bauernverband, Milchquotenbörse – Die Regeln, entnommen aus: http://www.bauernverband.de/konkret_199.html, Ausdruck vom: 12.03.2003

Deutscher Wetterdienst (a), Das Welt-Klima-Programm, Offenbach am Main, 1979

Diepenbrock, W., Fischbeck, G., Heyland, K.-U., Knauer, N., Spezieller Pflanzenbau, 3. Aufl., Stuttgart, 1999

Dorn, R., Effizienz umweltpolitischer Instrumente zur Emissionsminderung: technische und ökonomische Kriterien, Berlin, 1996

Eimern, J. van, Häckel, H., Wetter- und Klimakunde, 4. überarb. Auflage, Stuttgart, 1994

Endres, A., Die Pigou-Steuer, WiSt Heft 8, S. 407 – 408, 1986

Endres, A., Schwarze, R., Das Zertifikatsmodell vor der Bewährungsprobe? Eine ökonomische Analyse des Acid-Rain-Programmes des neuen US-Clean Air Act, in: Kloepfer, M. (Hrsg.), Umweltzertifikate und Kompensationslösungen aus ökonomischer und juristischer Sicht, Berlin, S. 137 –215, 1994

Endres, A., Schwarze, R., Zertifikate im Klimaschutz – Theorie und Design, in: Zeitschrift für angewandte Umweltforschung, Sonderheft 9, S. 166 – 181, 1998

Energieagentur (NRW), entnommen aus: http://www.ea-nrw.de, Ausdruck vom 24.04.2002

Enquete-Komission „Vorsorge zum Schutz der Erdatmosphäre" des Deutschen Bundestages (Hrsg.), Schutz der Erde, Teilband I, Karlsruhe, 1991

Environmental Protection Agency (EPA), entnommen aus: http://www.epa.gov/ardpublc/acidrain/effects/envben.html, Ausdruck vom 05.03.2001

Environmental Protection Agency (EPA), entnommen aus: http://www.epa.gov/acidrain, Ausdruck vom 05.03.2001

Environmental Protection Agency (EPA), entnommen aus: http://www.epa.gov/oar/oaqps/peg_caa/pegcaa05.html, Ausdruck vom 05.03.2001

Environmental Protection Agency (EPA), entnommen aus: http://www.epa.gov/ardpublc/acidrain/ats/atsintro.html, Ausdruck vom 05.03.2001

Environmental Protection Agency (EPA), entnommen aus: http://www.epa.gov/ardpublc/acidrain/overview.html, Ausdruck vom 05.03.2001

Environmental Protection Agency (EPA), entnommen aus: http://arbis.arb.ca.gov/drdb/sc/curhtml/r2007.htm, Ausdruck vom: 17.06.2001

Europäische Kommission, Landwirtschaft und Klimawandel, von Alessandra Sensi, entnommen aus: http://europa.eu.int/comm/agriculture/envir/report/de/clima_de/report.htm, Ausdruck vom 07.01.2003

Europäische Union, Kohlenstoffsenken gegen den Treibhauseffekt?, entnommen aus http://europa.eu.int/comm/research/news-centre/de/env/01-03env01.html, Ausdruck vom 19.06.2002, Veröffentlichung vom 27.04.2001

Europäische Union, Mitteilung der EU für das UN-FCCC, 1999

Feess, E., Umweltökonomie und Umweltpolitik, München, 1995

Feess-Dörr, E., Prätorius, G., Steger, U., Umwelthaftungsrecht. Bestandsaufnahme, Perspektiven und Reform des Umwelthaftungsrechts, 2. Aufl., Wiesbaden, 1992

Flückiger, S. / Rieder, P., Klimaänderung und Landwirtschaft: ökonomische Implikationen innerhalb der Landwirtschaft und ihres Umfeldes aus globaler, nationaler und regionaler Sicht, Zürich, 1997

FNR (Fachagentur Nachwachsende Rohstoffe), 2000, S. 78

Forschungsreport, CO_2-Anstieg in der Atmosphäre: Prima Klima für Weizen?, Heft 19, S. 49, Ausgabe 1/1999

Fourastié, J., Die große Hoffnung des 20. Jahrhunderts, Köln-Deutz, 1954

Frauenhofer Institut für Systemtechnik und Innovationsforschung, Flexible Instrumente im Klimaschutz, entnommen aus: http://www.isi.fhg.de, Ausdruck vom 04.03.2002

Frede, H.-G., Landnutzung und Einfluss auf Gewässerschutzmaßnahmen, entnommen aus: http://www.uni-giessen.de/ilr/frede/, Ausdruck vom: 06.05.2003

Fromm, O., Hansjürgens, B., Umweltpolitik mit handelbaren Emissionszertifikaten – eine ökonomische Analyse des Reclaim Programmes in Südkalifornien, in: Zeitschrift für angewandte Umweltforschung, Jg. 7, S. 211 – 233, 1994

Fromm, O., Hansjürgens, B., Zertifikate der zweiten Generation – Die amerikanischen Erfahrungen mit dem Acid Rain- und dem Reclaim-Programm, in: Zeitschrift für angewandte Umweltforschung, Sonderheft 9, S. 150 – 165, 1998

Gabler Volkswirtschaftslexikon, Band 1 und 2, Wiesbaden, 1996

Gabler Wirtschaftslexikon, Band 1 – 10, Wiesbaden, 1997

Gawel, E., Akzeptanzprobleme von Zertifikaten, in: Zeitschrift für angewandte Umweltforschung, Sonderheft 9, S. 47 – 60, 1998

Gick, W., Zertifikate – ein geeigneter Weg in der Umweltpolitik, München; 1996

Gloger, S., Lizenzen und Zertifikate – Ziele und Erfahrungen mit marktwirtschaftlichen Instrumenten in Baden-Württemberg, in: Umweltforum `99, Tagungsband des 26. Umweltforums der Arbeitsgemeinschaft für Umweltfragen e. V., Bonn, 1999

Hansjürgens, B., Umweltzertifikate – Erfahrungen in den USA und Lehren für Deutschland, in: Umweltlizenzen und Umweltzertifikate, Workshop der Arbeitsgemeinschaft für Umweltfragen e. V. (AGU), Bonn, 2000

Hansjürgens, B., Fromm, O., Erfolgsbedingungen von Zertifikatslösungen in der Umweltpolitik – am Beispiel der Novelle des US-Clean Air Act von 1990, in: Zeitschrift für Umweltpolitik und Umweltrecht, Jg. 17, S. 473 – 505, 1994

Hanson, J. D., Baker, B. B., Bourdon, R. M., Comparison of the Effects of Different Climate Change Scenarios on Rangeland Livestock Production, in: Agricultural Systems 41, S. 487 – 502, 1993

Hartkopf, G., Bohne, E., Umweltpolitik, Band 1 – Grundlagen, Analysen und Perspektiven, Opladen, 1983

Heister, J., Michaelis, P., et al., Umweltpolitik mit handelbaren Emissionsrechten: Möglichkeiten zur Verringerung der Kohlendioxid- und Stickoxidemission, Tübingen, 1991

Henrichsmeyer, W., Witzke, H. P., Agrarpolitik, Band 2, Bewertung und Willensbildung, Stuttgart, 1994

Heyer, J., Methan, in: Studienprogramm, Band 1 Landwirtschaft, Enquete-Kommission „Schutz der Erdatmosphäre" des deutschen Bundestages (Hrsg.), Studie C, 1994

Hippchen, J., Stickstoffausgasungen aus der Agrarproduktion als Umweltproblem, Berlin, 1997

Höhn, H., Leichtbeton, Putz und Dämmung aus Miscanthus für den Hausbau, entnommen aus: http://www.miscanthus.de/verwertung.htm, Ausdruck vom: 29.01.03, S. 2 - 3

Huckestein, B., Umweltlizenzen – Anwendungsbedingungen einer ökonomisch effizienten Umweltpolitik durch Mengensteuerung, in: Zeitschrift für Umweltpolitik und Umweltrecht, Jg. 16, S. 1 – 29, 1993

Inaro – Informationssystem Nachwachsende Rohstoffe, entnommen aus: http://www.inaro.de/Deutsch/KULTURPF/Miscant/Misc_steckbrief.htm, Ausdruck vom: 14.11.2002

Informationsstelle Biomasse, Kompakt-Biogasanlage – landwirtschaftliche Lösung, entnommen aus: http://www.biomasseenergie.ch, Ausdruck vom 14.02.2003

Institut für Landwirtschaft und Umwelt, Mehr Milch pro Kuh ist aktiver Umweltschutz, 2001, entnommen aus: http://www.agranet.de/1057.php, Ausdruck vom: 05.11.2001

Jäger, P., Wirtschaftlichkeit landwirtschaftlicher Biogasanlagen, KTBL, 2002, entnommen aus: http://www.ktbl.de/umwelt/energie/anlagen/biogasanlagen.htm, Ausdruck vom 14.02.02

Jochem, E., Kuntze, U., Patel, M., Ökonomische Effekte der Klimaschutzpolitik – Diskussion und Bewertung der Kosten und Nutzen, Broschüre im Auftrag des Bundesministerium für Umwelt, Naturschutz und Raktorsicherheit, Berlin, 2000

Jungmeier, G., Canella, L., Spitzer, J., Stiglbrunner, R., Treibhausgasbilanz der Bioenergie – Vergleich der Treibhausgasemissionen aus Bioenergie-Systemen und fossilen Energiesystemen, Joanneum Research, Institut für Energieforschung, Graz, 1999, entnommen aus: http://www.ubavie.gv.at/umweltsituation/energie/gemis/Berichte/joanneum/Kurzfassung-THG.pdf, Ausdruck vom 23.08.2002

Kaltschmitt, M., Reinhardt, G. A. (Hrsg.), Nachwachsende Energieträger – Grundlagen, Verfahren, ökologische Bilanzierung, Braunschweig/Wiesbaden, 1997

Kamp, T., Wild, U., Munch, J. C., Spurengasabflüsse eines degradierten Niedermoorstandortes nach Wiedervernässung, Mitteilung der Deutschen Bodenkundlichen Gesellschaft, 89, 1999

Kamp, T., Steindl, H., Wild, J., Pfadenhauer, J., Munch, J. C., Flussraten der klimarelevanten Spurengase N2O, CH4 und CO2 während der Renaturierung eines degradierten Niedermoores – erste Ergebnisse eines Laborversuchs. Deutsche Bodenkundliche Gesellschaft, Kom. IV, Müncheberg, 1998

Kämpf, R., Hülsenfrüchte, in: Pflanzliche Erzeugung, Die Landwirtschaft Band 1, München, Basel, Wien, 1968

Karl, H., Die räumliche Dimension einer Umweltpolitik mit Hilfe von Zertifikaten, in: Zeitschrift für angewandte Umweltforschung, Sonderheft 9, S. 82 – 96, 1998

Keller, E. R., Grundlagen der Pflanzenproduktion, Handbuch des Pflanzenbaues, Band 1, Stuttgart, 1997

Koschel, H., et al., Handelbare SO_2-Zertifikate für Europa, Heidelberg, 1998

Koutstaal, P., Economic policy and climate change: tradable permits for reducing carbon emissions, Cheltenham, UK, 1997

KTBL, Wirtschaftlichkeit landwirtschaftlicher Biogasanlagen, entnommen aus: http://www.ktbl.de/umwelt/energie/anlagen/biogasanlagen.htm, Ausdruck vom: 14.05.2002

Lange, M. A., Ozeane und Polargebiete als Klimatologische Steuerungsfaktoren, in: Barz, W./ Brinkmann, B./ Furger, F. (Hrsg.), Globale Umweltveränderungen, Landsberg, 1997

Litt, Theodor, Technisches Denken und menschliche Bildung, Heidelberg, 1957

Löthe, K., Strategien zur Verminderung von Gasemissionen aus verschiedenen landwirtschaftlichen Betriebssystemen, Kiel, 1999

Loske, R., Die BP Amoco Gruppe und ihr Handelssystem mit Treibhausgas-Emissionszertifikaten, entnommen aus http://www.loske.de/web/html/framesets/fsumver/Dateien/veranstaltung%2019-06-2000%20Vortrag%20Knoedel.html, Ausdruck vom: 14.01.2002

LZ Rheinland, entnommen aus: http://www.lz-rheinland.de/ausgabe/2002_04/inhalt/kommentar.htm, Ausdruck vom: 26.03.2002

Maier-Rigaud, G., Umweltpolitik mit Mengen und Märkten, Marburg, 1994

Mankiw, N. G., Grundzüge der Volkswirtschaftslehre, Stuttgart, 1999

Maslin, M., Global Warming: Causes, Effects, and the Future, Stillwater (MN, USA), 2002

Meyer, J., Kruska, M, Schubert, A., Standardisierung zur Senkung der Transaktionskosten, in: CO_2-Emissionshandel – Sachverständigengespräch 2001 der Arbeitsgemeinschaft für Umweltfragen, S. 99 – 116, 2001

Meyerinck, L., von, Selbstverpflichtung und Emissionshandel, in: CO_2-Emissionshandel – Sachverständigengespräch 2001 der Arbeitsgemeinschaft für Umweltfragen, S. 77 – 83, 2001

Mez, L., Piening, A., Ansätze und Erfahrungen zur Mengensteuerungssystemen in den USA, den Niederlanden, Dänemark und Großbritannien, Forschungsstelle für Umweltpolitik (ffu), Berlin, Gutachten im Auftrag des Öko-Instituts 17.10.2000

Michaels, P. J., Balling Jr., R. C., The Satanic Gases: clearing the air about global warming, Washington D. C., 2000

Ministerium für Umwelt und Verkehr Baden-Württemberg, Flexible Instrumente im Klimaschutz - Emissionshandel, erstellt durch Frauenhofer-Institut für Systemtechnik und Innovationsforschung, unter Mitarbeit von Energie Baden-Württemberg AG, entnommen aus: http://www.isi.fhg.de, Ausdruck vom 06.01.2003

Münzer, W., Examination of Various Cultivation Techniques for Miscanthus giganteus for Improving the Young Plants' Ability to Survive the Winter as well as for Reducing the Costs for Setting up Crop Stands, 2000, entnommen aus: http://www.stmlf.bayern.de/alle/cgi-bin/go.pl?region=home&page= http://www.stmlf.bayern.de/lbp/forsch/pz/misc/misc.html, Ausdruck vom 17.02.2003

Nieder, R., Bodenbearbeitung und Nährstoffaustrag, in: KTBL, Bode- und Gewässerschutz – Ergebnisse, entnommen aus: http://www.ktbl.de, Ausdruck vom 08.01.2003

Nisbet, E. G., Globale Umweltveränderungen: Ursachen, Folgen, Handlungsmöglichkeiten, Heidelberg, Berlin, Oxford, 1994

NÖ Klimaschutzprogramm, Gutachten und Ergänzungsgutachten der NÖ Landesregierung, Abteilung Umweltrecht – 2000, entnommen aus: http://www.noel.gv.at/service/RU/RU3/klimabuendnis/Download/klimaschutzprogramm.pdf, Ausdruck vom: 26.03.2002

Oehmichen, J., Pflanzenproduktion, Band 1, Berlin, Hamburg, 1983

Pedersen, S. L., Danish CO2 Emissions Trading System (Danish Energy Agency), Entnommen aus: http://www.ens.dk/El-gas-varme/co2_kvoter/CO2_trading.PDF - Ausdruck vom 07.02.02

Peña, N., Grünbaum, G., Facts & Figures, in: Pew Center on Global Climate Change, Climate Change: Science, Strategies, & Solutions, Arlington (VA), 2001

Pigou, A. C., Wealth and Welfare, London 1912

PricewaterhouseCoopers, Klima im Wandel, Frankfurt, 2000

Pude, R., Bliesener, M., Verwertungsvielfalt Miscanthus, entnommen aus: http://www.miscanthus.de/verwertung.htm, Ausdruck vom 29.01.03

Rapp, J., Konzeption, Problematik und Ergebnisse klimatologischer Trendanalysen für Europa und Deutschland, Offenbach a. M., 2000

Rapp, J., Schönwiese, C.-D., Atlas der Niederschlags- und Temperaturtrends in Deutschland 1891 – 1990, 2. korr. Auflage, Frankfurt am Main, 1996

Rehbinder, E., Übertragbare Emissionsrechte aus juristischer Sicht, Teil II: Umweltlizenzen (Zertifikate) im Bereich der Luftreinhaltung, in: Kloepfer, M. (Hrsg.), Umweltzertifikate und Kompensationslösungen aus ökonomischer und juristischer Sicht, Berlin, S. 92 136, 1994

Rehbinder, E., Übertragbare Umweltgenehmigungen (Lizenzen) aus juristischer Sicht, in: Zeitschrift für angewandte Umweltforschung, Sonderheft 9, S. 47 – 60, 1998

Reinhardt, G., Ökobilanz Energieträger: Basisdaten, Ergebnisse, Bewertungen. Berlin, 2000

Schafhausen, F., Zertifikatsregelung – Konzeptionelle Schwierigkeiten, instrumentelles Leistungsvermögen, erforderliche Rahmenbedingungen, in: Umweltforum `99, Tagungsband des 26. Umweltforums der Arbeitsgemeinschaft für Umweltfragen e. V., Bonn, 1999

Schafhausen, F., Zum Stand der politischen Festlegung, in: CO_2-Emissionshandel - Sachverständigengespräch 2001 der Arbeitsgemeinschaft für Umweltfragen, S. 15 – 45, 2001

Schmitt-Rady, B., Die Umsetzung des Zertifikatsmodells im Luftreinhalterecht der USA: zukunftsweisende Alternative zur Auflagenpolitik, Baden-Baden, 1999

Schöb, R., The double Dividend Hypothesis of Environmental Taxes, entnommen aus: http://www.uni-regensburg.de/Fakultaeten/WiWi/buchholz/forschung/AVR/Berlin/Vortrag%20 Berlin/ronnie_schoeb.pdf , Ausdruck vom: 10.02.2002

Schönwiese, C. D., Indikatoren des Klimawandels – Der Mensch in Konkurrenz zur Natur, in: Barz, W./ Brinkmann, B./ Furger, F. (Hrsg.), Globale Umweltveränderungen, Landsberg, 1997

Schönwiese, C. D., Klima und Treibhauseffekt, in: Brauch, H. G. (Hrsg.), Klimapolitik: naturwissenschaftliche Grundlagen, Berlin, Heidelberg, New York, 1996

Schönwiese, C. D:, Klimaschutz im 21. Jahrhundert – der aktuelle wissenschaftliche Sachstand, in: Hessisches Ministerium für Umwelt, Landwirtschaft und Forsten: 4. Hessisches Klimaschutzforum: „Klimaschutz wirtschaftlich gestalten", Wiesbaden, 2000

Schwarze, R., Zur dynamischen Anreizwirkung von Umweltzertifikaten, Berlin, 1999

Schweiger, P., Stolzenburg, K., Anbau von Chinaschilf zur stofflichen und energetischen Verwertung, in: Informationen für die Pflanzenproduktion, Heft 5/1994

Simonis, U. E., international handelbare Emissions-Zertifikate – Zur Verknüpfung von Umweltschutz und Entwicklung, WZB, Berlin, 1995

Simonis, U. E., Auf dem Weg zur Weltumweltpolitik, in: Barz, W./ Brinkmann, B./ Furger, F. (Hrsg.), Globale Umweltveränderungen, Landsberg, 1997

Smith, A., Der Wohlstand der Nationen, München 1990

Smith, J., Understanding the Science & Impacts of Changes in Global & Regional Climate, in: Pew Center on Global Climate Change, Climate Change: Science, Strategies, & Solutions, Arlington (VA), 2001

Statistisches Bundesamt, Statistisches Jahrbuch, Wiesbaden, 1996

Statistisches Bundesamt, Umweltökonomische Gesamtrechnung, Wiesbaden, 2001

Statistisches Bundesamt, Statistisches Jahrbuch, Wiesbaden, 2002

Statistisches Jahrbuch über Ernährung, Landwirtschaft und Forsten, Münster, 2001

Stiglitz, J., E., Volkswirtschaftslehre, München, Wien, Oldenbourg, 1999

Stobbe, A., Volkswirtschaftslehre II, Mikroökonomik, Berlin, Heidelberg, 1983

Stolzenburg, K., Anbau von Chinaschilf – Forchheimer Steckbrief, entnommen aus: http://www.infodienst-mlr.bwl.de/la/lap/neuekult/faserpfl/sb_schilf.htm, Ausdruck vom: 29.01.03

Tagesspiegel, entnommen aus: http://www2.tagesspiegel.de/archiv/2002/01/18/ak-br-5516251.html, Ausdruck vom: 26.03.2002

Tecson, entnommen aus: http://home.t-online.de/home/tecson/pheizoel.htm, Ausdruck vom: 02.12.2002

Tietenberg, T. H., Tradable Permits and the Control of Air Pollution, in: Zeitschrift für angewandte Umweltforschung, Sonderheft 9, S. 11 – 31, 1998

Tischler, K., Umweltökonomie, München, Wien, 1994

UK Emissions Trading Group, Signing up to the UK Emissions Trading Scheme, 2000

Ulreich, S., Hedging von Umwelt- und CO2-Risiken bei Energieversorgungsunternehmen, 2002, Vortrag an der Universität St. Gallen zum Thema: Erfolgreiche Geschäftsmodelle einer Nachhaltigen Energiewirttschaft, am 19.11.2002

Umweltbundesamt, Daten zur Umwelt 2000, entnommen aus: http://www.umweltbundesamt.org/dzu/default.html, Ausdruck vom 12.06.2002

UNEP/GRID-Arendal, The Regional Impacts of Climate Change, entnommen aus: http://grida.no/climate/ipcc/regional/104.htm#agri, Ausdruck vom 17.11.2002

UNFCCC, The Hague – Framework Convention on Climate Change, 13. – 24.11.2000

Varian, H. R., Grundzüge der Mikroökonomik, 2. Aufl., München, Wien, Oldenbourg,1991

Verbraucherministerium (VM), Emissionssituation bei Methan und Distickstoffmonoxid, entnommen aus: http://www.verbraucherministerium.de/landwirtschaft/ammoniakemissionen/15-kapitel-7.pdf, Ausdruck vom: 14.02.2003

Vielhuber, F., Energetische Nutzung von Getreide, Bayerischer Bauernverband, München, entnommen aus: http://www.bayerischerbauernverband.de/aktuell/dokument/markt/ezgwoche2002/Getreide%20Franz%20Vielhuber.doc, Ausdruck vom 11.02.2003

Vorholz, F., Ein Land aus Beton, in: Die Zeit, Nr. 46, 07.11.2002, S. 19-20

Voß, A., Nachhaltige Energieversorgung: Energieoptionen und Energiepolitik auf dem Prüfstand, Tagung der Hanns-Seidel-Stiftung e. V. am 13.06.2002, entnommen aus: http://www.ier.uni-stuttgart.de, Ausdruck vom 20.01.2003

Walz, R., Bewertungs- und Interpretationsprobleme in der gesamtwirschaftlichen Analyse, in: Workshop „Energiesparen – Klimaschutz, der sich rechnet", Frauenhofer-Institut für Systemtechnik und Innovationsforschung, Deutsches Institut für Wirtschaftsforschung, 1998, entnommen aus: http://www.isi.fhg.de/publ/downloads/isi98b91/energiesparen.pdf, Ausdruck vom 05.02.2003

Weber, O., Markt- und Preisbildungsmechanismen, in: CO_2-Emissionshandel – Sachverständigengespräch 2001 der Arbeitsgemeinschaft für Umweltfragen, S. 85 – 94, 2001

Weimann, J., Umweltökonomik, Berlin, Heidelberg, 1995

Welsch, H., Meßtechnik und Umweltpolitik: Ein Beitrag zur Instrumentendiskussion, in: Zeitschrift für Umweltpolitik und Umweltrecht, Jg. 17, S. 181 – 206, 1994

Wicke, L., Umweltökonomie, München, 1982

Wieler, B., Emissionshandel am Beispiel einer Börsensimulation, in: Umweltlizenzen und Umweltzertifikate – Die Umsetzung der Beschlüsse des Weltklimagipfels von Kyoto drängt, Herausgeber: Arbeitsgemeinschaft für Umweltfragen e. V., S. 91 – 99, 2000

Wissenschaft-online, entnommen aus http://www.wissenschaft-online.de/page/fe_seiten?article_id=591635, Ausdruck vom 12.09.2002

Wittke, F., Ziesing, H.-J., Schwache Konjunktur und milde Witterung drücken Primärenergieverbrauch, in: Wochenbericht des DIW Berlin, Nr.6/2003

Zapfel, P., Lizenzen und Zertifikate – Ein marktwirtschaftliches Instrument mit Zukunft für Europa? in: Umweltforum `99, Tagungsband des 26. Umweltforums der Arbeitsgemeinschaft für Umweltfragen e. V., Bonn, 1999

Ziesing, H.-J., Nur schwacher Rückgang der CO_2-Emissionen in 2002, entnommen aus: http://www.loy-energie.de/download/DIW%208-03.pd, Ausdruck vom 17.01.2003

Zimmermann, H., Vorzüge von Zertifikaten als Instrument der Umweltpolitik, in: Umweltforum `99, Tagungsband des 26. Umweltforums der Arbeitsgemeinschaft für Umweltfragen e. V., Bonn, 1999

Zimmermann, H., Hansjürgens, B., Zertifikate im Instrumentenvergleich aus ordnungspolitischer Sicht, in: Zeitschrift für angewandte Umweltforschung, Sonderheft 9, S. 47 – 60, 1998

ZMP, Agrarmarktordnungen in der europäischen Union und Agrarmärkte in Deutschland, Bonn, 1997

Zorn, W., Neue Obergrenzen für den Einsatz von Wirtschaftsdüngern – Auswirkungen der Änderung der Düngeverordnung vom 14.02.2003 auf Landwirtschaftsbetriebe, Thüringer Landesanstalt für Landwirtschaft, entnommen aus: http://www.tll.de/ainfo/pdf/wdun0303.pdf, Ausdruck vom: 09.04.2003

Schriften zur Internationalen Entwicklungs- und Umweltforschung

Herausgegeben vom

Zentrum für internationale
Entwicklungs- und
Umweltforschung
der Justus-Liebig-Universität Gießen

Band 1 Hans-Rimbert Hemmer / Rainer Wilhelm: Fighting Poverty in Developing Countries. Principles for Economic Policy. 2000.

Band 2 Lorenz King / Martin Metzler / Tong Jiang (eds.): Flood Risks and Land Use Conflicts in the Yangtze Catchment, China and at the Rhine River, Germany. 2001.

Band 3 Ingrid-Ute Leonhäuser (ed.): Women in the Context of International Development and Cooperation. Review and Perspectives. Selected Papers and Abstracts presented at the Justus-Liebig-University Gießen 26.–28. October 2000. 2002.

Band 4 Margit Schratzenstaller: Internationale Mobilität von und internationaler fiskalischer Wettbewerb um Direktinvestitionen. 2002.

Band 5 Armin Bohnet u.a.: Theoretische Grundlagen und praktische Gestaltungsmöglichkeiten eines Finanzausgleichssystems für die VR China. Unter Mitwirkung von Chen Biyan, Chen Shixin, Ge Licheng, Ge Naixu, Ge Zhuying, Ma Shuanyou, Markus Peplau, Yang Zhigang, Zhu Qiuxia. 2003.

Band 6 Armin Bohnet / Matthias Höher (eds.): The Role of Minorities in the Development Process. 2004.

Band 7 Thi Phuong Hoa Nguyen: Foreign Direct Investment and its Contributions to Economic Growth and Poverty Reduction in Vietnam (1986–2001). 2004.

Band 8 Andreas Böcker / Roland Herrmann / Michael Gast / Jana Seidemann: Qualität von Nahrungsmitteln. Grundkonzepte, Kriterien, Handlungsmöglichkeiten. 2004.

Band 9 Christina Mönnich: Tariff Rate Quotas and Their Administration. Theory, Practice and an Econometric Model for the EU. 2004.

Band 10 Reimund Seidelmann / Ernst Giese (eds.): Cooperation and Conflict Management in Central Asia. 2004.

Band 11 Claudia Ohly: Das Steuersystem im ungarischen Transformationsprozess. Ein Beitrag zur Transformationstheorie. 2004.

Band12 Nicole Mau: Umweltzertifikate. Der Einsatz von Umweltzertifikaten in der Landwirtschaft am Beispiel klimarelevanter Gase. 2005.

www.peterlang.de

FSC
www.fsc.org
MIX
Papier | Fördert
gute Waldnutzung
FSC® C083411

Kolibri 360 GmbH
Ferdinand-Jühlke-Straße 7
99095 Erfurt, Deutschland
produktsicherheit@kolibri360.de

Druck:
CPI Druckdienstleistungen GmbH
im Auftrag der
Kolibri 360 GmbH
Ferdinand-Jühlke-Str. 7
99095 Erfurt